L'EXAMEN

DES VIANDES

L'EXAMEN
DES VIANDES

GUIDE ÉLÉMENTAIRE

A L'USAGE DE TOUTES LES PERSONNES
QUI ONT A RECONNAITRE ET A APPRÉCIER LES VIANDES

PAR

H. MARTEL

DOCTEUR ÈS SCIENCES

CHEF DU SERVICE VÉTÉRINAIRE SANITAIRE A PARIS
MEMBRE DU COMITÉ DE DIRECTION
DU LABORATOIRE DES CONSERVES DE L'ARMÉE ET DE LA COMMISSION
DE L'ALIMENTATION AU MINISTÈRE DE LA GUERRE

PARIS (VIe)

H. DUNOD ET E. PINAT, ÉDITEURS
49, Quai des Grands-Augustins, 49

1909

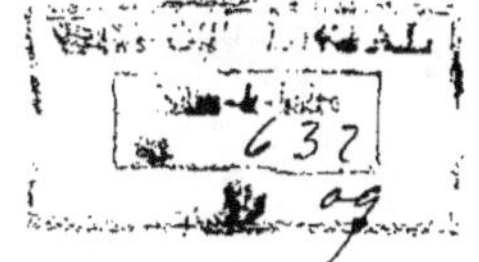

AVANT-PROPOS

En matière d'inspection des viandes, comme en tout, on n'acquiert la compétence que par la pratique.

Pour apprendre à connaître et à apprécier les viandes, il ne suffit pas de lire les ouvrages qui traitent de ces questions, il est absolument indispensable de suivre pendant quelque temps les opérations d'un service d'inspection.

Le livre que nous présentons au public a pour but de venir en aide au débutant. Il le familiarise avec les termes techniques utilisés en boucherie et lui indique les principaux caractères objectifs qui permettent d'aborder l'examen des viandes.

Pour cet essai de vulgarisation, nous avons mis à profit les excellents livres de nos devanciers, Baillet, Villain et Bascou, Pion et Godbille, Ostertag, Pautet; les documents pratiques publiés par le vétérinaire principal Rousseau, et les publications déjà nombreuses de Villain, Godbille, Pagès, Langand, parues dans la revue mensuelle *l'Hygiène de la viande et du lait*.

Grâce à la bienveillance de nos éditeurs, nous avons pu insérer dans le texte quelques-unes des planches en couleur du tome II des *Abattoirs publics* et les excellents dessins de Gaudry, notre distingué collaborateur du service vétérinaire de Paris.

Puisse ce modeste essai contribuer à diffuser dans le public et dans l'armée les notions élémentaires que devraient posséder tous ceux qui ont à s'occuper de viande.

L'EXAMEN DES VIANDES

CHAPITRE PREMIER

EXAMEN DU GROS BÉTAIL SUR PIED

L'examen sur pied permet de se rendre compte de la qualité générale du bétail. Il porte sur l'état de santé, le degré d'engraissement, l'âge, la conformation générale, etc...

Pour bien examiner les animaux de boucherie, les différencier des sujets spécialement adaptés à la production du lait ou au travail et les apprécier à leur juste valeur, il convient de connaître tout d'abord les termes techniques qui désignent les régions extérieures. La figure schématique de la page suivante, tirée de la Revue *l'Hygiène de la viande et du lait* (1907), fournit toutes les indications nécessaires.

Signes de l'état de santé. — Les animaux en bonne santé ont une *physionomie spéciale*, l'œil éveillé et brillant, un regard clair. Leurs allures sont vives et dégagées. Ils s'intéressent à tout ce qui se passe autour d'eux.

Le bœuf bien portant tient la tête haute. S'il est couché[1], on n'éprouve pas de peine à le faire lever. Une fois debout, il s'étire en voussant la colonne vertébrale en contre-haut et en la baissant ensuite dans un mouvement dit de « pandiculation ». Les animaux

---

1. Dans le décubitus ordinaire, c'est-à-dire sterno-costal, le corps est penché et repose sur un côté : l'encolure est déjetée du côté opposé ; les membres antérieurs sont fléchis sur eux-mêmes, l'un est engagé sous la poitrine, l'autre est plus ou moins apparent ; les talons de ce dernier touchent au coude ; les membres postérieurs sont fléchis en avant : l'un est presque caché sous le ventre, l'autre est libre (Rousseau).

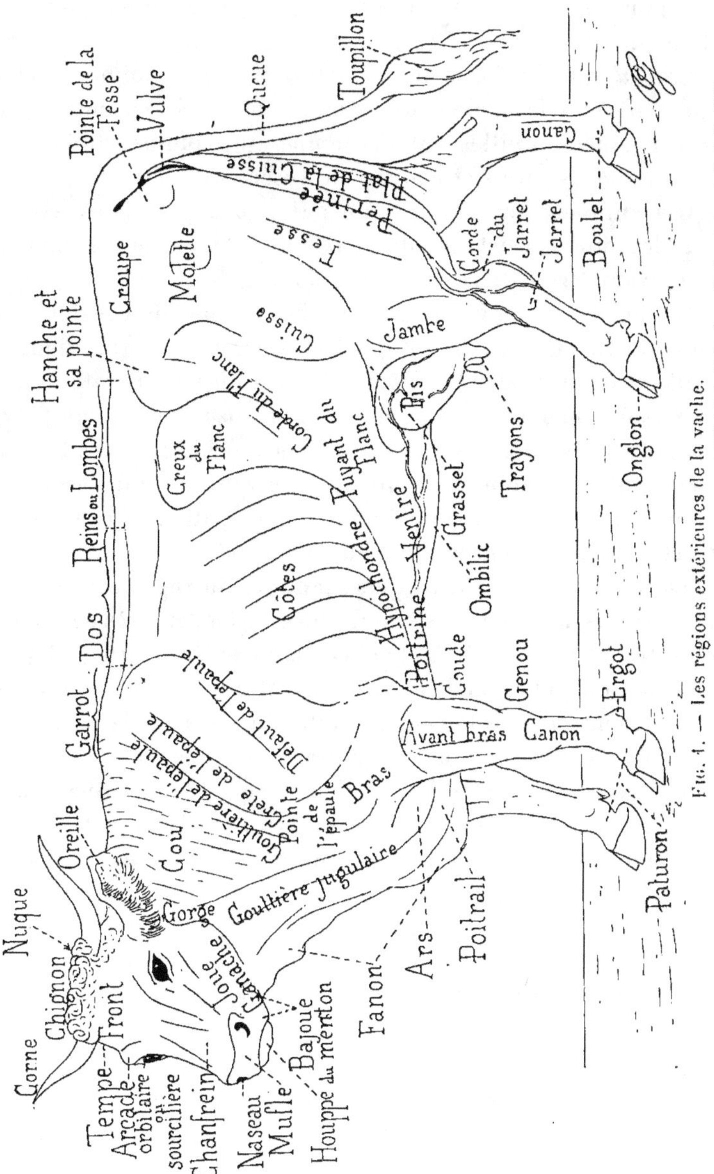

Fig. 1. — Les régions extérieures de la vache.

(Cliché de l'*Hygiène de la vache et du lait*, 1907.)

très gras sont moins vifs que les sujets jeunes et simplement « en chair ».

Le *poil* est lisse et comme lustré. La peau donne au toucher une sensation de chaleur uniforme. Seules les extrémités (base de la corne, pieds, oreilles) ont une température moins élevée.

Le *mufle* est frais et couvert de rosée.

Les animaux en bonne santé ont bon *appétit*. Les excréments ont alors une consistance qui varie avec le genre d'alimentation : ils doivent être pâteux et un peu fluides.

L'examen du *vagin* chez les vaches permet de constater la couleur rouge clair de la muqueuse. Chez celles qui viennent de mettre bas, on trouve les lèvres et la région avoisinante de la *vulve* plus ou moins tuméfiées et la muqueuse très rouge ; avant et après la parturition, la vulve laisse écouler des mucosités. La *mamelle* plus ou moins volumineuse, suivant le temps écoulé depuis la mise à l'engraissement, donne à la palpation la sensation d'une masse uniformément molle, sans nodosités ni indurations.

La *respiration* chez les sujets examinés au repos est régulière. Le nombre des mouvements respiratoires est à peu près de 15 à 16 par minute[1]. Il varie de 10 à 30 chez les bovidés (Ostertag). La course, les émotions, les grandes chaleurs font augmenter le nombre des mouvements respiratoires. Les ailes du nez chez le bœuf font peu de mouvements pendant la respiration normale.

La main portée en arrière de l'épaule gauche, au niveau du *cœur*, le membre étant projeté en avant, peut sentir les *battements* et en compter en moyenne 35 à 40 par minute. Le nombre des battements du cœur varie d'ailleurs beaucoup suivant l'âge, le degré d'engraissement, la température ambiante.

La *température* interne est de 38°,5 à 39°. D'après Ostertag, on peut observer des variations qui vont de 37°,5 à 39°,5.

Signes de l'état de maladie. — Les animaux malades présentent un état général qui souvent donne des renseignements assez précis. Lorsque la maladie est chronique, on note de l'amai-

---

[1]. L. Baillet donne 15 à 18 pour l'adulte, 18 à 21 pour les jeunes animaux, 12 à 15 chez l'animal âgé.

grissement avec ou sans atrophie (émaciation) des muscles ; la peau est collée aux côtes, les yeux sont caves et ternes. Chez les vieilles vaches épuisées par le travail, la lactation ou la maladie (*fig.* 2), on constate une émaciation des muscles surtout très marquée du côté des lombes et du dos.

Au cours des affections aiguës, la *physionomie* des bovidés a un caractère de tristesse bien net. L'animal cesse de s'intéresser aux êtres et aux choses qui l'entourent. La tête est portée basse. La souplesse de la colonne vertébrale est souvent diminuée. L'animal se tient voussé. Parfois la pression des doigts, même légère, sur le dos, en arrière du garrot, provoque une flexion exagérée. Le malade se déplace avec difficulté. Le *mufle* est sec, il est comme vernissé et parfois fendillé. Le poil est terne. S'il existe de la fièvre un peu accusée, la main qui palpe les oreilles, les cornes et le nez éprouve une sensation de chaleur. La respiration et la circulation peuvent être accélérées. L'*appétit* est faible ou nul. La *rumination* est suspendue ou plus ou moins troublée. La température intérieure peut dépasser 39°,5.

Certains symptômes observés se rapportent à des états de maladie ou de fatigue bien déterminés.

Dans l'*aggravée*, due à la marche forcée sur un sol trop dur (bœufs « *mal à pieds* ») surtout pénible pour les sujets très gras mal entraînés, l'animal se tient difficilement debout ; il a de l'hésitation dans l'appui et beaucoup de peine à se déplacer.

D'autres affections telles que les contusions de la sole (face plantaire), la fourbure, se traduisent aussi par la difficulté de la marche et de la station debout. De même, au cours de la *fièvre aphteuse*, peu de temps avant l'éruption aux pieds, on constate des troubles de la locomotion, une gêne considérable qui fait dire que l'animal est « comme sur des épines ». Les animaux piétinent, se déplacent avec peine, détendent parfois l'un des membres postérieurs en le portant brusquement en extension et en l'agitant, comme s'ils voulaient se débarrasser de quelque corps étranger qui comprimerait le sabot. La douleur diminue après l'éruption podale ; les aphtes en voie d'ulcération, sauf le cas de complications suppurées du côté des onglons, font moins souffrir que les lésions en formation.

La salive est abondante et filante lorsque la bouche présente des

Fig. 2. — Vache tuberculeuse (étisie) avec lésions de tuberculose dans les quartiers postérieurs de la mamelle.

(Dessin de Gaudry, vétérinaire sanitaire de la Seine).

aphtes ; .la salivation abondante (ptyalisme) est généralement accompagnée d'un bruit de succion très significatif.

On peut observer des symptômes de salivation exagérée, qui n'indiquent pas toujours un état maladif. C'est le cas pour le bétail mis en vente et maintenu attaché trop court pendant longtemps.

Les excréments liquides, striés de sang, avec ou sans spumosités, peuvent traduire l'existence d'une *entérite* grave. L'état de propreté de la queue et des membres postérieurs fournit, à cet égard, des signes importants.

Dans le cas de *troubles digestifs*, le flanc gauche présente parfois un volume anormal (tympanisme); les gaz distendent le rumen.

De la vulve peut s'écouler du muco-pus, indice d'une inflammation chronique de la matrice.

La *mamelle* est parfois indurée, tuméfiée. Les mammites sont assez fréquentes (*fig.* 2). Leur existence peut coïncider avec un certain degré d'engraissement.

État d'embonpoint. — On juge de la valeur d'un gros bétail par le degré d'embonpoint et le mode d'engraissement.

Les maniements. — La graisse se dépose de préférence en certains endroits, le long des veines et des vaisseaux lymphatiques. Elle forme des amas un peu volumineux autour des ganglions, sortes de filtres placés sur le trajet des vaisseaux qui charrient la lymphe ou sang blanc. Ces dépôts faciles à explorer portent le nom de *maniements*.

Leur signification. — L'exploration des maniements permet de calculer le rendement en *suif* ou graisse intérieure et en viande de boucherie (muscles et graisse extérieure). Leur consistance renseigne sur la densité de la viande. On apprécie davantage les amas de graisse un peu durs ; ils sont le signe d'une *viande lourde*. Les jeunes animaux engraissés hâtivement ont des maniements flasques ; on dit que les sujets sont « *creux* » (P. Godbille).

Pendant la *période de croissance*, la graisse se dépose plutôt à l'extérieur du corps que dans l'abdomen. Les animaux *mettent tout dehors*, suivant l'expression des bouchers.

Les sujets *engraissés à l'étable*, d'une manière très rapide, avec une nourriture alibile et plutôt aqueuse (c'est le cas des vaches alimentées avec les résidus de distillerie de grains et les soupes de

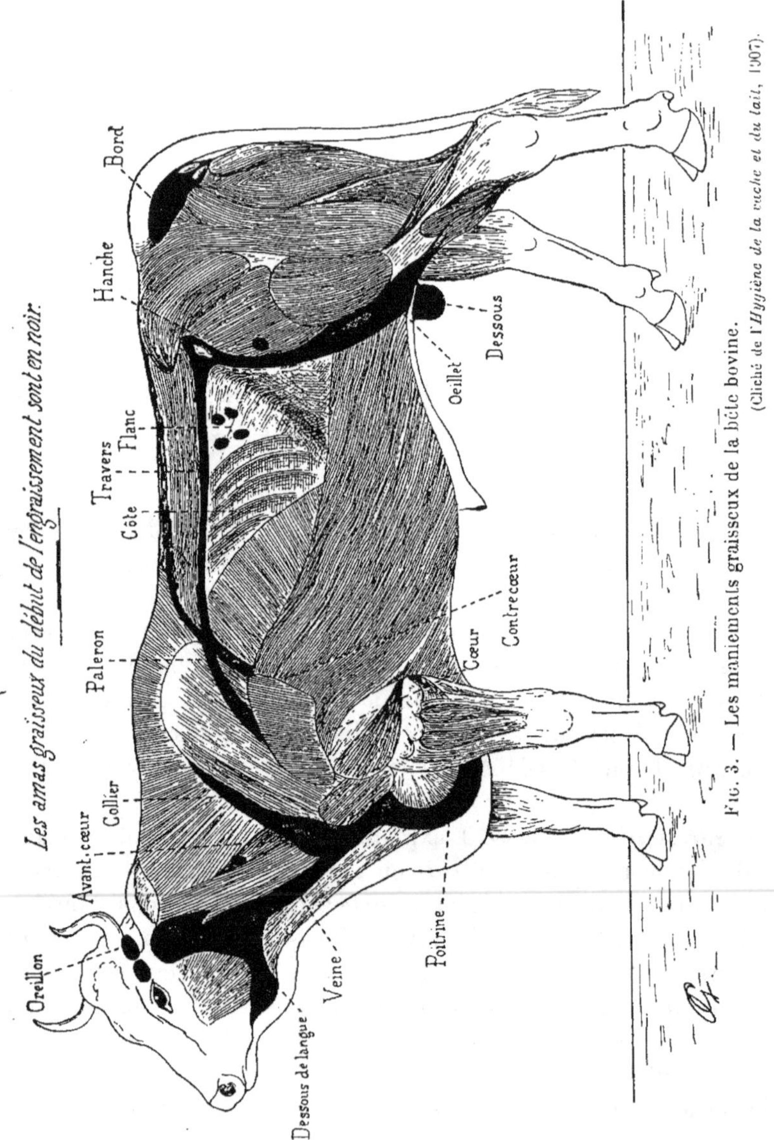

FIG. 3. — Les maniements graisseux de la bête bovine.

caserne) ont également beaucoup de graisse extérieure ou *cou-verture*.

Les *animaux adultes* font davantage de *suif ;* leurs masses musculaires s'infiltrent de graisse, et celle-ci apparaît sur la coupe sous forme de *marbré* ou de *persillé*.

Le taureau et la vache âgée font moins de graisse de couverture que les bœufs d'un âge moyen.

P. Godbille, auquel nous empruntons d'importantes données pratiques publiées dans *l'Hygiène de la viande et du lait* (1907, p. 438), ajoute qu'en général la graisse de couverture, plus molle, est moins riche en stéarine, et que chez les animaux d'herbage la graisse extérieure est jaune, huileuse, tandis que le suif est ferme, jaune et moins coloré.

On distingue trois sortes de maniements : *a)* ceux qui traduisent *l'épaisseur et la densité des masses musculaires* et qu'on apprécie en palpant les reliefs charnus ; *b)* ceux qui indiquent l'importance du *suif*, c'est-à-dire des dépôts de graisse accumulée autour des rognons, des viscères et dans le bassin ; *c)* ceux qui renseignent sur le développement de la *graisse de couverture ou croûte*.

a) *Maniements permettant d'apprécier l'état de chair.* — Le maniement du *travers* (ou aloyau, pavé de graisse), constitué par les plans musculaires et la graisse qui entourent les apophyses transverses des vertèbres lombaires, doit être épais, résistant, difficile à saisir. On l'explore en plaçant le pouce dans le creux du flanc et en appuyant les autres doigts à plat sur les reins.

L'*œillet* (ou hampe, grasset) occupe le repli de peau qui relie la cuisse (partie antérieure et inférieure) à la paroi de l'abdomen. Le muscle peaucier se trouve englobé dans l'amas de graisse de cette région. Son épaisseur donne des renseignements sur l'état de chair.

Le *contre-cœur*, placé en arrière de l'épaule et au-dessus du coude, dénote aussi l'épaisseur des masses musculaires (P. Godbille).

b) *Maniements permettant d'apprécier le rendement en suif.* — La graisse intérieure est d'autant plus abondante que les *maniements des contours de jonction* des membres au tronc sont plus développés.

Membre postérieur. — D'arrière en avant :

Le *bord* (abord, *cimier*) est situé de chaque côté de l'anus, dans le repli cutané qui relie la base de la queue à la pointe de la fesse. Son existence traduit un bon engraissement. Pour l'explorer, on

pince le repli cutané précité entre le pouce et les autres doigts.
Lorsque l'animal est très gras, le maniement du cimier va rejoindre
la couverture et s'étale sur la croupe et même jusqu'à la pointe de
la fesse.

Le *cordon* (*entre-fesson*, entre-deux, braie...) occupe la région du
périnée. Vers le haut, en le maniant chez le bœuf, on sent rouler

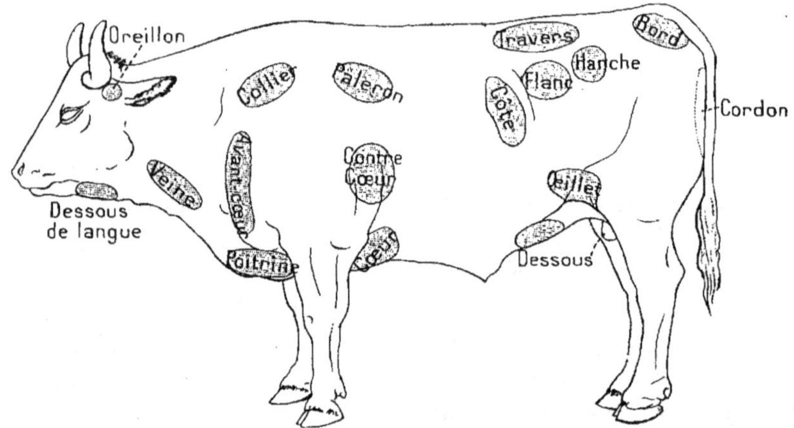

FIG. 4. — Schéma indiquant l'emplacement des principaux maniements.

la verge dont le volume est d'autant plus réduit que l'animal a été
châtré plus tôt. Ce caractère est précieux pour apprécier l'état d'engraissement et surtout la finesse de la viande.

Chez la vache, le cordon, très allongé, forme deux branches, qui
contournent la base des mamelles et vont rejoindre en avant de
celles-ci le maniement de l'*avant-lait*. Chez le bœuf, les deux di-
visions du cordon, maniement allant du périnée à l'ombilic, se
renflent au niveau des bourses testiculaires et forment le *dessous*
(brague, rognon, scrotum). Chez les animaux châtrés par bistournage (torsion du cordon testiculaire) on retrouve le testicule dont
le degré d'atrophie varie avec le temps écoulé depuis la castration.
Les testicules dégénérés (*marrons* des bouchers) doivent donc être
aussi réduits que possible. On préfère l'émasculation par ablation des
testicules parce qu'elle donne plus de finesse à la chair. Les vaches
qui ont subi la castration, opération encore trop peu répandue en
France, fournissent une viande très appréciée. On s'accorde à con-

sidérer comme très grasse une vache qui possède le maniement de l'avant-lait.

L'*œillet* déjà cité doit présenter une graisse ferme ; la main qui le soulève perçoit une sensation très nette de pesanteur. L'œillet [1] bien garni, tend le repli de la peau qui s'étend du ventre à la cuisse ; Il indique un état de graisse interne très avancé ; il est un des derniers maniements à s'effacer lorsque les animaux s'amaigrissent. Il faut avoir soin, chez les sujets maigres, de distinguer entre l'amas de graisse qui se forme autour du ganglion du pli du flanc et l'épaisseur du muscle peaucier de la même région.

Membre antérieur. — D'avant en arrière :

L'*avant-cœur* est constitué par un cordon de graisse qui occupe la partie la plus basse de la fossette située en avant de l'épaule. Le *collier* placé au-dessus s'amincit et s'effile vers le haut. Un gros glanglion forme le centre du premier ; une série linéaire de quatre ou cinq ganglions sert de base au second.

L'avant-cœur se raccorde en avant avec le cordon de graisse logé dans la gouttière de la *veine* du cou (*jugulaire*) et en bas avec les nappes importantes qui infiltrent les espaces intermusculaires de la partie antérieure de la *poitrine*.

Région de la tête. — Deux maniements importants existent du côté de la tête. Le *dessous de langue* (gros de langue, sous-mâchelière), placé sous la gorge, englobe les ganglions sous-maxillaires et les glandes maxillaires. Il apparaît proéminent dans la région de l'agge. L'*oreillon* situé dans le creux des tempes et près des oreilles roule facilement sous le doigt. Il permet surtout d'apprécier l'état de maigreur ; il ne disparaît que chez les sujets extrêmement maigres.

c) *Maniements de la graisse de couverture*. — Lorsque l'engraissement est déjà avancé, la graisse, tout en s'accumulant toujours autour des viscères, sous la plèvre (le *grappé*), autour des rognons (suif de rognon) et dans le bassin, s'étend en nappe sous la peau du tronc.

L'épaisseur de la nappe adipeuse dite « couverture » varie suivant l'endroit considéré. Elle s'épaissit toujours en certains points pour former des maniements qu'il importe d'explorer.

Épaule. — Le peaucier qui adhère intimement à la peau arrive bientôt à reposer sur une nappe de graisse qui s'épaissit au niveau de la partie supérieure du bord postérieur de l'épaule, autour de quelques ganglions lymphatiques. Ce maniement peu épais porte le nom de *paleron* ou *veine de l'épaule*. Le *cœur* est un maniement qui siège en arrière du paleron. Il indique un engraissement très avancé.

Poitrail. — La graisse s'accumule aussi sous la peau du poitrail. Elle peut former une masse volumineuse qui ballotte entre les membres antérieurs et gonfle le repli du fanon (à la base du cou). Le maniement de la *poitrine* peut être palpé à pleine main. Il est facilement explorable.

Cou. — Chez les sujets *fin-gras* (engraissement à ses dernières limites), le bord supérieur du cou est envahi par la graisse. Celle-ci est plus ou moins abondante. .

L'*avant-cœur* et le *collier*, maniements très importants qui occupent sous la forme d'un gros cordon prismatique l'espace libre ou fossette de la partie antérieure de l'épaule, ont déjà été décrits. Nous n'avons pas à revenir.

Tronc. — On note quelques épaississements vers la partie supérieure des dernières côtes et dans le creux du flanc.

Le maniement de la *côte* est facile à apprécier : l'opérateur tournant le dos à la tête de l'animal s'appuie de la main gauche sur l'échine et de la main droite pince la peau pour se rendre compte de l'épaisseur du matelas adipeux sous-jacent.

Le maniement du *flanc* occupe le milieu de la région du même nom. Il est constitué par un amas de graisse autour de quatre ganglions lymphatiques sous-cutanés.

Croupe. — Lorsque l'engraissement est poussé très loin, tout le tronc et la croupe sont recouverts. On note alors un épaississement vers la pointe de la *hanche*. La hanche (ou « maille ») arrive à se fusionner avec l' « abord » lorsque la couverture est complète.

Remarque. — Lorsque les animaux sont arrivés au dernier degré de l'engraissement, la couverture est tellement abondante que la peau se plisse, et que les poils, au lieu d'être tous inclinés dans le même sens, se hérissent par place, surtout le long de l'échine (P. Godbille). Les bouchers disent que l'animal est *mûr*.

En vue de désigner les différents degrés d'embonpoint, le commerce fait usage des termes suivants : animal *bien en chair, demi-gras, fin-gras.*

On peut résumer les notions qui précèdent en un tableau qui rappelle les points essentiels.

MANIEMENTS (*les plus importants sont en lettres italiques*)

APPRÉCIATION DE L'ÉTAT DE CHAIR	APPRÉCIATION DE L'ENGRAISSEMENT INTÉRIEUR			APPRÉCIATION de la graisse DE COUVERTURE
Travers *Œillet* Contre-cœur	*Abord* Cordon *Œillet*	Avant-cœur Collier	Dessous de langue Oreillon.	*Paleron* Cœur Poitrine *Côte* Flanc Hanche.

Age des animaux. — L'âge est apprécié par l'examen des dents et des cornes.

DENTITION. — Les bovidés ont 32 dents; la mâchoire supérieure, comme chez le mouton et la chèvre, ne présente pas de dents incisives. Il en existe huit à la mâchoire inférieure. Elles portent les noms de *coins, mitoyennes externes, mitoyennes internes* et *pinces*. Elles sont mobiles dans leurs alvéoles.

Les dents incisives de la mâchoire inférieure appuient par leurs extrémités libres et tranchantes sur le *bourrelet gingival,* sorte d'épaississement fibreux de la muqueuse buccale.

On distingue dans la dent : la partie libre ou *dent proprement dite,* la partie enchâssée dans l'os de la mâchoire ou *racine* et la partie intermédiaire ou *collet.*

La dent est en forme de palette. La partie qui regarde en dehors est lisse et convexe. La face interne est un peu excavée avec deux rainures longitudinales et irrégulières. La dent s'use surtout de ce côté, sur l'*avale.* La surface d'usure d'abord oblique intéresse donc le bord libre et droit de la dent et une partie de sa face interne ; elle devient plus tard presque horizontale lorsque l'usure a atteint un degré avancé.

La mâchoire est dite *au rond* lorsque toutes les dents forment un arc de cercle et que l'usure est encore faible ou nulle pour certaines dents. Elle est *au ras* lorsque l'usure a produit une sorte d'arasement et fait apparaître les dessins des diverses couches constitutives de la dent (émail à l'extérieur, ivoire, cavité centrale remplie d'ivoire plus jaune, ...).

Les dents sont de deux sortes : les *dents de lait* ou caduques et les *dents de remplacement*.

Dents de lait. — A la naissance, le veau possède un nombre de dents qui varie suivant lesraces envisagées et la durée de la vie fœtale.

Le veau possède *à la naissance 8 dents incisives*.

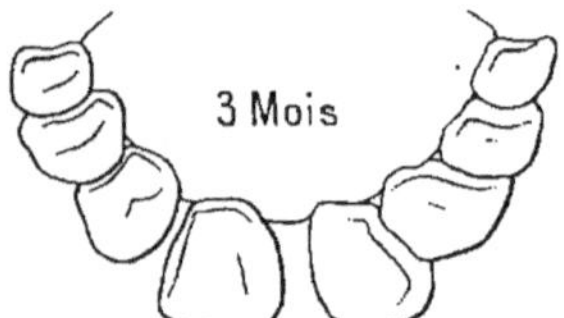

Fig. 5. — Dents de lait.

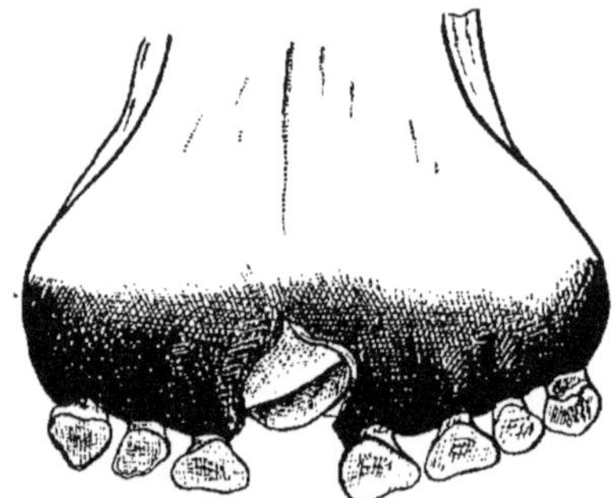
Fig. 6. — Éruption de la première pince de remplacement.

Il résulte des recherches de Veenstra faites sur les veaux de race hollandaise, qu'il en est ainsi dans les trois quarts des cas (3.286 cas sur 4.236, 77,57 0/0). On rencontre 6 dents seulement dans le cinquième des cas (916 cas, 21,63 0/0). Rarement, il n'existe que 4 dents (34 cas, 0,80 0/0).

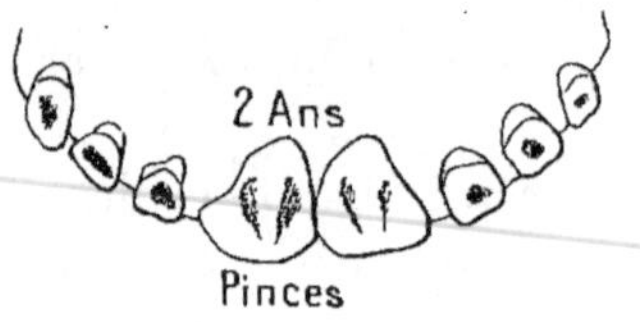

Fig. 7 — Les pinces sont remplacées.

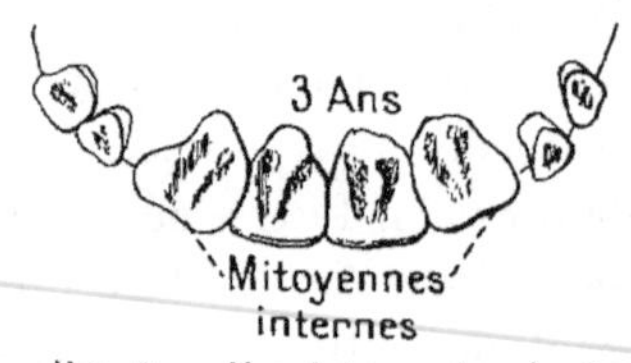

Fig. 8. — Il existe quatre dents de remplacement.

Lorsqu'il n'existe que 4 incisives à la naissance les deuxièmes mitoyennes apparaissent vers le huitième jour et les coins vers le vingtième.

Des différences profondes sont observées en ce qui concerne l'époque de la sortie des dents. Les chiffres indiqués sont donc approximatifs.

Dents de remplacement. — On admet généralement pour les races ordinaires et suivant les données courantes que, à deux ans, l'animal de l'espèce bovine a 2 dents incisives remplacées (les pinces), qu'à trois ans il en a 4 (pinces et mitoyennes internes), qu'à

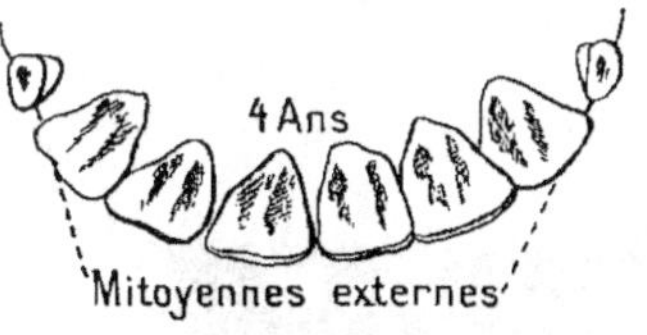

Fig. 9. — Il existe six dents
de remplacement.

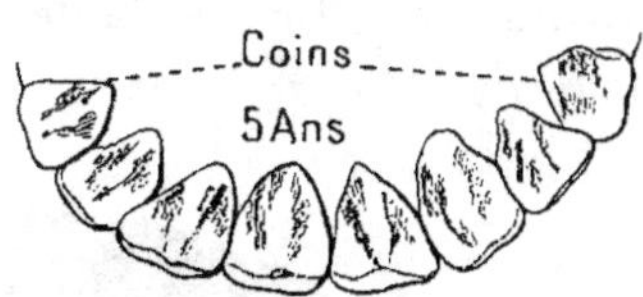

Fig. 10. — Toutes les masses
sont remplacées.

quatre ans, il en a 6 (pinces et mitoyennes), et qu'enfin à cinq ans la dentition est complète, c'est-à-dire que les 8 dents sont remplacées.

Les *pinces* apparaissent vers l'âge de dix-huit à vingt mois (*fig.* 6). La sortie s'effectue de dix-huit mois à deux ans (*fig.* 7).

Les *mitoyennes internes* sortent vers deux ans et demi[1] (*fig.* 8);

Fig. 11. — Dentition d'une vache
hors d'âge.

les *mitoyennes externes* vers trois ans et demi[2] (*fig.* 9)et les *coins* vers quatre ans et demi[3] (*fig.* 10).

A cinq ans, toutes les incisives étant remplacées, les bouchers disent que l'animal a *la bouche faite*. La mâchoire est *au rond*.

La précocité de certaines races est considérable et l'évolution des dents est singulièrement accélérée. Il ne faut donc pas attacher une trop grande importance aux caractères tirés de la sortie des dents.

L'usure de la dent renseigne sur l'âge des sujets. Ici encore de grandes variations sont observées. Elles tiennent surtout au genre d'aliments consommés pendant la vie des sujets.

---

1. De deux ans à deux ans et demi, disent certains auteurs (Girard, Schmaltz...); de deux ans et demi à trente-deux mois d'après Lesbre.

2. De trois ans à trois ans et demi d'après Schmaltz; de trois ans à quarante mois d'après Lesbre.

3. Vers trois ans et demi jusqu'à quatre ans et demi, d'après Girard, Schmaltz; de quatre ans à quatre ans et demi d'après Lesbre.

Vers sept ans, les rainures de la face interne des pinces disparaissent. Le nivellement s'effectue plus tard pour les mitoyennes
(huit à neuf ans) et pour les coins (neuf à dix ans).

Au delà de dix ans, les dents très raccourcies s'écartent les unes
des autres. Il devient difficile de fixer l'âge, même d'une façon
approximative. De véritables chicots sont observés, à un âge
avancé (*fig*. 11).

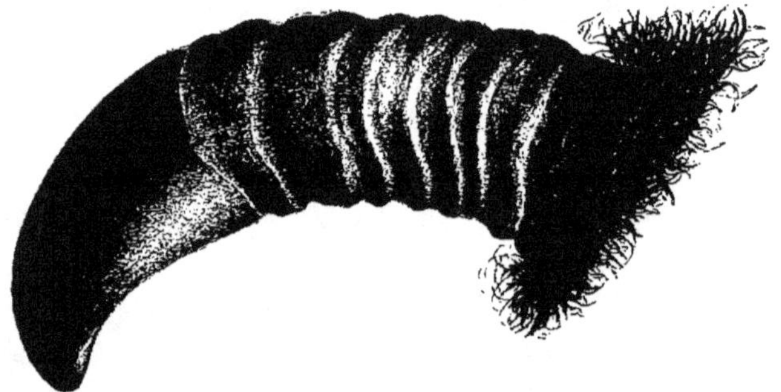

Fig. 12. — L'une des cornes d'une vache âgée de dix ans environ.
On compte huit sillons très nets.

État des cornes. — La poussée de la corne n'est jamais régulière.
Chaque année, on observe des variations de croissance. Les sillons
formés traduisent ces variations d'activité secrétoire du repli
cutané ou bourrelet siégeant à la base des cornes.

Les premiers sillons sont faibles ; seul le sillon de la troisième
année est très visible et persistant comme ceux qui s'établissent
au cours des années suivantes.

Pour apprécier l'âge par l'examen du cornage, il faut donc compter le nombre de sillons nettement visibles, attribuer la valeur 3
au premier en comptant à partir de l'extrémité libre de la corne et
ajouter autant de fois l'unité qu'il y a d'autres sillons bien apparents (*fig*. 12).

Ce procédé ne donne pas des résultats très exacts. Il doit être employé concurremment avec l'examen des dents incisives. Le manque
de précision tient à ce que, dans une même année, les variations de
régime peuvent avoir été faibles, ou bien encore à ce que l'insuffisance de l'alimentation a pu provoquer des troubles dans la sécrétion de la matière cornée. L'état de maladie peut aussi influencer

les résultats; des sillons supplémentaires peuvent s'établir. Enfin, le frottement du joug, chez les bœufs qui ont travaillé, fait souvent disparaître en partie ou en totalité les signes en question. Les sillons peuvent aussi avoir été enlevés frauduleusement. Jadis on voyait au marché de la Villette des professionnels qui, moyennant une faible rétribution, se chargeaient de faire la toilette des cornes et de « rajeunir » les animaux.

Il convient de noter que les sillons de la corne sont, en général, très développés chez les vaches. Cela tient à ce que la gestation accentue les troubles de sécrétion dont nous avons parlé. Ostertag a écrit : « Les cercles des cornes se forment avec chaque gestation. Les vaches donnent le premier veau à deux ans. Il en résulte que le nombre des sillons circulaires des cornes augmenté du chiffre 2 donne l'âge approximatif des vaches. » *Guide pour l'examen des viandes.* (Edition 1909.)

Conformation générale. — Les sujets dont la conformation est irrégulière — c'est surtout le cas des vaches — ont souvent

FIG. 13.

mauvaise apparence malgré l'existence d'une certaine quantité de suif dans le bassin et autour des rognons.

C'est une erreur de croire qu'un animal de boucherie répond au type de la seconde qualité dont nous aurons à parler plus loin, parce qu'il a les rognons couverts de suif. Il est nécessaire de

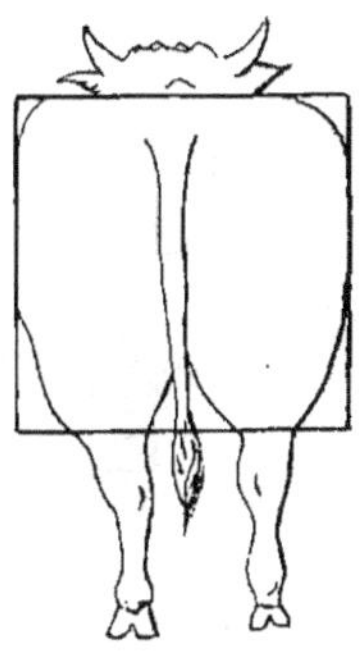

FIG. 14.

tenir compte de l'état de chair. L'émaciation des muscles, notamment dans la région des reins (faux-filet) ne permet pas de ranger les animaux qui en sont atteints dans la seconde qualité, quand bien même ils auraient les rognons enveloppés entièrement de graisse. Lorsque les régions dorso-lombaires et fessières sont légèrement émaciées, on a le bœuf dit *écart de viande*. On se sert aussi du mot *placard* quand les muscles de l'épaule, des lombes et de la cuisse sont peu développés (Villain).

Les bêtes jeunes bien conformées paraissent plus grasses qu'elles ne le sont en réalité.

La meilleure conformation est celle qui se rapproche d'un type idéal, susceptible d'être inscrit dans le cadre d'un parallélipipède. Stephens donne le moyen d'appréciation suivant : en examinant la bête de boucherie successivement sur ses quatre faces (devant, derrière, profil et dos), l'engraissement et la conformation doivent être tels que l'animal

Fig. 15.

tend à remplir le cadre rectangulaire qui délimite chacune des faces [1].

Il va de soi que pour les animaux de boucherie destinés à l'armée on doit se contenter de sujets de conformation moyenne. C'est par les expériences de rendement en os et viande désossée qu'on peut se faire une idée exacte des types d'animaux à re-

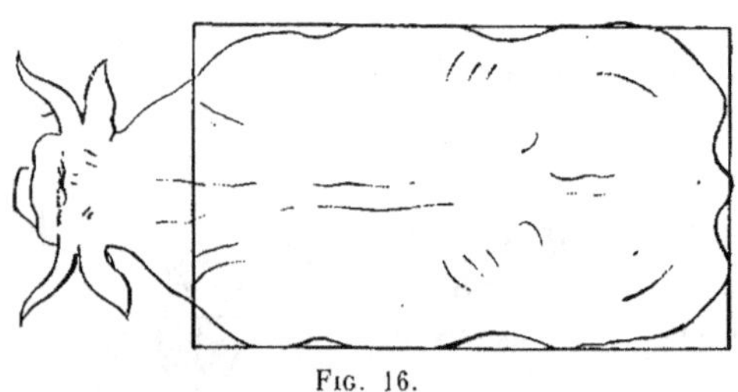

Fig. 16.

commander. En général, il convient d'éviter les grands bœufs de

---

1. Une *tête* grosse et massive, dit Godbille, trahit surtout un appareil osseux lourd et grossier. La largeur du front et des ganaches dénote un appareil masticateur vigoureux. Les oreilles et les cornes sont généralement minces chez les sujets à squelette peu développé, et à peau fine ; chez les animaux appartenant aux races laitières, le bord supérieur du cou reste aminci. Les mâles tardivement castrés ou mal bistournés ont une nuque bien développée et les muscles du cou très proéminents. La *croupe* doit avoir une musculature épaisse, être large et longue. La *queue* grosse à la base et fine à l'extrémité indique un squelette grêle et des chairs épaisses. Les *fesses* doivent offrir un profil bien convexe et prolongé presque jusqu'au jarret ; les bouchers disent alors que l'animal est bien « culotté ». Les extrémités doivent être pourvues d'articulations fines et sèches, de canons minces et courts et de tendons bien détachés (P. Godbille, *le Bétail de boucherie et l'Hygiène de la viande et du lait*, I, 1907, p. 399).

travail (les maraîchins par exemple) dont les rayons osseux son très développés et les cuisses plus ou moins allongées. Cependant le rendement en viande cuite (rendement « à la gamelle ») est parfois assez satisfaisant, même avec des bovidés de conformation en *apparence peu engageante* (Raynal).

Les races. — Les instructions ministérielles ne tiennent aucun compte de la race des animaux de boucherie livrés à l'armée, parce que les prix d'adjudication ne permettent pas d'exiger la livraison de sujets de races perfectionnées.

Chaque fois que cela sera possible, les corps ou les unités seront bien inspirés en s'adressant aux bouchers du pays qui vendant d'excellentes viandes à leur clientèle trouvent difficilement à « écouler les bas morceaux ». A Paris, le cas est plus fréquent qu'on ne pense.

Les meilleures races françaises sont : la limousine, la normande, la nivernaise et la charolaise, la mancelle.

L'aire de distribution géographique des animaux d'une même race est plus ou moins étendue. Les animaux nés en montagne sont souvent engraissés dans les plaines et les vallées. Le meilleur bœuf limousin est celui qui se trouve préparé dans les Charentes. Beaucoup de salers fournissent une viande bien améliorée par le seul fait qu'ils ont été mis à l'engrais en dehors du Plateau Central dans des pays plus riches.

La race a une importance relative, le mode d'élevage et d'engraissement est capital. Les bœufs normands de pâturage sont supérieurs aux bœufs normands dits « de pouture », engraissés à l'étable avec des tourteaux et des farineux.

Les bœufs nivernais des prairies « d'embouche » sont bien supérieurs aux bœufs nivernais transportés dans le Nord, nourris presque exclusivement de résidus industriels des sucreries et distilleries et dénommés de ce fait « sucriers ». De même les bœufs de Pontarlier qui ingèrent les résidus de fabriques d'absinthe fournissent, à engraissement égal, des viandes de qualité moindre.

On doit aussi distinguer entre les animaux de travail, tels que certains maraîchins fortement « charpentés », et les sujets de même race élevés exclusivement en vue de « la boucherie ».

Pour apprécier les principales races, il faut connaître certains caractères dont l'étude complète pratique a été très bien présentée par P. Godbille (*l'Hygiène de la viande et du lait*, 1907). En bornant notre énumération aux principaux types, nous devons citer parmi les plus faciles à différencier :

a) *Race flamande et race salers ou auvergnate.* — Les animaux de ces deux races ont une robe *rouge*. La flamande appartien

Fig. 17. — Race flamande.

aux animaux de plaine (front concave, nuque en ogive...), le salers est un type de montagne (front convexe, nuque en plein cintre...). La flamande a les *cornes* incurvées dans un même plan horizontal comme la hollandaise, tandis que

Fig. 18.
Race auvergnate.

le salers a les cornes incurvées en plusieurs plans, et dirigées latéralement (un peu en spirale). Dans la race flamande, l'*épiderme* est bistre violacé et le mufle est bleuâtre ardoisé (il est noir jais généralisé, excepté à la mamelle dans la race flamande maroillaise), tandis que dans la race salers l'épiderme et le mufle sont rouge créole.

Fig. 19. — Race bretonne.

Fig. 20. — Race hollandaise.

Ont également la *robe rouge* les animaux de race flamande et les sujets durham-bretons ou durham-manceaux (*fig.* 25).

Le port des cornes chez ces deux races de plaine est le même, c'est-à-dire en croissant, dans un seul plan horizontal.

L'épiderme est noir (flamande-maroillaise) ou bistre (flamande flamingante) ; le pigment cutané et le mufle sont roux clair dans la race durham.

b) *Race bretonne et race hollandaise.* — Les animaux de ces deux races ont une robe *pie noire* et l'épiderme pie noir jais (noir et blanc, par grandes taches). Le mufle est quelquefois ladre (dépigmentation de l'épiderme, peau rose.)

Les animaux bretons sont de petite taille, surtout lorsqu'il s'agit des vaches. Les animaux hollandais sont de taille moyenne.

Le port des cornes n'est pas le même dans ces deux races. Les cornes sont incurvées dans un même plan (races bretonne et hollandaise), en lyre (bretonne), dans un même plan horizontal (hollandaise).

c) *Race garonnaise et race limousine.* — Les animaux de ces deux races ont le poil *froment*.

Le garonnais a une robe un peu « café au lait ». Les cornes sont incurvées dans un même plan pour les deux races en question. Chez le garonnais, elles sont en croissant et rabattues en avant; chez le limousin, elles sont dirigées en avant et légèrement relevées à l'extrémité libre. Le mufle

Fig. 21.
Race limousine.

Fig. 22.
Race choletaise.

est rose chez les garonnais et rouge chez les limousins.

d) *Race limousine et race poitevine (choletaise, parthenaise, nantaise).* — A première vue, les robes apparaissent peu dissemblables. Cependant il existe une différence très sensible. Le poil est *roux*, avec la teinte froment dans la race limousine; il est *louvet* ou fauve (base jaune et extrémité noire) dans la race poitevine.

Les cornes du limousin sont dirigées en avant; celles du bœuf de Cholet sont plutôt verticales.

Le pigment de la peau est noir partout chez les poitevins. Il apparaît surtout nettement aux extrémités (mufle, pieds,

Fig. 23. — Race charolaise.

angue...). Il est au contraire rouge chez les limousins.

e) *Race charolaise et race mancelle blanche.* — Les animaux de ces deux races ont quelque ressemblance pour l'observateur non prévenu. La couleur *blanche* de la robe est la même dans les deux cas.

Chez les charolais, l'épiderme est rose, les poils de l'intérieur des oreilles sont blancs. Chez les manceaux blancs, l'épiderme est jaune, et les poils des oreilles sont en partie colorés (rouge).

FIG. 24. — Race normande.

La corne du charolais, courbée dans un seul plan, comme celle du manceau blanc, se dirige en avant. Les cornes du manceau sont horizontales et en croissant.

FIG. 25.
Race durham-mancelle.

f) Race normande :
cotentine et augeronne. — Les sujets de race normande sont faciles à reconnaître. Leur robe est rouge et présente des *bringures* ou zébrures parallèles (*cotentine*). Elle est *pie rouge bringée* ou *caille* (c'est-à-dire parsemée de petites taches blanches rappelant les flocons de neige) lorsqu'il s'agit de la normande *augeronne*.

g) Race durham-mancelle et race ferrandaise. — Il s'agit de races d'animaux à robe *pie rouge* ou pèchard.

Le durham est un type de plaine (front concave, protubérance de la nuque en ogive). Le ferrandais est un type de montagne (front convexe, nuque plein cintre). Les cornes sont en croissant et horizontales chez le premier ; elles sont fuyantes de chaque côté de la tête chez le second.

« Mise à poids » et rendement. — En France, le gros bétail *acheté sur pied n'est pas pesé.* Il faut donc savoir apprécier le poids global des animaux et la quantité de viande qu'ils fourniront.

Le *rendement* est la relation qui existe entre le poids vif et le poids de viande nette.

La *viande nette* représente les « quatre quartiers » d'un animal sacrifié pour la boucherie. Elle ne comprend, à Paris, ni les abats (poumon, cœur, foie, rate...), ni les issues (pieds...) A Paris, le « ro-

gnon de chair » (rein en anatomie) et le « rognon de graisse » qui
l'entoure restent adhérents au quartier de derrière. Le rognon de suif
représente à peu près le quart du suif (Pion et Godbille). Le maxillaire inférieur (joue) reste attaché au collier du côté correspondant [1]. La queue fait partie du demi-bœuf côté droit. Le demi-bœuf
côté gauche comprend une partie charnue, l' « onglet », qui relie la
« hampe » ou portion charnue du diaphragme [2] à la colonne verté-
lbrae.

A Lille et dans beaucoup de villes du Nord, la joue, la hampe,
la queue, les rognons (suif et chair) sont comptés comme abats et
défalqués de la viande nette. A Lyon, même calcul qu'à Lille, disent
Pion et Godbille ; cependant les rognons font partie de la viande
nette. A Nancy, on pèse les rognons avec la viande nette, mais le
vendeur déduit 4 0/0.

Pour le porc, on ne compte généralement pas la tête et les pieds.

L'évaluation du poids vif « au juger » exige une certaine pratique. Le calcul par les *méthodes* dites *barymétriques* donne des
écarts ou erreurs qui peuvent atteindre un dixième.

DÉTERMINATION DU POIDS VIF. — *Quételet* détermine le poids vif
d'après la formule.

$$C^2L \times 87,5.$$

dans laquelle C représente la circonférence thoracique et L la
longueur du corps. Celui-ci est comparé à un cylindre plein
d'une substance de densité égale à celle de l'eau. C et L sont
exprimés en centimètres. Des barèmes (tables à double entrée
de Quételet) permettent de calculer rapidement le poids vif. Pour
ramener au poids net, il suffit de prendre pour base les rendements
de 46 à 49 0/0 (bœuf maigre), de 50 à 54 (bœuf en état), de 55 à
à 58 (bœuf demi-gras), de 59 à 60 (bœuf gras), de 62 à 68 (bœuf
fin-gras, sujets de concours). En tenant compte du sexe, il faudra
attribuer les coefficients 55 (bœuf), 53 (taureau, cuir épais, tête
volumineuse) et 40 (vache, muscles et os moins développés). On
mesure le périmètre thoracique (tour droit) à l'aide d'un ruban

---

1. L'octroi de Paris défalque 2 0,0 de la viande nette pour la perte de poids que
subit la viande au moment du refroidissement, pour le « chaud », disent les bouchers.
En outre les joues, évaluées à 5 kilogrammes par demi-bœuf. sont aussi défalquées.
2. Le diaphragme sépare la cage thoracique de la cavité de l'abdomen.

métrique passé en arrière des épaules et à la partie déclive du garrot. La longueur du corps est donnée par une ligne qui va de la

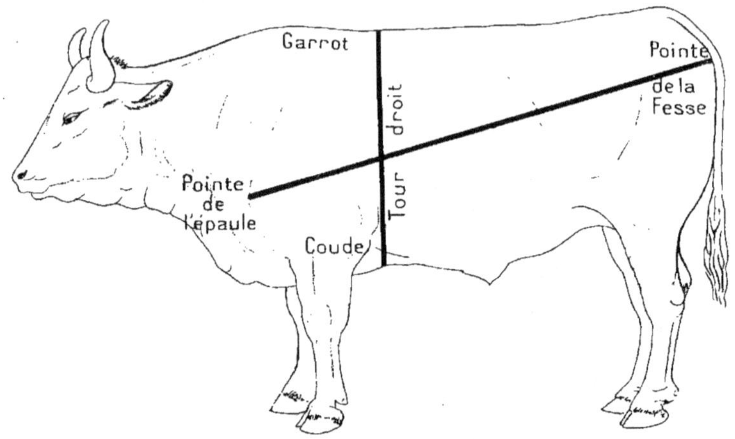

Fig. 26. — Détermination du poids vif d'après la méthode de Quételet.

pointe de la fesse (ischium) à la pointe de l'épaule (articulation de l'épaule).

TABLE A DOUBLE ENTRÉE DE QUÉTELET

1° *Poids brut des bêtes à cornes en kilogrammes.*

CIRCONFÉRENCE prise DERRIÈRE L'ÉPAULE	LONGUEUR EN CENTIMÈTRES DEPUIS LE BORD ANTÉRIEUR DE L'ÉPAULE JUSQUE DERRIÈRE LA CUISSE.															
	120	124	128	130	132	134	136	138	140	142	144	146	148	150	152	154
140	206	213	220	223	226	230	233	237	240	244	247	250	254	257	261	264
142	212	219	226	229	233	236	240	244	247	251	254	258	261	265	268	272
144	218	225	232	236	240	243	247	250	254	258	261	265	269	272	276	280
146	224	231	239	242	246	250	254	257	261	265	269	272	276	280	284	287
148	230	238	245	249	253	257	261	265	268	272	276	280	284	288	291	295
150	236	244	252	256	260	264	268	272	276	280	283	287	291	295	299	303
152	243	251	259	263	267	271	275	279	283	287	291	295	299	303	307	311
154	249	257	266	270	274	278	282	286	291	295	299	303	307	311	316	320
156	256	264	273	277	281	285	290	294	298	302	307	311	315	319	324	328
158	262	271	280	284	288	293	297	302	306	310	315	319	323	328	332	337
160	269	278	287	291	296	300	305	309	314	318	323	327	332	336	341	345
162	276	285	294	299	303	308	312	317	322	326	331	335	340	345	349	354
164	282	292	301	306	311	315	320	325	330	334	339	344	348	353	358	362
166	289	299	309	314	318	323	328	332	338	342	347	352	357	362	366	371
168	296	306	316	321	326	331	336	341	346	351	356	361	366	370	375	380
170	304	314	324	329	334	339	344	349	354	359	364	369	374	379	385	390
172	311	321	331	337	342	347	352	357	362	368	373	378	383	383	393	399
174	318	329	339	344	350	355	360	366	371	376	382	387	392	397	403	408

2° *Poids brut des bêtes à cornes en kilogrammes.*

CIRCONFÉRENCE prise DERRIÈRE L'ÉPAULE	LONGUEUR EN CENTIMÈTRES DEPUIS LE BORD ANTÉRIEUR DE L'ÉPAULE JUSQUE DERRIÈRE LA CUISSE															
	140	142	144	146	148	150	152	154	156	158	160	162	164	166	168	170
176	380	385	390	386	401	407	412	418	423	428	434	439	445	450	455	461
178	388	394	359	405	411	416	422	427	432	438	444	449	455	460	466	471
180	397	403	408	414	420	425	431	437	442	448	454	459	465	471	477	482
182	406	412	417	423	429	435	441	446	452	458	464	470	475	481	487	493
184	415	421	427	433	438	444	450	456	462	468	474	480	486	492	498	504
186	424	430	436	442	448	454	460	466	472	478	484	490	496	503	509	515
188	433	439	445	452	458	464	470	476	483	489	495	501	507	514	520	526
190	442	449	455	461	468	474	480	487	493	499	506	512	518	525	531	537
192	452	458	465	471	477	484	490	487	503	510	516	523	529	536	542	549
194	461	468	474	481	487	494	501	507	514	520	527	534	540	547	553	560
196	471	477	484	491	498	504	511	518	524	531	538	545	551	558	565	572
198	480	487	494	501	508	515	521	528	535	542	549	556	563	570	576	583
200	490	497	504	511	518	525	532	539	546	553	560	567	574	581	588	595
202	500	507	514	521	529	535	543	550	557	564	571	579	586	593	600	607
204	510	517	524	532	539	546	554	561	568	575	583	590	597	605	612	619
206	520	527	535	542	550	557	565	572	579	587	594	602	609	616	624	631
208	530	538	545	553	560	568	576	583	591	598	606	613	621	628	636	644
210	540	548	556	563	571	579	587	594	602	610	618	625	633	641	648	656

3° *Poids brut des bêtes à cornes en kilogrammes.*

CIRCONFÉRENCE prise derrière L'ÉPAULE	LONGUEUR EN CENTIMÈTRES DEPUIS LE BORD ANTÉRIEUR DE L'ÉPAULE JUSQUE DERRIÈRE LA CUISSE.																	
	152	154	156	158	160	162	164	166	168	170	172	174	176	178	180	184	188	192
212	598	606	614	622	629	637	645	653	661	669	677	685	692	700	708	724	740	755
214	609	617	625	633	641	649	657	665	673	681	689	698	705	713	721	737	754	769
216	621	629	637	645	653	662	670	678	686	694	702	711	719	727	735	751	768	784
218	632	644	649	657	666	674	682	691	699	707	715	724	732	740	749	765	782	799
220	644	652	661	669	678	686	695	703	712	720	729	737	746	754	763	780	797	813
222	656	664	673	681	690	699	707	716	725	733	742	751	759	768	776	794	811	828
224	668	676	685	694	705	712	720	729	739	747	755	764	773	782	790	808	826	843
226	680	688	697	706	715	724	733	742	751	760	769	778	787	796	805	822	840	858
228	692	701	710	719	728	737	766	755	764	773	783	792	801	810	819	837	855	874
230	704	713	722	732	741	750	759	768	779	787	796	806	815	824	833	852	870	889
232	716	725	735	744	754	763	773	782	791	801	811	821	830	839	849	868	887	905
234	728	738	748	757	767	796	786	796	805	815	824	834	843	853	863	882	901	920
236	741	751	760	770	780	790	800	809	819	829	839	848	858	868	878	897	916	936
238	754	763	773	783	793	803	813	823	833	843	853	863	873	883	893	912	938	952
240	766	776	786	797	807	817	827	837	847	857	867	877	887	897	907	928	948	968

Pressler donne une méthode basée sur la mensuration de la circonférence oblique du thorax. Il se sert de la formule :

$$P = \left(\frac{C_1}{2}\right)^2 \times L \times 3,14 \times \alpha \qquad (\alpha = 44 \text{ à } 47 \text{ suivant la race}).$$

Le tour biais thoracique C_1 est obtenu à l'aide du ruban métrique jeté sur le garrot, et passé ensuite en écharpe entre les membres antérieurs.

La longueur L est mesurée en prenant ce que Pressler appelle la grande circonférence : le ruban est appliqué autour du sujet en passant par les pointes des épaules et des fesses.

On peut aussi prendre la formule,

$$P = C^2 L \alpha \qquad (\alpha = 40 \text{ à } 50).$$

dans laquelle α égale généralement 44.

Crevat a imaginé plusieurs procédés.

a) La formule ci-après traduit cette idée que la masse d'un corps peut être calculée en fonction du cube d'un élément linéaire :

$$P = \alpha C^3.$$

α est un coefficient, C le tour droit thoracique. α varie : 80, bœuf en état ; 76, bœuf demi-gras ; 72, bœuf gras ; 68, bœuf fin gras.

b) La formule suivante tient compte du volume du ventre :

$$P = C \times L \times V \times \alpha \qquad (\alpha = 80).$$

V représente le périmètre maximum de l'abdomen.

c) Ce procédé est plus simple que les précédents. On prend le tour spiral C_2 suivant la ligne qui part de la pointe du sternum (poitrail) et aboutit au milieu du périnée en passant d'un côté du corps à l'autre par le plus court chemin, c'est-à-dire vers le milieu du dos, et au-dessous de la hanche. On a la formule :

$$P = C_2^3 \times \alpha \ (\alpha = 40).$$

Le coefficient est parfois un peu trop fort ou un peu trop faible. Il augmente lorsqu'il s'agit d'animaux jeunes.

Baron emploie la formule

$$P = C \times L \times V \times 80.$$

DÉTERMINATION DU POIDS NET. — Le poids de viande nette chez les animaux en bon état de chair est à peu près de la moitié du poids vif du sujet à jeun. Les animaux gras ont un rendement supérieur à 50 0/0, il atteint 55 à 60 0/0 et parfois plus.

Anderdon donne la formule :

$$p = \frac{P + \dfrac{P \times 4}{7}}{2}$$

David Low prend la mesure de la longueur L′ du sujet à partir du point le plus élevé de l'épaule (omoplate) jusqu'au point le plus éloigné de la croupe ; puis il mesure également le tour thoracique droit C pris en arrière des coudes :

$$p = C^2 \times L' \times \alpha \qquad (\alpha = 53,5).$$

p exprime le poids net en kilogrammes [1].

Mathieu de Dombasle a préconisé l'emploi d'un ruban gradué sur ses deux faces (centimètres d'un côté de 1ᵐ,81 à 2ᵐ,73 ; et graduations de 350 à 1.200 sur l'autre côté traduisant le poids en *livres*).

On prend le tour biais thoracique en passant le ruban en écharpe par le sommet du garrot et le poitrail (deux opérations sont nécessaires, on prend une moyenne). L'auteur recommande de « bien placer l'animal ; ses deux jambes doivent être en face l'une de l'autre, et la tête droite, dans sa position normale ». Lorsque l'opérateur a réuni les extrémités du ruban « en serrant modérément, » il lit le poids marqué au point où le zéro de la division vient rencontrer le ruban.

Appliqué aux vaches, le procédé Mathieu de Dombasle doit être corrigé en ajoutant 10 à 15 0/0 au poids trouvé.

On peut aussi se servir d'un ruban métrique ordinaire et faire usage d'une table.

---

1. En Angleterre, le procédé est plus connu sous le nom de procédé Ewart.

$$p = C^2 \times L' \times 0,258.$$

p est exprimé en stones et L′ en pieds.

MESURAGE DES BÊTES A CORNES PAR LE CORDON DOMBASLE

MESURE	POIDS	MESURE	POIDS	MESURE	POIDS	MESURE	POIDS
Mètres C	Livres	Mètres C	Livres	Mètres C	Livres	Mètres C	Livres
1.81	350	2.05	507	2.29	710	2.53	950
1.82	356	2.06	514	2.30	720	2.54	962
1.83	362	2.07	521	2.31	730	2.55	975
1.84	368	2.08	528	2.32	740	2.56	987
1.85	375	2.09	535	2.33	750	2.57	1000
1.86	381	2.10	542	2.34	760	2.58	1012
1.87	387	2.11	550	2.35	770	2.59	1025
1.88	393	2.12	558	2.36	780	2.60	1037
1.89	400	2.13	566	2.37	790	2.61	1050
1.90	406	2.14	575	2.38	800	2.62	1062
1.91	412	2.15	583	2.39	810	2.63	1075
1.92	418	2.16	591	2.40	820	2.64	1087
1.93	425	2.17	600	2.41	830	2.65	1100
1.94	431	2.18	608	2.42	840	2.66	1112
1.95	437	2.19	616	2.43	850	2.67	1125
1.96	443	2.20	625	2.44	860	2.68	1137
1.97	450	2.21	633	2.45	870	2.69	1150
1.98	457	2.22	641	2.46	880	2.70	1162
1.99	464	2.23	650	2.47	890	2.71	1175
2.	471	2.24	660	2.48	900	2.72	1187
2.01	478	2.25	670	2.49	910	2.73	1200
2.02	485	2.26	680	2.50	920		
2.03	492	2.27	690	2.51	930		
2.04	500	2.28	700	2.52	940		

Ch. Meixmoron de Dombasle a établi un ruban qui donne le poids en kilogrammes.

Crevat a donné plusieurs formules :

a). $$p = \alpha C^3.$$

$\alpha = 35$ (bœuf en état), 38 (bœuf demi-gras), 40 (bœuf gras), 42 (bœuf fin gras).

b). $$p = C \times L \times V_1 \times \alpha \qquad (\alpha = 100 \text{ en livres}).$$

$V^1 =$ tour droit du ventre, en avant des hanches.

On trouve dans le commerce des rubans zoométriques Crevat.

c). $$p = C_2^3 \times \alpha \qquad (\alpha = 22).$$

C_2 représente le tour spiral dont il a été parlé plus haut.

Baron indique la formule :

$$p = \left(\frac{2C_1}{10} - 25\right)^2 + C_1 + 45.$$

p est exprimé en livres ; C_1 est le tour oblique (tour biais) du procédé Dombasle.

Tous ces procédés sont peu exacts. Les méthodes Pressler et Crevat faisant usage des coefficients donnent des erreurs moindres.

Dans l'emploi des procédés barymétriques, on doit tenir compte des races, du sexe, de la conformation. D'autre part, la *densité de la viande* varie suivant le mode d'engraissement. L'engraissement au pâturage donne une viande légère ; l'engraissement à l'étable, en hiver, produit une viande plus dense.

L'état de vacuité ou de réplétion des viscères digestifs influence aussi les résultats.

RENDEMENT. — Nous avons déjà indiqué quelques chiffres de rendement. Voici ceux qui sont donnés par Villain et Bascou (*Manuel de l'Inspecteur des viandes*) : 50 à 55 0/0 pour les bœufs en chair, 55 à 60 pour les bœufs demi-gras, 60 à 65 pour les bœufs gras et 65 à 70 pour les bœufs fin gras. Ces auteurs font la remarque que le rendement est plus élevé à Paris parce que, dans le trajet qu'ont été obligés de parcourir les animaux pour arriver à destination du marché de la Villette, les intestins se sont trouvés débarrassés, en grande partie, des matières excrémentitielles qui s'y trouvent[1]. D'après Caulet, les chiffres en question sont un peu trop élevés.

Les races dont le squelette est réduit (durham, nivernais) font un meilleur rendement.

Les animaux « verts » (engraissement hâtif) sont moins avantageux que les sujets « mûrs » (engraissement parfait).

L. Baillet écrit au sujet du rendement : « Les bouchers savent fort bien que, depuis le mois de mai jusqu'en fin septembre, le bœuf engraissé au pâturage ne rend pas proportionnellement à ce que semble promettre son état, qu'il est en un mot plus léger que celui conduit au marché à l'arrière-saison ou pendant l'hiver[1]. »

1. Villain (la *Viande saine*) donne les rendements suivants, d'après le commerce en gros de la boucherie de Paris.

	Normand	Limousin	Charolais	Marchois	Salers	Choletais	Nantais	Manceau	Berrichon	Vendéen
Bœuf.	56,66-59,15	56,53	»	58,79	»	59,55	58,78	61,55	58,41	48,47
Vache.	55,68	49,80	54,30	56,42	52,08	52,18	»	»	52,06	»

Les porcs de race anglaise rendent davantage que les animaux de races rustiques. Un porc charentais donnera 17 kilogrammes de déchets, tandis qu'un porc normand en aura 30. Les têtes des animaux croisés anglais pèsent 5 à 8 kilogrammes, tandis que les têtes de porcs augerons vont de 8 à 14 kilogrammes (Pion et Godbille).

1. Le poids vivant varie selon que l'animal est repu ou à jeun. Parfois les acheteurs exigent la déduction d'une tare qui est débattue (4 0/0 au maximum pour le gros bétail d'après Pion et Godbille). La perte due au jeûne est très inégale suivant l'âge et la race. Un bœuf de 600 kilogrammes perd 30 à 40 kilogrammes le premier jour ; les jours suivants la perte est de 5 à 7 kilogrammes (Pion et Godbille). Un bœuf breton de 400 kilogrammes venant du Finistère à Paris peut perdre de 25 à 30 kilogrammes de son poids vif (Godbille). D'après Cornevin, on note les résultats suivants pour un jeûne de vingt-quatre heures : bœufs charolais de trente-deux mois, 34 kilogrammes ; ayr tarentais de même âge, 16 ; tarentais de trente-deux mois, 46 ; tarentais de cinquante mois, 71 ; hollandais de quarante-trois mois, 35, et de dix-sept mois, 23 ; vache tarentaise de dix ans, 36 ; durham de trente-cinq mois, 18 et 16 ; valaisane de six ans, 28. Un porc de 100 à 110 kilogrammes perd (« freint ») de 5 à 6 kilogrammes ; on déduit 4 kilogrammes pour un porc de 100 à 130 kilogrammes (poids vif). Les charcutiers accusent des variations assez sensibles suivant qu'il s'agit de porc de laiterie soumis à un règlement alimentaire très aqueux ou qu'on a affaire à des porcs engraissés avec des farineux.

CHAPITRE II

ABATAGE, HABILLAGE ET DÉPEÇAGE DU GROS BÉTAIL

Abatage. — En France, on emploie l'*assommement* et la *jugulation* pour abattre le gros bétail. Quelques villes du Midi pratiquent l'*énucage*, utilisé surtout en Espagne.

L'*assommement* à l'aide de la *massue* métallique doit être abandonné. Le procédé est peu sûr, son emploi exige une grande ha

FIG. 27. — Abatage à l'aide du Merlin anglais.

bileté. La perte de connaissance dure peu de temps. Le cours du sang dans les vaisseaux artériels du cerveau, momentanément arrêté à la suite du choc, peut reprendre assez vite. Il faut donc saigner de suite. Ce procédé a cependant un avantage : l'animal *simplement étourdi* peut être saigné d'une façon plus complète (C. Pagès). Les nombreuses chances que l'on a de voir les animaux s'échapper des mains des bouchers ont fait abandonner peu à peu un procédé cependant encore en usage dans quelques abattoirs.

Le mode d'assommement le plus répandu, le seul utilisé à Paris depuis 1872, consiste à frapper l'animal masqué à l'aide du *merlin anglais* ou *bouterolle* (*fig.* 27). L'emploi de cet instrument, sorte de masse de fer montée sur un long manche et armée d'une tige solide, courte et creuse, taillée en biseau et formant emporte-pièce, exige une grande habileté. Les tueurs de la Villette manquent rarement leur coup. Cependant l'animal pouvant bouger, l'abatage ne peut pas être obtenu à coup sûr dans tous les cas. Comme dans le procédé précédent, le sujet à sacrifier est porteur d'un masque de cuir qui laisse le front dégagé ; la tête est maintenue abaissée au moyen d'une chaîne attachée aux cornes par un nœud coulant et fixé au sol par un anneau.

La perforation due au merlin siège au milieu du front. Elle permet le passage d'un jonc souvent malpropre, long de plus d'un mètre, en vue de détruire les centres nerveux et d'arrêter les mouvements des membres ; quelquefois l'ouvrier frappe dans la région de la nuque, surtout lorsqu'il n'a pas réussi à assommer l'animal par un coup asséné sur le front.

Le *merlin Truchot* (*fig.* 28) remplace avantageusement le merlin ordinaire. Il est rustique et pénètre mieux dans le crâne, grâce à la forme en biseau de

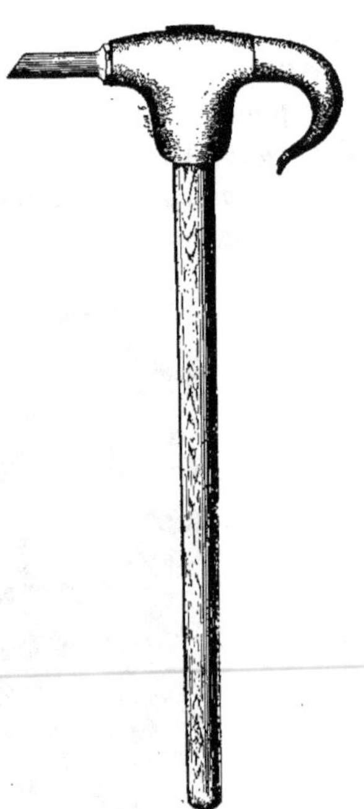

FIG. 28. — Merlin Truchot.

la partie tranchante. Il est mieux en main par suite de l'aplatissement du manche. Enfin, dernier avantage, la partie creuse ne peut se boucher (*fig.* 29 à 32).

Après l'assommement, l'ouvrier pratique la saignée. Il fend la peau de l'entrée de la poitrine, ouvre largement le confluent des

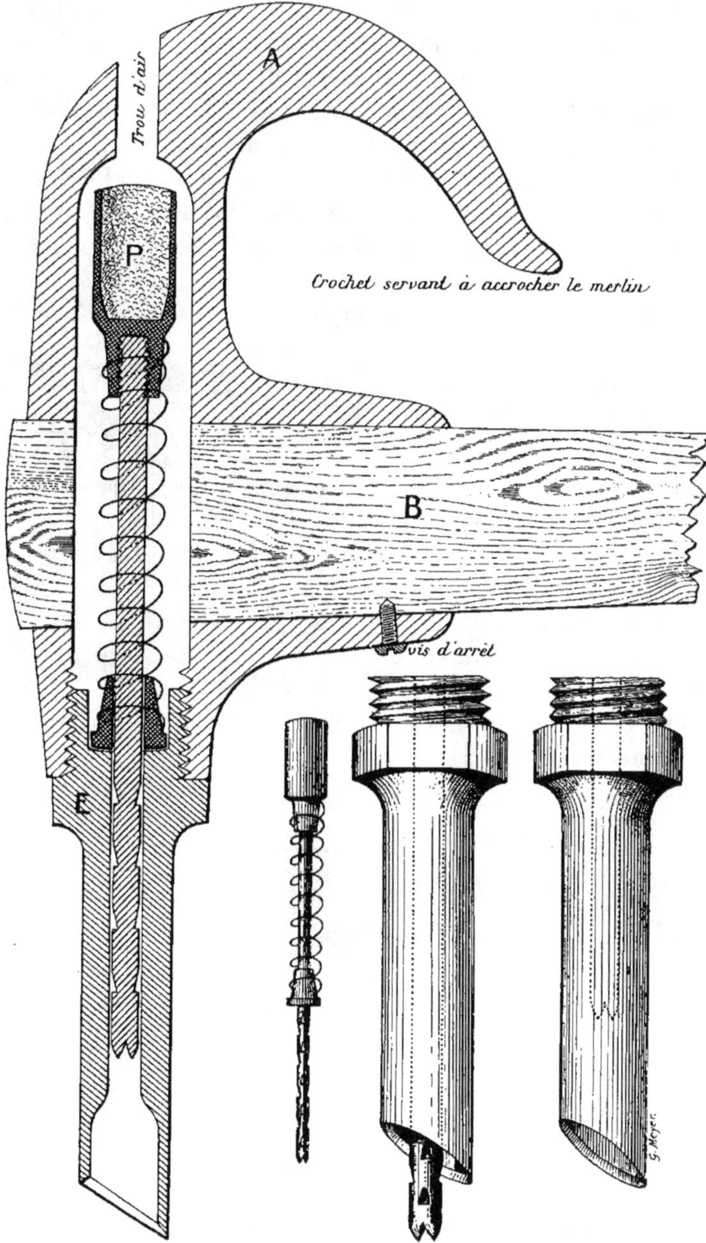

Fig. 29 à 32. — Merlin Truchot. — Section de la partie métallique montrant le mécanisme intérieur. — Tige en dents de scie avec le ressort. Tige emporte-pièce. — Tige rentrée.

(D'après *Les Abattoirs publics*, Tome I.)

veines jugulaires et les carotides à l'angle de bifurcation. Les artères ainsi incisées ne peuvent s'obstruer par rétraction (Y. Vosgien). Lorsque la saignée est mal exécutée, du sang peut pénétrer dans la cage thoracique et souiller les plèvres. On dit que l'animal est *écoffré*. L'*écoffrage* a pour effet de rendre l'émission sanguine imparfaite. La viande obtenue est moins belle que celle des animaux bien saignés. Nous avons rencontré un tiers des animaux écoffrés dans un établissement qui fabrique des conserves de viandes.

Les procédés d'abatage ont été perfectionnés. *Bruneau*, chevillard à la Villette, a substitué à l'emploi de la massue l'usage d'un masque spécial. Un simple coup de maillet fait pénétrer dans le crâne la cheville emporte-pièce fixée à la monture métallique d'un masque. Le masque Bruneau est rendu réglementaire dans l'armée. Il est employé par le service des subsistances militaires. Il a sa place dans les trains de convoi régimentaires. Nous l'avons vu utiliser avec succès dans quelques tueries annexées aux

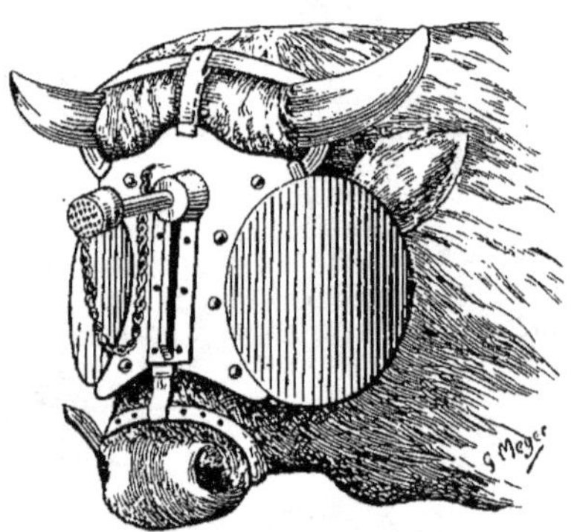

Fig. 33. — Masque Bruneau, modifié par Kögler.

fabriques de conserves de bœuf assaisonné destinées à l'armée.

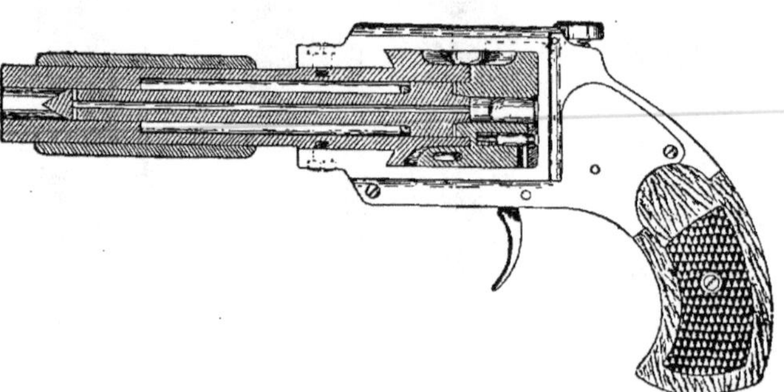

Fig. 34. — Pistolet de Behr.

Quoique très pratique, il n'a jamais été adopté par la boucherie en gros de Paris.

Il existe de nombreux masques basés sur le même principe que celui de Bruneau [masque de Boom, de Leinert, de Kögler (*fig.* 33); masque de Stuttgart...].

Un autre perfectionnement, coûteux cette fois, a été apporté lorsqu'on a remplacé le coup de massue par la détente des gaz d'un

Fig. 35. — Abatage juif. — Appareil Trapp debout.

appareil à feu. Nous laissons de côté l'emploi des appareils à balle. L'usage a montré, en Allemagne, que des accidents graves sont à redouter pour le personnel préposé à l'abatage (masque à feu de Sigmund, pistolet de Staehl qui n'est que l'appareil précédent perfectionné...). On préfère utiliser les *pistolets à cheville percutante* (*fig.*34) formant trocart (revolver de Behr...). La balle est ici remplacée avantageusement par une tige métallique puissante qui glisse dans l'âme d'un canon de revolver et revient automatiquement en place après l'explosion de la cartouche. L'abatage d'un bœuf revient à 10 centimes.

La *jugulation* ou *égorgement* est imposée aux Juifs par la religion israélite ; l'animal est couché sur le dos, la tète allongée, le sacri-

FIG. 36. — Abatage juif. — Appareil Trapp basculé.

ficateur juif incise l'encolure en travers vers le milieu, jusqu'aux vertèbres qu'il ne doit pas atteindre. Pour coucher l'animal, divers moyens sont employés. Un dispositif simple a été réalisé par Trapp (*fig.* 35 et 36) de Strasbourg.

Le procédé juif apparaît comme barbare. Les auteurs ne sont pas d'accord sur la nature des souffrances que subit le bœuf au moment du sacrifice. On s'accorde à dire que la viande des animaux sacrifiés par égorgement se conserve mieux, parce que la saignée est plus complète[1].

1. A Paris, les veaux et les moutons sont égorgés. Il en est de même pour les porcs sacrifiés à l'usine *la Nationale* d'Aubervilliers.

Remarque. — Il est indiqué de faire subir aux animaux, avant l'abatage, un jeûne de vingt-quatre heures. Le cahier des charges pour la fourniture des conserves de viande, en date du 3 novembre 1908, spécifie que les bovidés doivent être maintenus au repos et à la diète dans un local spécial pendant les vingt-quatre heures qui précèdent l'abatage. La viande des sujets qui ont jeûné est de meilleure conservation.

Les vaches qui ont encore du lait doivent être traites régulièrement pendant les vingt-quatre à trente-six heures qui précèdent le sacrifice. Les vaches non traites peuvent donner une viande qui répand l'odeur de lait.

Habillage. — Le travail de l'*habillage* consiste à enlever la peau[1], les pieds et une partie de la tête, à éviscérer les animaux et à les préparer en vue de la vente (« parage », dégraissage, façonnage, fente....). L'éviscération doit être faite aussitôt après le sacrifice et l'enlèvement de la peau.

Les instruments, le matériel et le local d'abatage doivent être d'une propreté irréprochable. Il doit en être de même des ouvriers qui travaillent la viande.

A Paris et dans la plupart des abattoirs de France, il s'en faut qu'il en soit ainsi. Les abattoirs anciens avec les cellules d'abatage ou échaudoirs mal installés et souvent mal éclairés se prêtent difficilement à un travail bien propre. Des réformes ont été obtenues à Paris en ce qui concerne une partie du gros matériel. Il s'en faut que les outils les plus usuels soient entretenus en constant état de propreté. L'éducation de l'ouvrier boucher n'est pas faite. Il nous manque des cours professionnels comme ceux qui existent en Allemagne (Munich, Leipzig). Le boucher ne se rend pas compte de la portée des recommandations qui lui sont adressées. Et cependant Decker a montré que 19 fois sur 47 (40,4 0/0) les couteaux de bouchers portent les germes de la tuberculose. L'emploi de la solution bouillante de soude à 5 0/0 ou du borax également en solution bouillante est à recommander.

Nous avons déjà dit ailleurs (*les Abattoirs publics*, t. II, 1906) le danger qui résulte de l'*emploi des instruments malpropres*, des

---

1. Aussitôt après l'abatage, on sectionne les trayons des vaches laitières. On évite ainsi de laisser prendre à la viande l'odeur de lait.

manipulations exercées par des personnes malades (tuberculeux, syphilitiques, porteurs de bacilles typhiques...), des *infractions aux règles de la propreté générale* (action de cracher sur les tinets de suspension, dans les mains, sur le sol des stands d'abatage...). Nous n'avons pas à y revenir, sinon pour dire que dans l'armée, quand on voudra, on pratiquera l'abatage absolument propre, presque *aseptique*.

La proposition Deligny (Conseil municipal de Paris) relative à la propreté générale des instruments de bouchers, examinée au Conseil d'Hygiène en 1893, méritait d'être davantage prise en condération. Avec un abattoir moderne, des stands d'abatage vastes et bien agencés, il faudrait que les professionnels soient bien convaincus qu'il n'en coûte pas beaucoup de faire tout proprement, la propreté étant ainsi comprise au sens bactériologique du mot. A l'heure actuelle, on admire les soins méticuleux apportés à l'opération du parage ; malheureusement on déplore l'état de malpropreté du milieu dans lequel les bouchers opèrent, et aussi leur ignorance absolue des méthodes qui permettent de réaliser l'habillage avec un minimum de travail et un maximum de précautions hygiéniques.

Parmi les pratiques qu'il convient de supprimer, celle du *soufflage* des viandes vient en première ligne. L'air injecté par le « brochage » dans le tissu conjectif sous-cutané apporte avec lui des germes qui hâtent la putréfaction de la viande. Le soufflet qui sert à l'insufflation est toujours plus ou moins souillé.

Le soufflage est fait parfois dans le but de donner une meilleure apparence aux viandes. Il est dit « à la musique », lorsqu'il consiste en une injection d'air à l'aide d'un fin trocart dans les masses musculaires profondes (cuisse...).

Pour les raisons qui viennent d'être indiquées, le soufflage est interdit dans l'armée (Circulaire ministérielle du 22 avril 1908).

A l'occasion de l'*éviscération* des animaux, du *levage*, du *transport aérien* des viandes, nous devons recommander plus de modernisme et une meilleure utilisation des procédés que la mécanique met à la disposition des bouchers (*fig.* 37 et 38). Les abattoirs modernes doivent être établis en s'inspirant des établissements similaires qui fonctionnent à l'étranger et notamment en Allemagne. Nous renvoyons aux livres spéciaux qui traitent de ces questions. Celles-ci sont trop vastes pour être étudiées dans cet ouvrage.

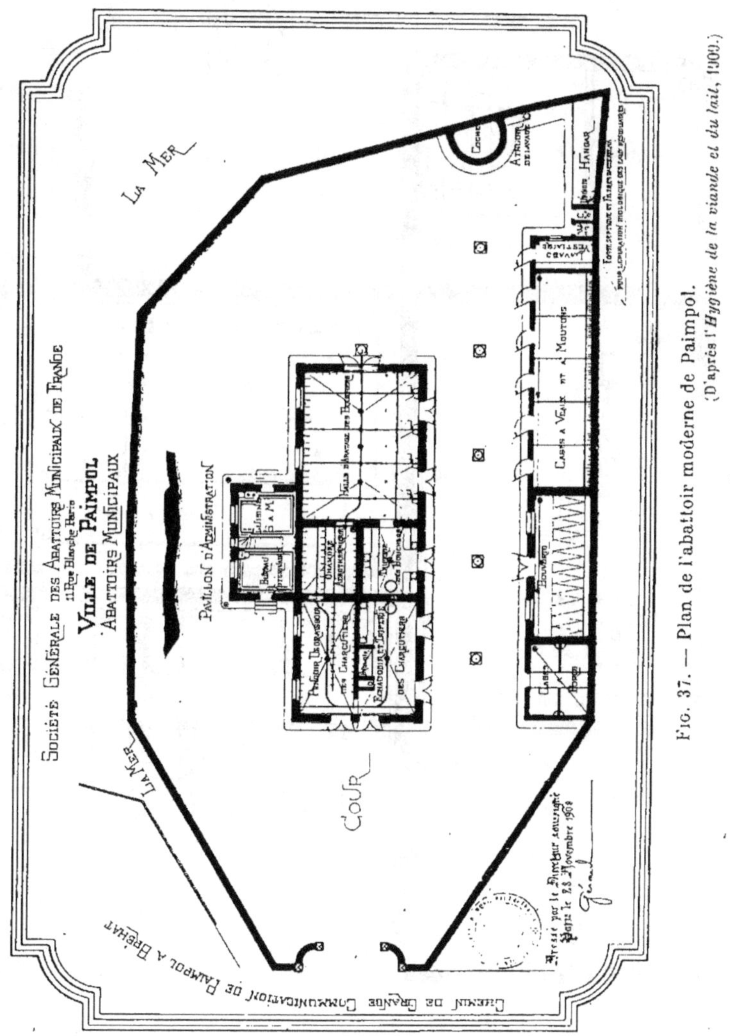

Fig. 37. — Plan de l'abattoir moderne de Paimpol.
(D'après l'*Hygiène de la viande et du lait*, 1909.)

REMARQUE. — Parmi les causes principales d'altération des viandes, il convient de signaler la *saignée insuffisante* et l'*éviscération tardive*. En aucun cas il ne faut laisser les animaux abattus, même pen-

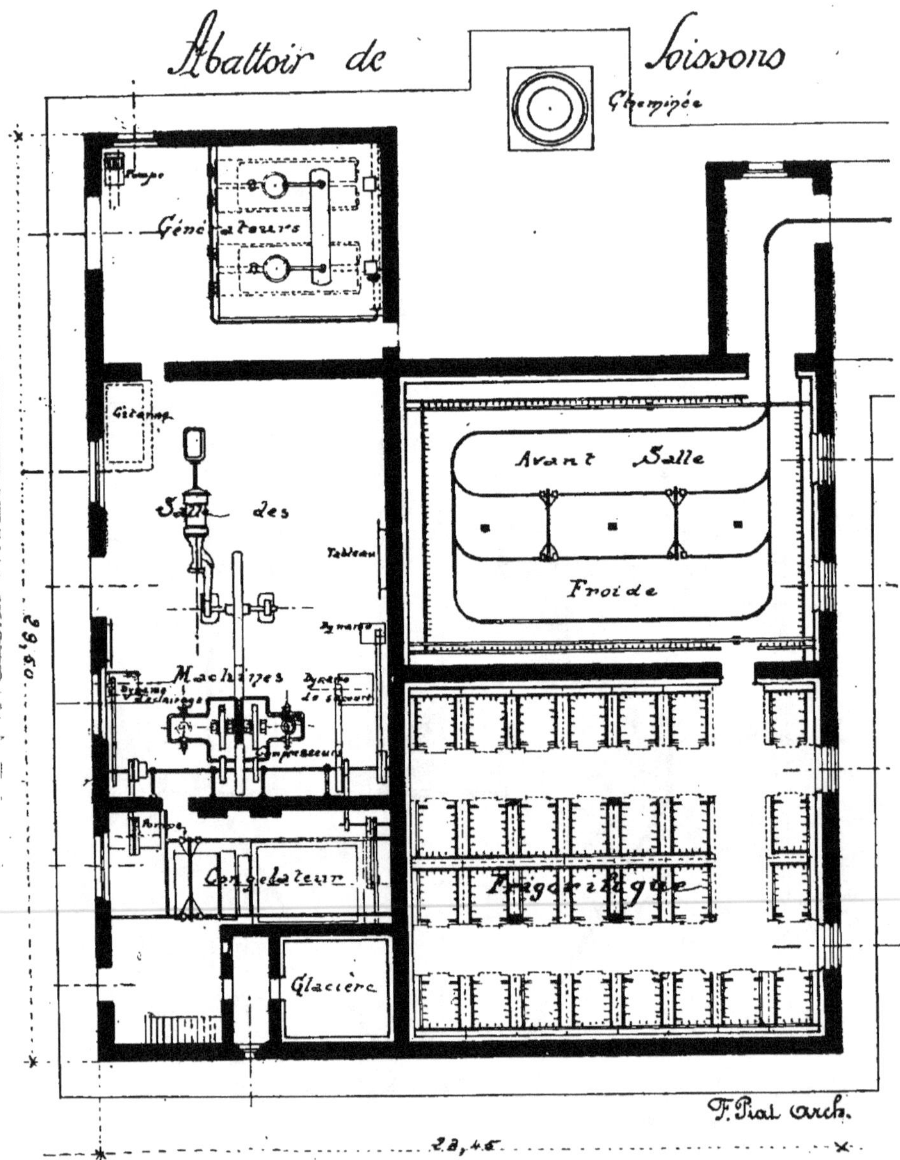

Fig. 38. — Plan du frigorifique de l'abattoir moderne de Soissons.

(D'après l'*Hygiène de la vache et du lait*, 1909.)

dant peu de temps, avec tous les organes digestifs renfermés dans l'abdomen.

Coupe du bœuf de boucherie. — Le bœuf est « séparé » en deux moitiés dites « demi-bœuf ». Chaque demi-bœuf comprend deux quartiers. On sépare le quartier de devant du quartier de derrière par une section qui passe entre la 9e et la 10e côte.

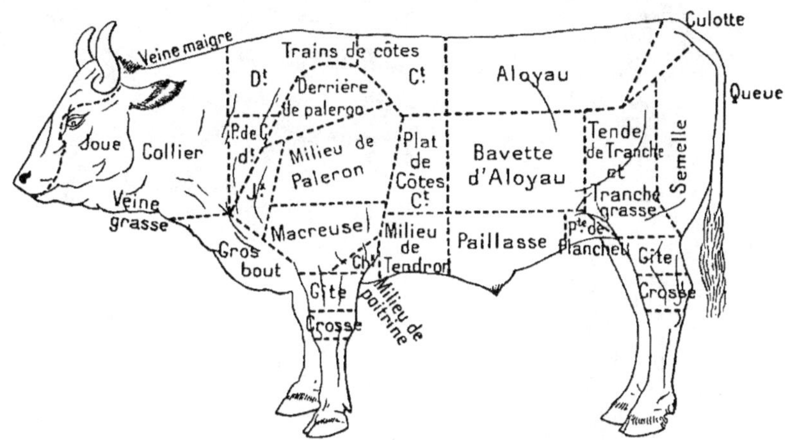

Fig. 39. — Bœuf de boucherie. Coupe de Paris.

Les morceaux préparés par le boucher au moment du dépeçage varient de forme suivant les régions de France.

Coupe de Paris. — A Paris, la boucherie distingue les morceaux ci-après :

1° L'*épaule*, comprenant la *joue*, le *collier*, le *paleron* (épaule proprement dite). L'épaule est « détachée » à l'abattoir ;

2° Le *demi-bœuf* comprenant le *devant* (sans épaule) et le *quartier de derrière*.

Épaule. — La *joue*, encore appelée *bajoue*, a pour base la mâchoire inférieure, les os de l'orbite et une partie de ceux du crâne. Le plat de joue (muscles masticateurs) est seul utilisé en pot-au-feu. La cuisson doit être prolongée. Le morceau de joue désossée est peu apprécié.

Le *collier* comprend les sept vertèbres du cou sectionnées en leur milieu et les muscles attenants. On distingue la *veine grasse*, la *veine maigre* et quelquefois la *salière*. La veine grasse n'est autre que la région placée au-dessous des os du cou, la veine maigre correspond à la partie opposée et la salière représente la région ayant pour base osseuse la première vertèbre cervicale.

Le collier donne une viande spongieuse. La partie qui avoisine la poitrine est la meilleure. Dans les bœufs de bonne qualité, on peut

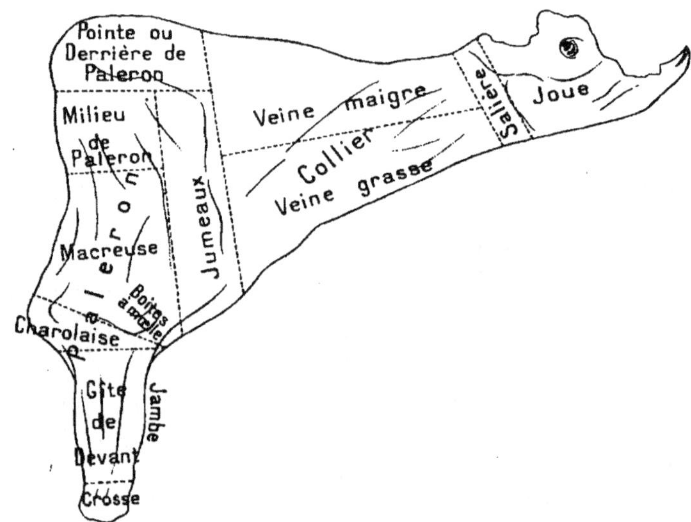

Fig. 40. — Coupe de l'épaule (face externe).

y trouver de la viande un peu infiltrée de graisse (marbré). Le collier sert en pot-au-feu. Chez le taureau, les muscles y sont très épais.

Le *paleron* comprend diverses régions :

On appelle *talon de collier* (ou premier talon de collier), une sorte de pavé de viande, irrégulier, représenté par les portions de muscles sectionnés au moment de l'ablation de l' « épaule ». Le talon est placé entre le collier et le sommet du paleron, à la face interne du membre. On peut y prendre quelques biftecks dans les bœufs de bonne qualité.

La *pointe* ou *derrière de paleron* a pour base la moitié supérieure de l'os de l'épaule (omoplate). Elle sert à faire d'excellents pot-au-feu.

Le *milieu de paleron* a pour base osseuse l'autre moitié de l'omoplate jusqu'au col de l'os (partie étranglée voisine de l'articulation de l'épaule).

Le *macreuse* correspond à la région de l'articulation de l'épaule ; elle englobe en outre les trois quarts de l'os du bras ou humérus. On désosse généralement la macreuse. L'*os à moelle* (« *boîte à moelle* », humérus) est vendu à part.

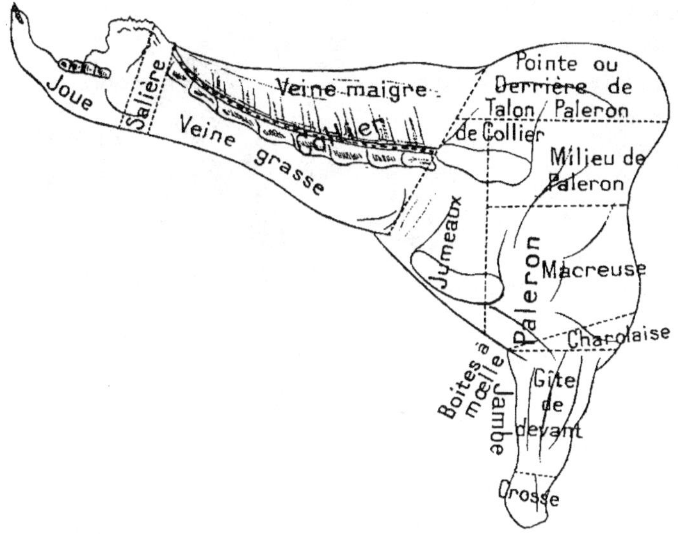

Fig. 41. — Coupe de l'épaule (face interne).

En avant de l'articulation de l'épaule, s'étend une région qui va du tiers supérieur de l'omoplate au tiers supérieur de l'os du bras. Cette portion de viande comprend un peu de l'os de l'épaule (palette des bouchers) et l'extrémité supérieure de l'humérus ; elle porte le nom de *jumeaux*. Cette région située en avant de l'épaule est séparée en deux parties égales par une coupe longitudinale.

La *charolaise*, région située au niveau du coude, la *jambe*, et la *crosse du gîte de devant*, partie terminale du membre antérieur, complètent le paleron.

La charolaise, région très osseuse, est servie en pot-au-feu et surtout à titre de « réjouissance ».

La jambe se débite par des coupes parallèles en morceaux dits *gîtes de devant*.

La crosse du gite de devant entre à titre de réjouissance dans le pot-au-feu.

Demi-bœuf. — On peut y distinguer deux régions, le quartier de *devant* et le quartier de *derrière*. On désigne sous le nom de *creux*, le demi-bœuf allégé de la cuisse.

En dehors de la *hampe* (diaphragme) et de l'*onglet* (ses piliers d'attache au rachis), on distingue :

a) Le *pis de bœuf* (poitrine et ventre, au-dessous d'une ligne de section allant du sternum ou « barbeau » au flanc non loin de l'os du bassin ou « quasi »). On y trouve d'avant en arrière : le gros bout de poitrine, le milieu de poitrine, le tendron, la paillasse et la pointe de flanchet ;

b) Le *plat de côtes* et la *bavette d'aloyau* entre le pis de bœuf et la région du rachis ;

c) La *surlonge*, le *train de côtes* et l'*aloyau* ;

d) La *cuisse* ; celle-ci comprend : la culotte, le tende de tranche, la semelle (ou gîte à la noix), la tranche grasse, le gîte de derrière et sa crosse.

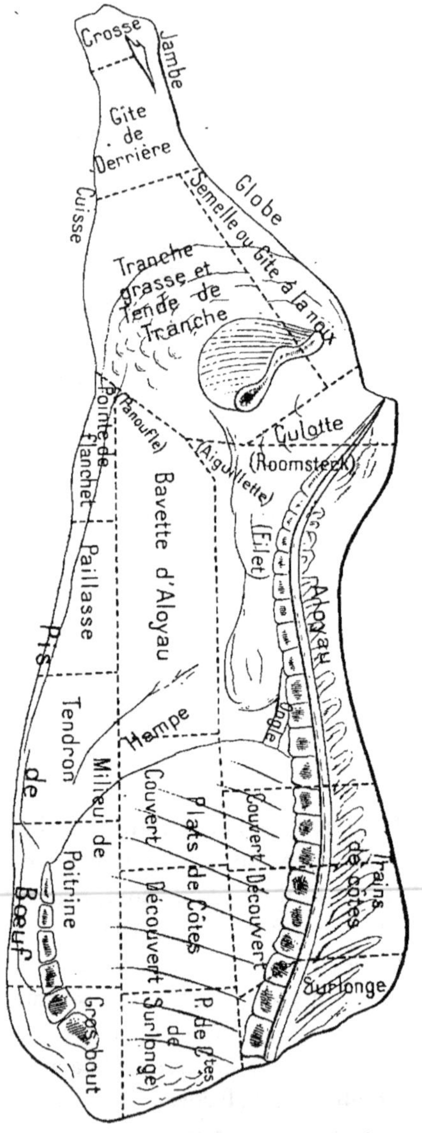

Fig. 42. — Demi-bœuf. Coupe de Paris.

Le pis de bœuf est formé de morceaux de dernière catégorie. On y trouve beaucoup d'os, de graisse et de muscles peu épais. Les bouchers fournisseurs de troupes ont généralement une tendance à augmenter la proportion de cette sorte de viande dans les fournitures en morceaux débités.

Le *gros bout* est reconnaissable aux os du sternum et à la partie antérieure, un peu arrondie.

Le *milieu de poitrine* s'étend de la 4ᵉ à la 7ᵉ côte.

Les *tendrons* renferment les cartilages de prolongement des fausses côtes. Le boucher les laisse quelquefois noyés dans les muscles et

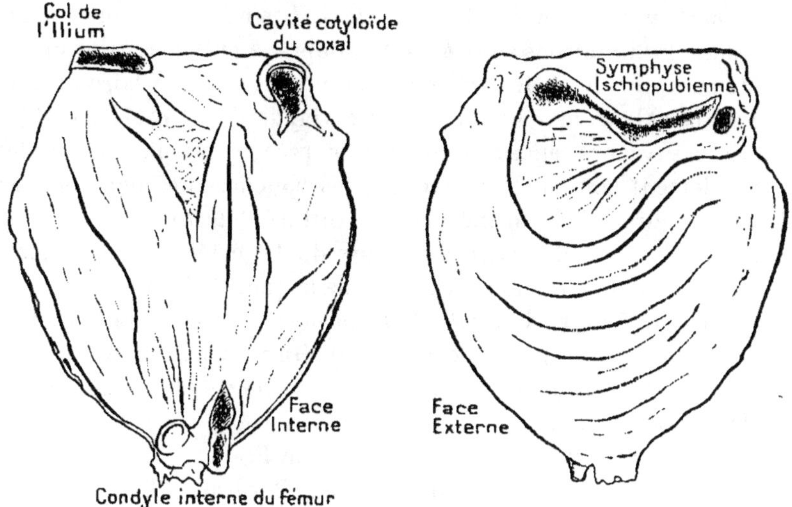

FIG. 43.

Tende de tranche.

FIG. 44.

la graisse ; il s'efforce de ne pas les faire compter comme os, arguant que « tout ce qui se coupe au couteau est de la viande ».

La *paillasse* présente une partie musculaire un peu épaisse, lorsqu'elle provient de bœuf de très bonne qualité. Elle comprend le *flanchet* et la *pointe de flanchet*.

Le *plat de côtes* comprend le *plat de côtes de surlonge* (1ʳᵉ à 7ᵉ côte), le *plat de côtes découvert* (4ᵉ à 7ᵉ côte) et le *plat de côtes couvert* (8ᵉ à 11ᵉ côte) ; ce dernier tire son nom de la présence d'un muscle épais qui le recouvre (muscle dit « grand dorsal »). Ces morceaux sont de 2ᵉ catégorie. Ils sont très estimés pour le pot-au-feu.

La *bavette d'aloyau* (parties latérales du flanc) donne surtout des biftecks.

La *surlonge* a pour base osseuse les trois premières vertèbres dorsales. Ce morceau est excellent en pot-au-feu. Il est de 2ᵉ catégorie. Le *train de côte* comprend la partie découverte et la partie couverte, absolument comme le plat de côtes. Le *train de côtes découvert* (4ᵉ à 8ᵉ vertèbre dorsale) est très apprécié. Le *train de côtes couvert* est plus gras ; il fait suite au premier et se continue par l'aloyau.

L'*aloyau*, pièce en forme de pyramide, comprend le *filet*, le *faux-filet* ou contre-filet, et le *rumsteck*. Les bouchers sont autorisés, dans les livraisons aux corps de troupes, à prélever l'aloyau sur les fournitures des bêtes entières. Ils ont intérêt à le faire en raison de la valeur marchande de cette viande de 1ʳᵉ catégorie. L'aloyau des vaches âgées et un peu dépréciées a un contre-filet généralement aminci. Il arrive que les bouchers ne cherchent pas à le reprendre. C'est un indice de fourniture défectueuse.

La *cuisse* contient quatre morceaux de 1ʳᵉ catégorie : la *culotte* (placée en arrière du rumsteck, près de la queue), la *tranche grasse* (en avant du fémur), le *tende de tranche* (face interne de la cuisse) et le *gîte à la noix* (partie postérieure). On y trouve aussi la *jambe* et la *crosse du gîte de derrière*. La cuisse allégée de la culotte et de la jambe forme le *globe*.

La coupe du bœuf n'est pas uniforme en France. Villain et Bascou donnent les coupes de Lille, Troyes, Bordeaux. Rappelons-les brièvement.

COUPE DE LILLE. — Le *demi-bœuf* se compose du *quartier de devant* et du *quartier de derrière*.

Le *quartier de devant* comprend l'*atteinte avec épaule* et l'*entre-deux*. Ces deux régions sont séparées par une ligne de coupe passant entre la 3ᵉ et la 4ᵉ côte.

L'*atteinte avec épaule* se subdivise en *atteinte en plein* (collier), *côtes à l'atteinte* (surlonge), *poitrine* (gros bout), *épaule* (paleron). L'épaule elle-même comprend le *jarret de devant* (gîte de devant), le *paleron* (partie externe de l'épaule), l'*épaule proprement dite* (région du bras).

L'*entre-deux* se divise en *carré de côtes* (train de côtes), grosse et mince *raccourçure* (plat de côtes), grosse et mince *croisure* (milieu de poitrine et tendrons).

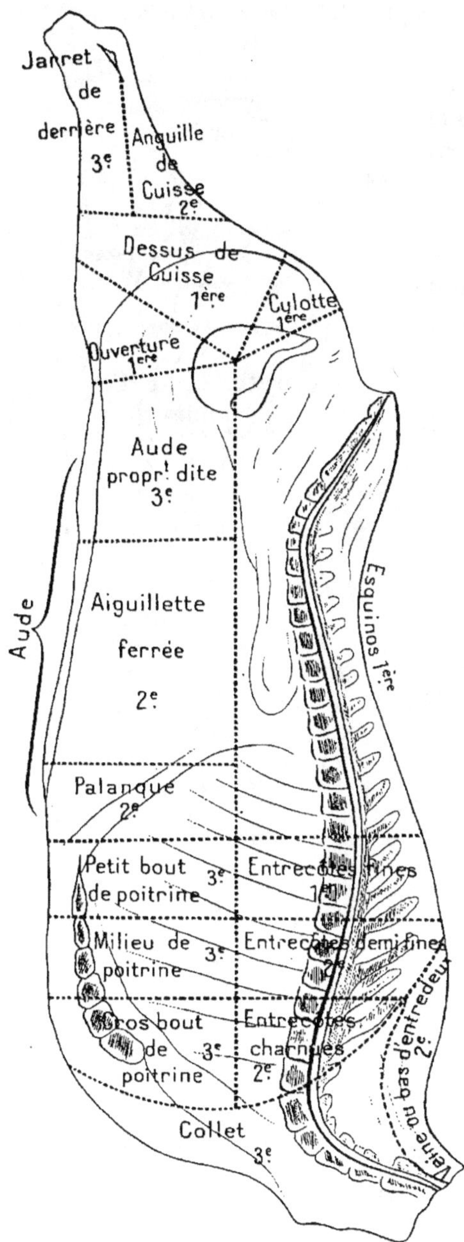

Fig. 43. — Coupe de Bordeaux.

Le *quartier de derrière* est composé de l'*aloyau avec flanchet* et du *culas*. La coupe de séparation de ces deux pièces part du milieu du sacrum pour aboutir à l'articulation de la cuisse et du bassin dite glichou.

L'*aloyau* proprement dit est celui de Paris. Il comprend le *filet* (partie sous-lombaire), les *côtes d'aloyau* (faux-filet)[1] et le *gros d'aloyau* (rumsteck).

Le *flanchet* répond à la bavette d'aloyau, au flanchet et à une partie de la tranche grasse (coupe de Paris).

Le *culas* comprend la *levée de culotte* (à peu près le tende de tranche), la *pièce à queue* (culotte augmentée des muscles de l'extrémité supérieure et externe de la cuisse), le *nœud du roi* ou gîte à la noix, et le *jarret de derrière*.

Coupe de Troyes. — Le *quartier de devant*

---

1. Les bouchers du Nord appellent *faux-filet* le diaphragme, c'est-à-dire la *hampe de l'onglet* (coupe de Paris).

s'arrête à l'extrémité du cou. Le plat de joues compte comme abat.

Le *faux-filet* (diaphragme, hampe) est détaché en entier.

L'*épaule* (paleron) ne comprend ni talon de collier, ni partie des muscles pectoraux, qui restent sur le thorax.

On distingue : le *collet* (collier), les *basses côtes* (train de côtes découvert), le *gâteau de boucher* (plat de côtes); le *filet* porte une bordure d'os, le *contre-filet* comporte un morceau de l'os de la hanche. L'*aloyau* est court, la *culotte* très volumineuse. On appelle *hampe* ou *vlampe*, le flanchet.

Coupe de Bordeaux. — Le *quartier de devant* se compose du collet, de l'entre-deux, de l'épaule, de l'osseline (hampe) et de la poitrine.

Le *collet* (3ᵉ catégorie) forme la majeure partie du cou. Le bord supérieur du « collier », prolongé sur le garrot, forme l'*entre-deux* ou veine (2ᵉ catégorie).

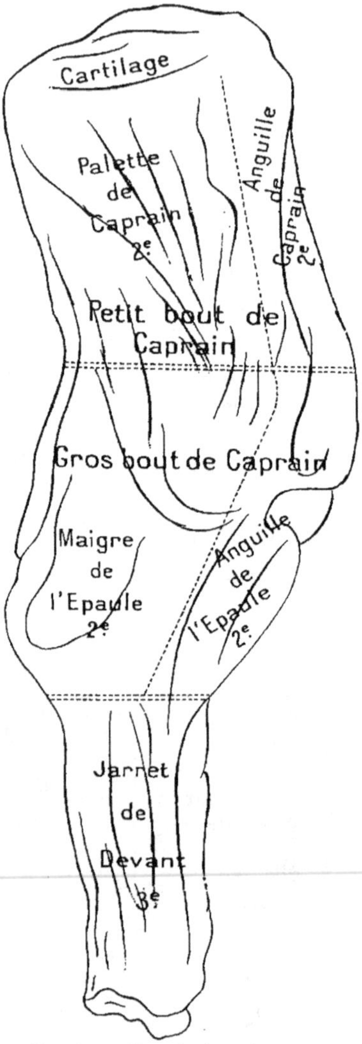

L'épaule comprend le *jarret de devant* (3ᵉ catégorie); ensuite des morceaux de 2ᵉ catégorie : au côté externe, le *gros bout de caprain* (milieu de paleron et partie de la macreuse et de la charolaise), le *petit bout de caprain* (derrière de paleron en

Fig. 46. — Épaule (face interne).
Coupe de Bordeaux.

partie et au côté interne), l'*anguille d'épaule* (partie arrière du milieu de paleron), le *maigre de l'épaule* (partie avant du milieu de paleron), l'*anguille de caprain* (partie arrière, région de l'omoplate)

et la *palette de caprain* (partie avant très large, région de l'omoplate). Le cartilage est à part.

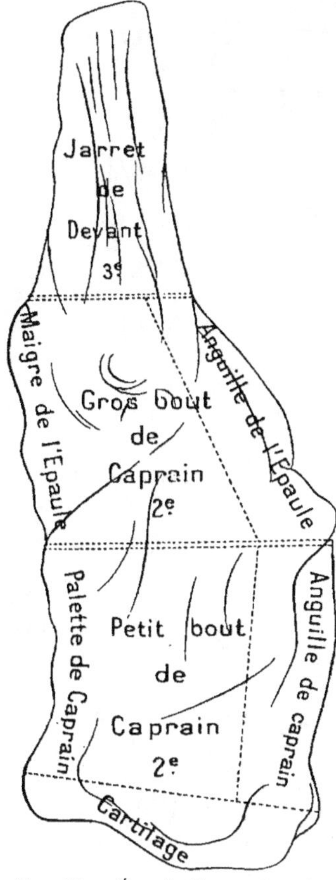

Fig. 47. — Épaule (face externe).
Coupe de Bordeaux.

La poitrine présente les morceaux suivants : d'une part le *gros
bout*, le *milieu* et le *petit bout de
poitrine* (3° catégorie); d'autre
part les *entre-côtes charnues* et les
entre-côtes demi-fines (2° catégorie,
auxquelles succèdent les *entre-
côtes fines* (1re catégorie).

Le *quartier de derrière* se divise
en esquinos, aude et cuisse.

L'*esquinos* (1re catégorie) comprend les quatre dernières côtes ou
côtes fines; il s'étend au delà de la
queue. On y distingue, le *filet*, le
faux-filet dit aussi aloyau, le cou-
chant (rumsteck et « culotte »).

L'*aude* (région abdominale) comprend la *palanque* et l'*aiguillette
ferrée* (2° catégorie, muscles du
ventre), l'*aude proprement dite*
(flanchet, 3° catégorie).

La *cuisse* se compose surtout de
morceaux de 1re catégorie : la *culotte* ou pointe à l'os, l'*ouverture*
(tranche grasse en partie), le *dessus
de cuisse* (face interne), le *dessous
de cuisse* (face externe); l'*anguille*

de cuisse* est un morceau de 2° catégorie; le *jarret de derrière*
seul est de 3° catégorie.

Coupe du veau. — On distingue le *cuisseau* (cuisse chez le
bœuf), divisé en *jarret, rouelle, culotte, os barré;* le *quasi*, la *longe*
ou rognon, la *poitrine* et le *carré*, l'*épaule* et le *collet*.

La rouelle se subdivise en *talon* et *milieu;* le carré en *carré découvert* ou bas de carré et *carré couvert;* la poitrine comprend le
tendron et la poitrine proprement dite.

Coupe du mouton. — On distingue le *gigot*, les *côtelettes de*

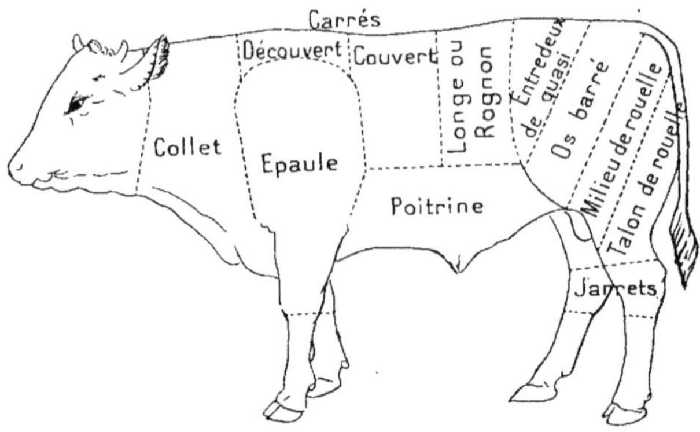

Fig. 48. — Veau (Coupe de Paris).

filet, le *carré paré ou couvert*, le *carré découvert*, la *poitrine*, le *collet* et l'*épaule*.

Le *pan de mouton* est un demi-mouton débarrassé du collet, de l'épaule et de la poitrine.

Le *creux de mouton* est un demi-mouton dont on a enlevé le gigot. Le creux sans le collet, la poitrine et l'épaule, devient la pièce dite *carré complet*.

Le carré de mouton complet fournit la *selle* (qui elle-même entre dans la composition du gigot entier), le *filet* et le carré de *côtelettes*.

Les *côtelettes* sont divisées, en allant d'avant en arrière, en côtelettes découvertes et côtelettes couvertes. Les *côtelettes découvertes*, au nombre de cinq environ, « taillées

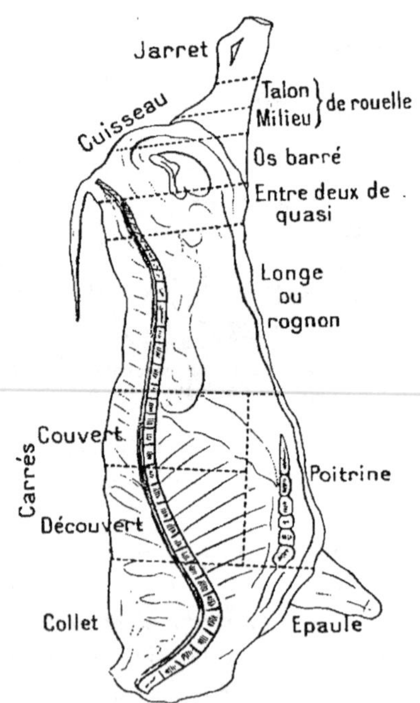

Fig. 49. — Veau (Coupe de Paris).

4

dans le carré découvert » ont la côte droite, les muscles peu épais (absence « de noix » de viande) et la graisse rare. Le carré découvert n'est autre que la région placée sous l'épaule. Les *côtelettes couvertes*, au nombre de huit, comprennent : deux

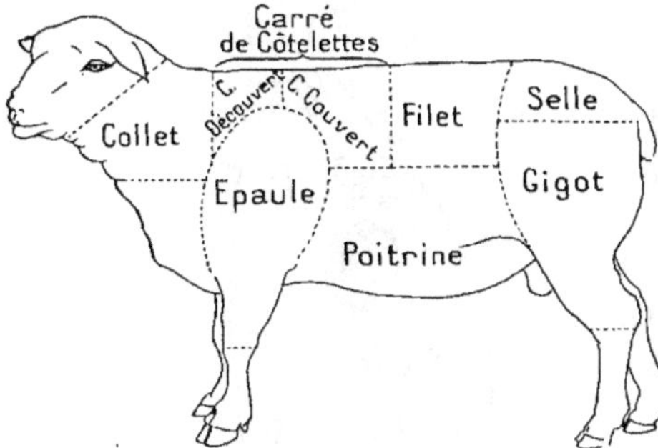

Fig. 50. — Mouton (Coupe de Paris).

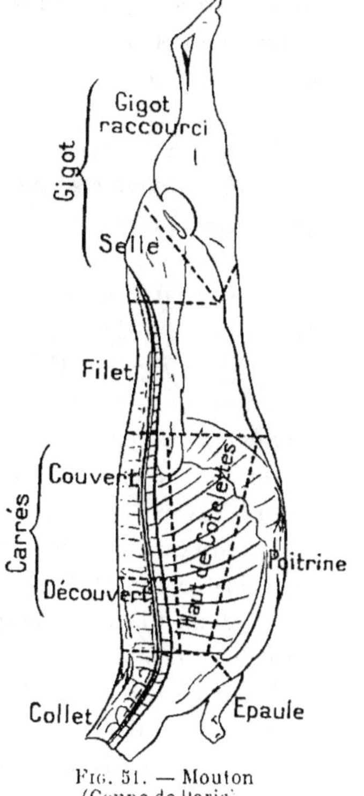

Fig. 51. — Mouton
(Coupe de Paris).

côtelettes « bouchères » caractérisées par l'existence d'un fragment du cartilage de prolongement de l'omoplate, quatre ou cinq côtelettes « secondes » dont la couverture est généralement très grasse chez les moutons de bonne qualité, et une ou deux côtelettes « premières » dépourvues presque

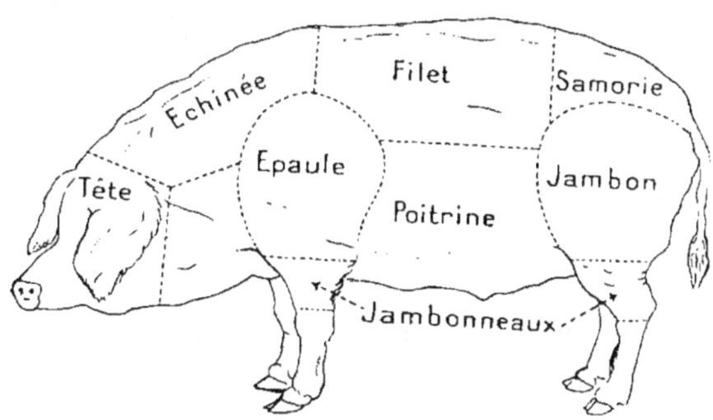

Fig. 52. — Porc (Coupe de Paris).

totalement de couverture et présentant une belle « noix » de viande.

A leur voisinage, on rencontre les côtelettes de filet dont « la noix » est accusée ; elles sont dépourvues de manche.

Le gigot sans *selle* (région du sacrum) est dit *gigot raccourci*.

La *poitrine* se subdivise en *haut de côtelettes* et poitrine proprement dite.

Coupe du porc. — Le membre postérieur comprend le *pied* et le *jambon*. Celui-ci se divise en *jambon raccourci* et *jambonneau* (région du jarret).

On fait aussi des « jambons », avec l'épaule.

Lorsqu'on a enlevé le membre postérieur et l'épaule, il reste deux pièces principales, le *rein* et la *poitrine*.

Le *rein* est couvert d'une couche de graisse appelée *lard gras* ou caron. Il se subdivise en *échinée* en avant, *filet* au milieu et *samorie* dans la région de la queue. Le milieu du filet représente la région lombaire[1].

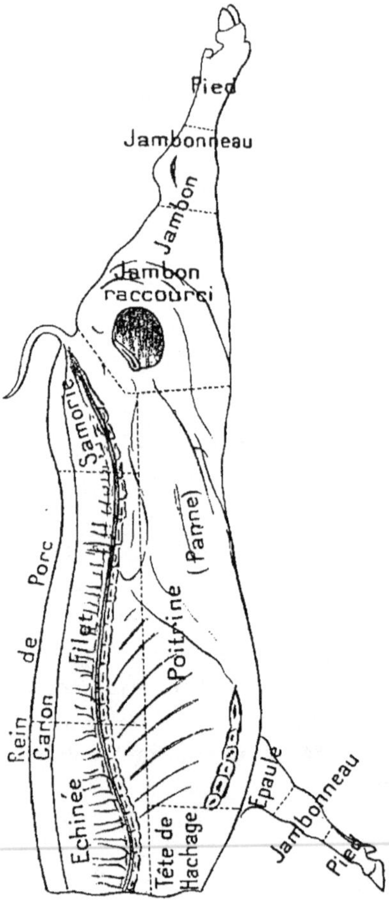

La *poitrine* correspond à la partie inférieure du thorax et de l'abdomen. La partie antérieure est appelée *tête de hachage*.

La graisse interne se nomme *panne*.

En quelques régions, l'extrémité de la queue est appelée *réjouissance normande*.

Fig. 53. — Porc (Coupe de Paris).

---

1. Le rein est limité en avant par la section qui sépare le cou de la tête, en arrière par la coupe qui isole le jambon, d'un côté par la coupe sagittale dite « fente » et de l'autre côté par une coupe allant de la hanche à l'entrée de la poitrine.

CHAPITRE III

LE RENDEMENT EN VIANDE DÉSOSSÉE
ET EN VIANDE CUITE

Le rendement en viande nette, c'est-à-dire le rapport qui existe entre le poids vif (après un jeûne de vingt-quatre heures avant l'abatage) et le poids des quatre quartiers de viande abattue, varie suivant la race, le sexe et le degré d'engraissement.

On admet avec Baillet les rendements suivants :

	Viande	Suif
Bœuf en chair	50 à 55 0/0	4 à 5 0/0
— demi-gras	55 à 60	5 à 8
— gras	60 à 65	6 à 10
— fin gras	65 à 70	10 à 12

Lorsqu'il s'agit de vaches, on obtient quelquefois des rendements peu satisfaisants, alors même que l'animal sur pied paraît assez gras. D'après Cornevin le rendement des vaches est inférieur de 2 0/0 à celui des bœufs. Celui des bons bœufs est de 60 0/0 (Baillet, Villain et Bascou).

Avec Lepourcelet et Dupard, on doit admettre qu'une bonne vache auvergnate rend de 50 à 55 0/0 (*doc. inéd.*). Lorsque le poids moyen des vaches de Salers tombe au-dessous de 200 kilogrammes (viande nette) et que le rendement n'est que de 47 0/0, on est assuré qu'on a affaire à des animaux médiocres ou mauvais. Lepourcelet et Dupard donnent les chiffres suivants pour seize vaches auvergnates de qualité inférieure :

Poids brut	6.260 kilogrammes
Poids net	2.945 —
Rendement	47 0/0
Poids moyen par tête	184 kilogrammes

D'après le *Service des subsistances* (t. II, p. 234), le rendement dans l'armée doit être de 45 à 55 0/0 pour les vaches et de 50 à 60 pour les bœufs. Le chiffre de 45 0/0 est beaucoup trop faible. Deux causes contribuent à l'abaissement du rendement chez la vache : l'existence possible d'un fœtus dont le poids peut être de 35 kilogrammes et le développement exagéré des viscères digestifs déterminé par une alimentation grossière.

Expériences de rendement (d'après Raynal).

ANIMAUX	POIDS VIF après 24 H. DE JEUNE	POIDS DE LA VIANDE après 12 h. d'ébat	POIDS DES ESTOMACS OU VENTRE	RENDEMENT en VIANDE NETTE
	Kilogrammes	Kilogrammes	Kilogrammes	Pour cent
Vache de pays, ventre levrété .	380	204	39,5	54
Vache vendéenne, très ventrue, de très bonne qualité.......	380	171	60	45
Vache de pays, en bon état d'engraissement, ventrue avec deux veaux (25 kilogr.)......	530	242	87,5	45
Grand bœuf rouge, gras	650	372	65	57
Petit bœuf vendéen, bien gras non préparé pour la vente..	500	295	32,5	59
Petit bœuf vendéen, préparé pour la vente, c'est-à-dire suralimenté pendant cinq à six jours....................	500	264	40	53

On doit se préoccuper de savoir quel sera le *rendement utile* d'une viande.

Il existe des différences considérables qui tiennent à l'influence des races, de l'engraissement, de la saison.

Nous étudions deux cas : le rendement en viande désossée et le rendement en viande cuite.

Proportion d'os. — En 1849, Chevreul, au cours de ses expériences, donne la proportion suivante :

Viande de bœuf..................................... 141
Os.. 28
Proportion.. $\frac{1}{5}$
—   0/0.................................... 19,9

Dans une autre expérience relative à l'analyse chimique du bouillon, Chevreul donne les chiffres suivants :

Viande de bœuf................................... 14,335
Os.. 4,300
Proportion.. $\dfrac{1}{4,33}$
—   0/0..................................... 23

Pour Payen, les viandes de bœuf de 1re et de 2° qualités livrées au détail à 1 fr. 50 et 1 fr. 40 le kilogramme à Paris, en 1865, contiennent au moins 20 0/0 de leur poids total d'os et de membranes résistantes[1].

Morache rapporte qu'au Val-de-Grâce, pendant un mois, la proportion d'os trouvé dans la fourniture de viande a été de 556 kilogrammes pour 3.259 kilogrammes de viande crue, soit moins de $\dfrac{1}{5}$ et environ 17 0/0.

Rousseau, avec des viandes qui répondaient bien juste aux conditions des cahiers des charges de l'armée, obtient pendant une période de quinze jours 15 0/0 d'os, soit plus de $\dfrac{1}{6}$.

Pour Lowes et Gilbert cités par les auteurs qui se sont occupés de la viande de bœuf, la proportion d'os dans la viande maigre serait seulement de 12 à 15 0/0.

Les éleveurs et les engraisseurs apprécient à juste titre le bétail dont les extrémités (pieds et tête) sont réduites. Les chiffres donnés par les auteurs sont très variables.

D'après Villain et Bascou, les sujets de boucherie ont un rendement en viande désossée variable suivant les races ; la proportion d'os varie de 3 à 4 0/0 lorsqu'on passe d'un groupe de race à l'autre.

Rendement faible en os. — Races de plaine[2] : Durham, Nivernaise, Limousine, Mancelle, Bazadaise, Bressanne, Bretonne, Poitevine (Choletaise). Races de montagne : Quercy, Fémeline.

Rendement plus élevé en os. — Races de plaine : Poitevine (Parthenaise), Maraichine, Garonnaise, Normande. Races de montagne : Ferrandaise, Salers, Tourache.

1. D'après Villain et Bascou (Expériences de E. Tainturier), la proportion dans un bœuf limousin de tendons et d'aponévroses est de 9,85 0/0 ; celle des déchets est de 0,747 0/0.

2. Distinction par types de races suivant la méthode exposée par Godbille dans *l'Hygiène de la viande et du lait* (1907, p. 397).

Cornevin trouve chez un taureau tarentais 42 kilogrammes d'os (secs) pour 330 de muscle et de graisse (12,7 0/0) ; chez une vache de même race, il trouve 16 0/0 (181 et 20).

L. Baillet estime que, chez le bœuf garonnais, les os représentent 20 0/0. Il a vu la proportion s'élever jusqu'à 28 0/0 chez les bœufs espagnols.

La proportion d'os varie suivant la région considérée. Voici quelques chiffres, d'après les documents fournis par Briotet à Villain et Bascou :

| | VIANDE DE | | | |
| | 1re CATÉGORIE | | 2e CATÉGORIE | 3e CATÉGORIE |
	Cuisse avec jambe	Aloyau, train de côtes	Épaule	Collier
	kg.	kg.	kg.	kg.
Poids brut.............	60	20	37,500	20
— d'os.............	9 à 11,4 / 10,8 à 12	(aloyau) 4 à 5	10 à 11	5
Proportion 0/0.........	15 à 19 / 18 à 20	20 à 25	26 à 29	25
Rapport au maximum..	1/3	1 4	1/3,59	
— au minimum..	1/4	1/5	1/3,75	
— moyen........	....	....	....	1/4

Chez des sujets âgés en assez mauvais état, Cornevin trouve 7,79 0/0 d'os (secs) pour le bœuf et 12,76 pour la vache (Dechambre). Sur un animal *très maigre*, la proportion d'os (pied y compris) atteint jusqu'à 38 0/0 (Bruneau, d'après Villain et Bascou).

La viande de *taureau*, employée dans la fabrication des saucissons en Allemagne, peut renfermer, pour le quartier de devant, $\frac{1}{6}$ d'os, soit 14,78 0/0 : C. Lehmann (*Deutsch Wurts. Ztg.*, 12 mars 1908) donne les chiffres suivants pour un quartier de 71 kilogrammes : os longs, 3kg,5 ; os plats et divers, 7 kilogrammes, viande de parage (déchets), 10kg,5.

E. Tainturier (d'après Villain et Bascou) établit que pour un

1. Après dépeçage en 28 grosses pièces (coupe de la boucherie de Paris), on trouve 490kg,080. On note encore 8 kilogrammes de déperdition ultérieurement par le fait de l'évaporation des morceaux de viande exposés à l'air.
Dans la viande brute sont compris les rognons de graisses pour 14 kilogrammes et les rognons de chair pour 1kg,500.
1. Rendement après cuisson.

bœuf limousin de 800 kilogrammes (poids vif) ayant donné 495 kilogrammes de viande, il existe $\frac{1}{6}$ soit 16,131 0/0 d'os, 57,452 0/0 de viande désossée et parée, 9,856 0/0 de tendons et d'aponévroses. Voici d'ailleurs les proportions par morceau :

	VIANDE BRUTE	POIDS D'OS	PROPORTION	
				0/0
Aloyaux..	59,400	9,200	$\frac{1}{6,34}$	15,48
Cuisses.............	126,400	17,900	$\frac{1}{7,11}$	14,16
Trains de côtes.......	35,000	7,000	$\frac{1}{5}$	20,00
Palerons...........	86,040	12,400	$\frac{1}{6,93}$	14,40
Surlonges..........	8,100	4,000	$\frac{1}{4,9}$	20,20
Plates-côtes.........	23,000	4,600	$\frac{1}{5}$	20,00
Pis de bœuf.........	62,600	8,500	$\frac{1}{7,36}$	13,57
Joues..............	12,300	7,900	$\frac{1}{1,7}$	64,22
Colliers.............	37,600	7,000	$\frac{1}{6,2}$	18,6
Bavettes...........	18,000	0,600	$\frac{1}{30}$	3,3
Queue.............	1,950	0,750	$\frac{1}{3,8}$	26,00
Onglet.............	1,950	0,000	—	—
Hampe.............	2,240	0,000	—	—

Pour le mouton, Villain et Bascou indiquent les proportions suivantes :

	VIANDE BRUTE	POIDS D'OS	PROPORTION	
				0/0
Gigot..............	2,500	0,500	$\frac{1}{5}$	20
Épaule.............	2,000	0,500	$\frac{1}{4}$	25
Collier.............	0,500	0,150	$\frac{1}{3,3}$	30

Raynal établit que la proportion d'os est de 170 à 190 grammes par kilogramme dans la cuisse $\left(\frac{1}{5}\right)$; elle atteint 240 $\left(\frac{1}{4}\right)$ à 300 grammes $\left(\frac{1}{3}\right)$ par kilogramme dans l'épaule et le collier. Le même auteur donne, d'autre part, les chiffres suivants pour le rendement en os des bœufs gras, que débitent les bouchers en renom dans les villes.

		1	2	3	4
		kg.	kg.	kg.	kg.
Morceaux de toute la bête.	Viande ...	48	37,420	50	100
	Os........	5,680	5,150	8,500	16
	Rapport ..	$\frac{1}{8}$	$\frac{1}{7}$	$\frac{1}{5}$	$\frac{1}{6}$
	Prop. 0/0.	11,7	13,8	17	16
Bas morceaux.	Viande ...	48	12,6	50	88
	Os........	6,910	1,800	10,500	20
	Rapport ..	$\frac{1}{6}$	$\frac{1}{7}$	un peu au-dessous de $\frac{1}{5}$ $\left(\frac{1}{4,7}\right)$	$\frac{1}{4,4}$
	Prop. 0/0.	14,3	14,2	21	22,7

Raynal fait observer que les rendements des bas morceaux sont assez bons, parce que la boucherie militaire de Toul ne fait pas comme les bouchers fournisseurs de l'armée, qui enlèvent les parties musculaires, telles que la pointe de flanchet et le talon de collier, pour les débiter en biftecks.

D'après Ostertag, les os représentent $\frac{1}{8}$ du poids du corps[1] des bovidés maigres; la proportion serait seulement de $\frac{1}{14}$ chez les animaux gras. Elle est en moyenne de $\frac{1}{10}$.

Les chiffres fournis par la Société d'Agriculture allemande et les fabriques de conserves de l'armée de Mayence et Haselhorst (près de Spandau) établissent que pour 83 bovidés bien engraissés appartenant à diverses races, la proportion d'os varie entre 15,1 et 15,4 0/0 du poids de viande nette.

1. Il s'agit du poids vif.

Elle est trouvée[1] de 11 0/0 pour les viandes crues livrées à l'armée allemande (Fischer).

On compte en moyenne en Allemagne qu'un bœuf de 625 kilogrammes (poids vif) fournit 40 kilogrammes d'os et 287 kilogrammes de viande, soit 14 0/0 $\left(\dfrac{1}{7}\right)$.

Pour les quartiers de devant des taureaux employés dans l'industrie du saucisson par les charcutiers allemands, on trouve environ $\dfrac{1}{6}$ d'os. Voici des chiffres :

QUARTIER DE DEVANT DE TAUREAU (POIDS, 71 KILOGRAMMES)

Os longs	$3^{kg},5$		
Os ordinaires	7	$10^{kg},5$	Rapport $\dfrac{10,5}{71} = \dfrac{1}{6}$,
Viande de hachis	50		
Viande impropre au hachis	17 5	60 ,5	Soit 14,78 0 0.
		$71^{kg}0$	

Dans l'armée belge, on estime que les quartiers de devant (viande de 1re qualité) donnent 15 à 16 0/0 d'os, et ceux de derrière 12 à 13 0/0 seulement, soit de $\dfrac{1}{6,2}$ à $\dfrac{1}{6,6}$ d'une part et $\dfrac{1}{7,6}$ à $\dfrac{1}{8,2}$ d'autre part.

D'expériences récentes que nous avons faites, il résulte que le rendement en viande désossée serait pour la *race nivernaise* des $\dfrac{4}{5}$ environ.

Nous avons vu que la proportion d'os de l'aloyau est égale ou supérieure à celle des quatre quartiers; on ne peut donc arguer que les parties prélevées par autorisation et pour le compte du boucher[2], après livraison de la bête entière à l'armée, font beaucoup augmenter la proportion d'os de la fourniture.

---

1. Os cuits. On trouve 13 0/0 pour le mouton, 9 pour le porc et 18 pour le veau (Fischer).

On sait que les os crus renferment de la matière organique (26 0 0 mouton : 30 0/0 bœuf), dont la teneur en graisse atteint environ 10 0 0. On peut évaluer à 2 ou 3 0 0 la perte en poids sous l'influence de la cuisson et du départ des matières grasses et autres.

2. Pour le bœuf, le taureau et la vache, le fournisseur a le droit de prélever à son profit l'aloyau, la langue, les rognons et les ris.

Autrefois, beaucoup de fournisseurs de troupes livraient des sujets maigres; certains ne prenaient jamais la peine de retirer l'aloyau, pièce de 1re catégorie.

DÉTAIL	VIANDE NETTE	VIANDE NETTE SANS OS	OS		
				0/0	$\frac{1}{n}$
Bœuf nivernais	kg.	kg.	kg.	kg.	kg.
Cuisses............	113,700	94,900	18,800	16,53	$\frac{1}{6,04}$
Aloyau	64,100	53,800	10,300	16,05	$\frac{1}{6,22}$
Trains de côtes....	34,900	27,200	7,700	22,06	$\frac{1}{4,53}$
Palerons.........	82,100	63,400	18,700	22,65	$\frac{1}{4,38}$
Plat de côtes......	29,800	21,900	7,900	26,51	$\frac{1}{3,77}$
Bavettes	23,500	20,700	2,800	11,90	$\frac{1}{8,3}$
Colliers..........	35,100	29,000	6,100	17,37	$\frac{1}{5,7}$
Poitrines.........	56,400	46,800	9,600	17,02	$\frac{1}{5,8}$
Joues............	12,900	2,900	10,000	0,77	$\frac{1}{1,2}$
Hampes et onglet..	3,000	3,000	» »	»	»
Rognons..........	26,200	» »	» »	»	»
	481,700	363,600	91,900	19,07	$\frac{1}{5,2}$

RENDEMENT EN OS ET EN VIANDES DES CUISSES DE BŒUFS (RACES ÉNUMÉRÉES CI-DESSOUS)

RACES	CUISSES VIANDE NETTE	VIANDE NETTE SANS OS	OS		
				0/0	$\frac{1}{n}$
	kg.	kg.	kg.	kg.	
Choletaise.........	2 pesant 94	75,800	18,200	19,36	$\frac{1}{5,16}$
Mancelle.........	— 98	79,500	18,500	18,87	$\frac{1}{5,29}$
Salers	— 110	90,200	19,800	18,00	$\frac{1}{5,55}$
Normande[1].......	— 115	94,500	20,300	17,65	$\frac{1}{5,66}$
Bretonne..	— 83	69,000	14,000	16,86	$\frac{1}{5,92}$
Nivernaise.......	— 113,7	94,900	18,800	16,53	$\frac{1}{6,04}$
Limousine........	— 112	93,900	18,100	16,16	$\frac{1}{6,18}$

1. En général, les animaux de race normande fournissent une proportion d'os un peu supérieure à celle qui est indiquée ci-dessus.

Le rendement des cuisses est donné par les quelques pesées qui précèdent. Pour avoir des chiffres moyens par race il conviendrait de faire un plus grand nombre de pesées.

Quelques expériences faites avec des « globes » de *bœuf charolais* nous ont donné les résultats suivants : 1.138 kilogrammes de viande fournissent 153 kilogrammes d'os, soit $\frac{1}{7}$ et 13,44 0/0.

Les bouchers d'Annecy prétendent que les bovidés du Lyonnais et du Midi fournissent une proportion d'os supérieure à 20 0/0. Ils comptent $\frac{1}{4}$ d'os pour les bœufs gras de pays, une proportion variable allant à $\frac{1}{3}$ pour les vaches (?) ; les taureaux seuls pourraient donner moins de $\frac{1}{4}$. Des différences importantes existent suivant les races et les pays envisagés. Suivant qu'il s'agit de bœuf, de taureau ou de vache, les cahiers des charges doivent en tenir compte après étude de la question sur place.

A ces données relatives à la proportion d'os contenue dans la viande, il faut ajouter quelques notions relatives à ce que les bouchers appellent *réjouissance*.

Nous rappelons ici ce que nous avons écrit pour le livre de M. J. Lemercier, juge à la 8e chambre correctionnelle de la Seine (*Manuel pour la répression des fraudes*).

Réjouissance. — Le mot *réjouissance* est un terme employé par les bouchers pour désigner la proportion d'os ajoutés aux morceaux de viande.

Le prix affiché à l'étalage, surtout dans les maisons dites *de casse*, où beaucoup de réclame est faite par un ou plusieurs garçons bouchers de service à l'étalage, dans la rue, est presque toujours calculé de manière à assurer la vente d'une viande contenant environ *un quart d'os*. Exception est faite pour les côtelettes de mouton qui sont souvent livrées à la pièce et les morceaux de choix vendus au poids à un prix élevé.

Une *selle de gigot désossée*, c'est-à-dire telle que la préparent généralement les bouchers, est vendue sans os, à raison de 1 fr. 70 à 1 fr. 80 la livre par exemple, ou avec réjouissance au prix en apparence moindre de 1 fr. 30 à 1 fr. 40. Dans ce cas, le boucher ajoute à la selle de gigot les os qu'elle contenait et au besoin ceux qui lui tombent sous la main, de manière à établir la proportion de *réjouissance* ordinaire, c'est-à-dire le quart d'os (1 partie en poids d'os pour 3 parties en poids de chair). Il arrive ainsi à vendre à un prix élevé sous les apparences d'un prix faible. Souvent le client ne se rend pas compte de la proportion exacte d'os surajoutée. Ses connaissances anatomiques ne lui permettent pas de distinguer entre les os de la selle de gigot et ceux qui n'en sont pas. Il peut croire, d'autre part, qu'il n'a que 125 grammes d'os pour 500 grammes de viande désossée, alors qu'en réalité il en reçoit 125 grammes pour 375 grammes de chair.

De même, la viande de bœuf pour pot-au-feu, *poitrine*, *gîte à la noix*, *tranche*, *culotte*... est vendue *avec réjouissance*, si le client n'exige pas d'une façon expresse une viande sans os. A titre d'exemple, on peut rappeler que le gîte à la noix et la tranche se vendent sans réjouissance à raison de 1 fr. 30 à 1 fr. 50 la livre dans les boucheries qui détiennent des viandes de bonne qualité ; le prix de vente dans ces mêmes boucheries n'est plus que de 1 franc à 1 fr. 20 si la viande est vendue avec os. En principe, les bouchers préfèrent vendre avec réjouissance. L'addition de 25 0/0 d'os a pour effet de porter les prix de vente dans le cas précédent de 1 fr.- 1 fr. 20 à 1 fr. 33-1 fr. 66, c'est-à-dire à un taux supérieur au prix de vente de la même viande désossée.

Il convient de faire observer, d'autre part, que la proportion de un quart n'est jamais évaluée en poids d'une façon exacte. Lorsque le client ne réclame pas, le boucher est tenté d'ajouter des os au delà de la proportion généralement tolérée. Les os en question (de bœuf, de veau,...) sont presque toujours denses ; ils proviennent de la région du genou, du jarret, des grands rayons des membres[1]. Les cuisinières hésitent lorsqu'il s'agit d'accepter des os spongieux très volumineux ; elles ne réclament pas ou réclament moins lorsqu'on leur donne des os très denses. Elles recherchent plutôt les jointures (crosse) qui donnent de la gélatine et « corsent » le bouillon. On doit d'ailleurs savoir qu'il existe un véritable commerce d'os à

---

1. Une autre pratique courante de la boucherie consiste à livrer aux clients servis à domicile en morceaux de choix (filet, faux-filet...) les *déchets* ou *épluchages* qui proviennent des pièces vendues et d'autres morceaux de l'étal. Ils augmentent ainsi le prix de la viande dans une notable mesure.

destination des boucheries où l'on fait beaucoup de réjouissance ;
les os à moelle des vaches utilisées surtout pour l'industrie du
saucisson, entrent dans certains étaux en vue de la vente.

Voici ce que disent Villain et Bascou au sujet de la réjouissance :
« Les bouchers dont l'étal est situé dans les quartiers habités par le
haut commerce, la bourgeoisie et l'aristocratie, achètent des pieds
et les vendent comme réjouissance. Le consommateur ne profite
donc guère de la proportion avantageuse existant dans les races
reconnues comme ayant une conformation moins osseuse que les
autres, et le prix plus élevé que le boucher est obligé d'accorder à
ces viandes se trouve beaucoup atténué par suite de cette adjonction. »

Les fournitures d'hospices, de cantines scolaires, doivent être
particulièrement surveillées au point de vue de la fraude en question. Récemment, à Suresnes, au groupe scolaire Jules-Ferry, nous
avons trouvé pour une fourniture dite de 9 kilogrammes de pot-
au-feu : os, 2.720 grammes ; viande désossée, 6.220 ; en tout,
8.940 grammes, la proportion d'os atteignait le taux exorbitant
de $\frac{1}{3,2}$.

Rendement en viande cuite. — La viande perd de son poids
à la cuisson. On a fait de nombreuses déterminations qui ont per-
mis de connaître exactement le rendement en viande cuite (Gou-
baux).

Voici quelques chiffres pour la viande de bœuf de bonne qualité
(Villain) :

	Pour 100 (cuisson à l'eau).	
	Perte moyenne.	Rendement en viande cuite.
Quartier postérieur...........	39,57	60,43
Quartier antérieur	35,79	64,21
Collier et lombes.............	34,78	65,22
Ensemble de l'animal........	36,71	63,29

D'après Villain, le rendement pour un taureau de première qualité, âgé de trois ans, est donné par les chiffres suivants :

Viande seule	19,44	80,56
Viande et os................	21,91	78,09

Les cahiers des charges de l'armée ont été modifiés en 1908. Le rendement en viande crue, qui était autrefois limité à 46 0/0, chiffre évidemment trop bas, a été supprimé[1]. L'absence de point de repère est peut-être une difficulté sérieuse.

Les achats de viande de bonne qualité effectués par des officiers ayant acquis une réelle compétence permettent de réaliser d'excellents rendements en viande cuite. Voici quelques chiffres fournis par le lieutenant Hahn, du 76ᵉ d'infanterie à Paris.

12 Juin 1908. — Achat aux Halles, 142 kilogrammes : viande, 120; os, 22, soit moins de $\frac{1}{6}$; après cuisson : viande, 75,5, soit 53,1 0/0 au lieu de 46.

13 Juin 1908. — Achat de 115 kilogrammes : viande, 95,5; os, 19,5, soit $\frac{1}{6}$; viande cuite, 61 kilogrammes; rendement, 53 0/0.

15 Juin 1908. — Achat de 134 kilogrammes : rendement après cuisson, 69 kilogrammes, soit 51,4 0/0.

En matière de rédaction de cahiers des charges, les administrations doivent tenir compte des rendements ci-dessus et de ceux qui sont imposés aux établissements de Nanterre et Villers-Cotterets (p. 213).

---

1. La viande de porc perd peu de son poids par la cuisson à l'eau. La perte par rôtissage est d'autant plus marquée que les viandes sont plus grasses et la cuisson plus prolongée. Le veau au four perd 25 0/0 ; le mouton perd de 22 (gigot) à 25 0/0 (épaule) le porc perd davantage (30 à 33 0/0).

CHAPITRE IV

LES CARACTÈRES DE LA VIANDE ABATTUE

La viande présente des caractères physiques qu'il importe de connaître pour apprécier sa valeur.

Examen des principaux facteurs d'appréciation. — On doit examiner la *couleur* de la chair, sa *consistance*, son *odeur*. Suivant qu'on opère sur la *viande fraîche* ou sur la *viande rassise*, les caractères changent. Comme l'état d'engraissement fait varier beaucoup l'aspect des viandes, on doit apprendre à connaître les caractères tirés de l'infiltration adipeuse (« marbré » et « persillé » des muscles, « couverture », « grain de viande ») et du suc musculaire ou « jus »...

La COULEUR rouge du muscle varie suivant l'âge des animaux. Elle est influencée par le degré de saignée ; elle est accentuée dans certains cas de maladie.

Les animaux jeunes ont la chair moins colorée. Les animaux âgés, les vaches taurelières, le taureau ont une chair plus foncée en couleur.

Lorsque la saignée est incomplète (saignée en cas d'accident, écoffrage, ...) le sang resté dans les petits vaisseaux et les tissus surcolore la chair. La viande n'est plus *claire ;* elle a un ton spécial, *trouble*, qui frappe l'œil exercé. Elle est terne si les sujets sont nourris de pulpes, de farines ou de résidus de distillerie (bœufs *fariniers, sucriers*).

La chair pantelante, encore chaude, aussitôt après l'abatage, a une teinte rouge spéciale qui diffère du ton rouge vif des muscles rassis, fraîchement incisés, et abandonnés pendant quelques minutes à l'action oxydante de l'air. La couleur est terne si l'air est très humide. Le froid vif voisin de 0° fait prendre à la viande une belle coloration rouge vermeil qui disparaît lorsque la température tombe au-dessous de zéro.

Les os ont sur la coupe une coloration rosée. Le tissu cellulaire ou conjonctif qui comble les interstices des groupes musculaires, surtout abondant au niveau de l'aine et sous l'épaule, est blanc, sans hémorragie, ni infiltration de sérosité plus ou moins colorée.

Les membranes séreuses qui tapissent la cavité thoracique et la cavité abdominale sont lisses, brillantes, transparentes.

Les ganglions ou « glandes » ont une surface de coupe lisse et régulière, sans surcoloration.

Les vaisseaux n'attirent pas l'attention par le sang qu'ils renferment. Ils doivent être vides. On s'en assure en pressant avec les doigts sur le trajet des veines et en suivant le vaisseau jusqu'à son ouverture béante.

La graisse est pâle. Celle des os longs (moelle osseuse) n'est rouge que chez les animaux très jeunes et chez les sujets malades.

La CONSISTANCE des chairs fournit d'autres éléments d'appréciation.

La viande fraîchement abattue est *molle*. La matière albuminoïde du muscle ne s'est pas encore coagulée et possède la remarquable propriété d'absorber beaucoup d'eau après broyage.

La viande *refroidie* donne au toucher une sensation de fermeté due à la rigidité cadavérique. Celle-ci est complète dans le délai de douze heures qui suit l'abatage. On s'en rend compte, en imprimant à l'animal suspendu par les jarrets une série de secousses pendant que la main est appliquée au niveau des reins (Rousseau).

Le temps humide retarde le raffermissement ; une température froide et sèche donne de la fermeté à la viande (Baillet).

La graisse de couverture a une consistance un peu molle. Elle est onctueuse au toucher. Le suif ou graisse interne a une cassure sèche. La moelle osseuse figée est ferme et impénétrable au doigt.

L'ODEUR de la viande pantelante est spéciale (odeur de chaud). La viande rassise n'a pas d'odeur marquée.

La viande *e coupe bien*, disent les bouchers, lorsqu'elle offre peu de résistance au couteau ; le *grain* (sensation perçue en passant le doigt à la surface des coupes faites perpendiculairement à la direction des fibres musculaires) est fin. Plus le grain est fin et serré, dit Baillet, meilleure est la viande. Lorsque l'engraissement est insuffisant la coupe est rugueuse, le grain est grossier. La chair de taureau mal engraissé donne cette sensation de « ruf » ou de grain grossier (Villain).

Le grain est plus fin chez les adultes (quatre à six ans) que chez les vieux animaux ; il est très développé dans certaines races perfectionnées : limousin, nivernais, normand, manceau, durham ; il est plus fin chez la génisse bien grasse que chez le taureau arrivé au même degré d'engraissement.

La coupe de la viande permet aussi d'apprécier, sur les viandes rassises, l'uniformité de teinte des muscles et le liquide rosé qui s'en écoule, c'est-à-dire le « jus ».

La couleur du « jus » ou SUC MUSCULAIRE est plus marquée chez les adultes bien « faits » que chez les jeunes encore « verts ».

Lorsque le bétail a été soumis au régime d'une alimentation très aqueuse (drèches, pulpes), la viande est très riche en sérosité. Les cuisses des bœufs nivernais ainsi engraissés (« bœufs sucriers ») sont, de ce fait, très dépréciées. Elles fournissent une viande peu savoureuse.

Le degré d'infiltration adipeuse des muscles est surtout appréciable par l'examen de l'entrecôte (train de côtes). A la coupe, on y voit, sur le fond rouge du muscle, des arborisations de graisse blanche plus ou moins abondantes rappelant les veinures du marbre (MARBRÉ) ou l'aspect du persil (PERSILLÉ).

Le persillé manque chez les jeunes et chez le mouton. Il est peu fréquent chez le porc.

L'excès de marbré et de persillé nuit. Les animaux de concours fournissent une chair trop grasse.

Les degrés de l'engraissement. — Les qualités. — La graisse du muscle favorise l'utilisation des autres principes nutritifs (Leyder et Pyro). Il en résulte que la *qualité* dépend avant tout de la présence ou de l'absence de marbré ou de persillé. On fait intervenir la finesse du grain, la couleur et la consistance du muscle. La graisse de couverture ou croûte et le suif fournissent d'autres éléments d'appréciation.

On distingue trois qualités et dans chacune d'elles des sortes. On dit : *bonne première, première ; bonne seconde, seconde ; troisième.* Les lignes de démarcation sont difficiles à établir.

La viande de bœuf de PREMIÈRE QUALITÉ est caractérisée de la façon suivante (Baillet) : 1 à 2 doigts (1 à 2 centimètres) de croûte ou couverture ferme, blanche ou jaune beurre ; marbré ou persillé ; chair rouge vermeil, se coupant bien ; grain fin et serré ; viande un peu juteuse sur la coupe ; odeur douce et fraîche.

On doit ajouter que la graisse abonde : sur la fente, au niveau des espaces interépineux ; dans le bassin ; autour des reins ou rognons ; au point d'attache du diaphragme, sous forme de dentelures, à la surface interne des côtes, en amas dit « grappé ».

La première qualité se rencontre sur les bovidés adultes et aussi sur les sujets précoces de races perfectionnées.

La viande de bœuf de DEUXIÈME QUALITÉ a moins de couverture. Elle peut avoir encore du grappé. Le suif couvre entièrement les rognons. Le grain est moins fin, parfois un peu rugueux. L'infiltration adipeuse des muscles est faible ; sur la coupe se dessinent des lignes blanchâtres de graisse, véritable marbré plutôt que persillé (Baillet).

Les bœufs un peu âgés, « très charpentés », les vaches ayant servi à la production du lait donnent des viandes de seconde qualité.

La viande de bœuf de TROISIÈME QUALITÉ est caractérisée par l'absence de graisse de couverture, de marbré ou de persillé, et le grain grossier et lâche. Le muscle manque de fermeté. La chair, un peu flasque, n'a pas l'élasticité rencontrée, à des degrés divers, il est vrai, dans les qualités précédentes. La couleur varie du rouge pâle au rouge plus ou moins foncé (Baillet). On trouve peu de suif dans le bassin et sur la fente dans les espaces interépineux de la colonne vertébrale.

La viande de troisième qualité perd beaucoup de son eau par évaporation en courant d'air[1].

---

1. Chez le veau, on tient surtout compte de l'état d'engraissement et de la couleur blanche de la graisse. Les « caennais » (graisse rougeâtre) sont moins appréciés que le veau blanc de lait du Gâtinais.

Chez le mouton, on tient compte du degré d'engraissement, de la forme globuleuse des gigots. Chez le porc, le mode d'engraissement joue un grand rôle dans l'appréciation de la qualité. La graisse molle est dépréciée.

Là viande destinée à l'armée doit être de bonne seconde qualité et se rapprocher autant que possible des caractères inscrits au cahier des charges. Les modèles de cahiers des charges donnés comme types peuvent subir toutes modifications utiles, en vue de tenir compte des conditions locales d'approvisionnement. L'essentiel est que la troupe consomme des viandes de « bonne seconde ». Il est à noter que suivant la remarque qui en a été faite dans la notice A relative aux conditions de fabrication de conserves de viande destinées à l'armée (p. 21), la seconde qualité du commerce de la boucherie de Paris correspond, en province, à un type de viande qui tient à peu près le milieu entre la première et la deuxième qualité.

Digestibilité et valeur alibile des viandes. — DIGESTIBILITÉ DES VIANDES. — La digestibilité des viandes est fonction de leur état de division. Les sucs digestifs (salive, suc gastrique, ...) les attaquent d'autant mieux qu'elles sont plus divisées. Les viandes d'animaux jeunes ont moins de cohésion et une composition chimique spéciale ; elles sont plus digestibles. L'utilité de la mastication lente et complète est depuis longtemps démontrée. Il convient de manger lentement et de n'avaler qu'après une mastication capable de préparer un bol alimentaire formé d'une pâte bien triturée et homogène.

La viande de cheval est très digestible ; elle paraît peu nutritive. Comme la viande des jeunes animaux, toujours plus ou moins riche en glycogène[1], *elle ne tient pas au corps* (Pagès). Pflüger l'accuse même de contenir des substances toxiques[2].

Les empoisonnements alimentaires sont plus fréquents chez les mangeurs de cheval, de veau, d'agneau et de chevreau que chez les personnes qui utilisent d'autres viandes.

La viande de veau est très digestible. Sa valeur nutritive est faible. Elle convient peu aux travailleurs manuels et aux soldats (Pagès).

La viande d'agneau et de chevreau est laxative et peu nutritive. Sa digestibilité est très grande.

---

1. Le glycogène est abondant dans le foie ; il en existe beaucoup dans les muscles de fœtus. On le trouve plus ou moins chez le veau, l'agneau, le chevreau et presque toujours chez le cheval.

2. D'après les renseignements fournis par Pflüger, la viande mise en expérience provenait des étaux de la ville de Bonn. Elle avait été inspectée à l'abattoir public.

Parmi les viandes très digestibles, il faut encore citer la viande de volaille (poulet, pigeon, dindon) et celle du lapin.

La viande de bœuf est plus nutritive que celle du mouton. Elle l'est moins que celle du porc, qui est toujours un peu indigeste, surtout à chaud.

Pour Pagès, les viandes de taureau et de porc sont les deux principaux aliments de l'avenir : le premier est le grand fournisseur de maigre, et le second le grand fournisseur de gras des travailleurs manuels.

Les *abats* blancs (cervelle, amourette, ris, fraise, fagoue, mamelle, ...) sont plus faciles à digérer que les abats rouges (cœur, poumon, foie, rate, rognon).

Le cœur est très nutritif, dit-on ; il est peu digestible.

Le poumon est plus nourrissant qu'on ne le croit (Pagès) bien qu'il renferme environ 79 0/0 d'humidité.

Le ris est très digestible. Il est peu nutritif.

Catégories de viandes. — En ce qui concerne la viande de bœuf, tous les morceaux n'ont pas la même valeur. Le commerce distingue diverses catégories. Les prix de vente varient d'une catégorie à l'autre, et dans une même catégorie suivant les morceaux[1].

La *première catégorie* comprend : 1° l'aloyau, soit un tiers environ (30 0/0) de la viande nette (Villain et Bascou) : rumsteck, filet, faux-filet ; 2° une partie de la cuisse : culotte, tende de tranche, tranche grasse, gîte à la noix. On y trouve peu de tendons et d'aponévroses.

La *deuxième catégorie* est formée de : 1° le train de côtes ; 2° le plat de côtes, la bavette d'aloyau ; 3° une partie du paleron : talon de collier, derrière de paleron, milieu de paleron, macreuse, jumeaux.

La *troisième catégorie* s'étend à : 1° la joue ; 2° le collier ; 3° le pis de bœuf : gros bout, milieu de poitrine, tendrons, paillasse ; 4° gîtes de devant et de derrière.

Pour un bœuf de 675 kilogrammes de poids vif, d'après Baillet

---

1. Les prix de vente du bœuf à Paris sont les suivants : filet 5 francs le kilogramme ; faux-filet 3,8 ; rumsteck 3,6 ; entre côtes 3,2 ; hampe et onglet 2,6 ; pointe de culotte, aiguillette, tranche, gîte à la noix 2,2 ; macreuse et derrière de paleron 2 ; plat de côtes 1,8 ; gîte 1,6 ; collier 1,3.

(de Bordeaux), la proportion des morceaux de diverses catégories

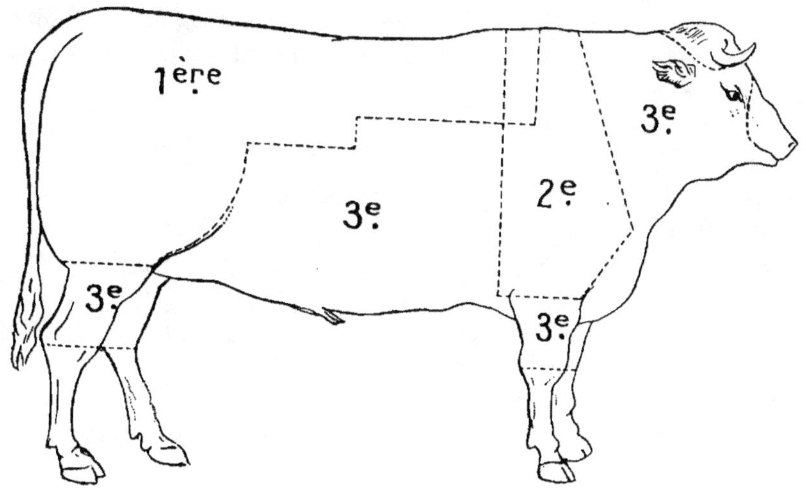

Fig. 54. — Catégories de viande chez les bœufs.

est la suivante : 130 kilogrammes de 1re catégorie, 84,5 de 2e et 130 de 3e, soit environ $\frac{1}{4}$ (24,52 0/0) de morceaux de 2e catégorie

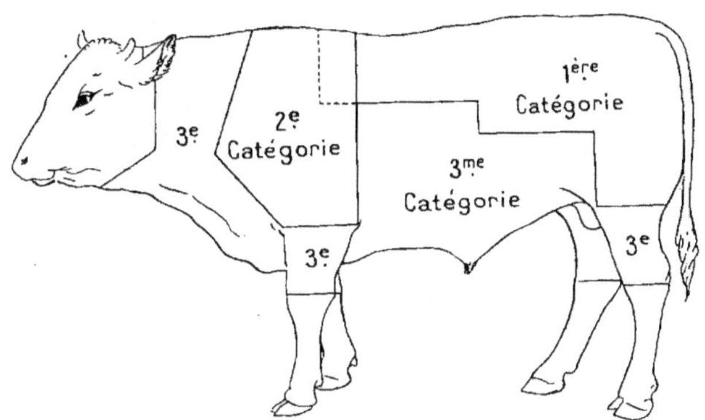

Fig. 55. — Veau. Catégories de viande.

(paleron, macreuse, talon de collier, train de côtes, bavette d'aloyau, plat de côtes), un peu plus de $\frac{1}{3}$ (37,73 0/0) de morceaux de 1re catégorie (aloyau et cuisse), et une même proportion de 3ᵉ catégorie ou « basse » (joue, collier, surlonge, jambe, pis de bœuf).

Les fournisseurs de l'armée cherchent généralement à éluder certaines prescriptions des cahiers des charges et notamment celles qui sont relatives à la *proportion prévue de morceaux de diverses catégories*. Nous donnons à titre d'exemple quelques constatations faites dans un régiment d'infanterie de Paris et consignées ci-après :

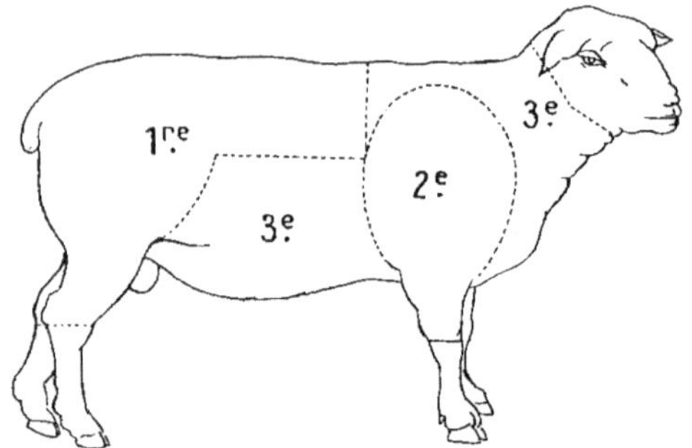

Fig. 56. —Mouton. Catégories de viande.

« Le boucher adjudicataire fournit sept compagnies. Il apporte à la caserne les lots tout préparés et pesés, destinés aux diverses unités.

« A un premier examen, on est frappé de la rareté des morceaux de 1ʳᵉ catégorie (cuisse); on constate aussi une certaine inégalité de répartition des morceaux dans les lots.

« On note : 1ʳᵉ compagnie, 72,6 0/0 de morceaux de 3ᵉ catégorie ; 2ᵉ, 72,6 ; 3ᵉ, 69,4 ; 4ᵉ, 68,1 ; 10ᵉ, 75,3 ; 11ᵉ, 83,3 ; et 12ᵉ, 64,2.

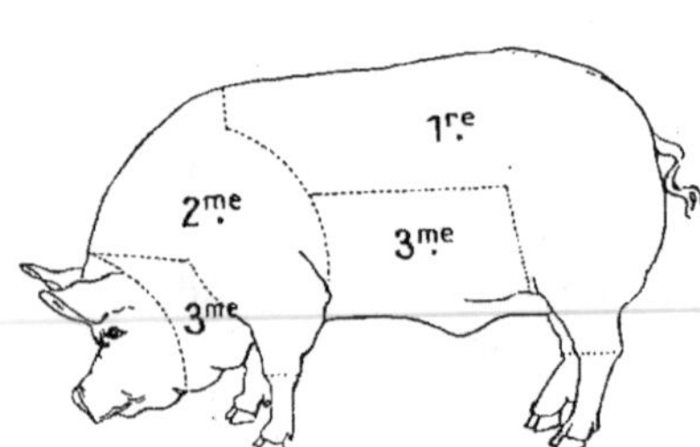

Fig 57. — Porc. Catégories de viande.

« Il existe deux morceaux de cuisse seulement et 59ᵏᵍ,5 de morceaux de 1ʳᵉ et 2ᵉ catégorie contre 161,5 de morceaux de 3ᵉ catégorie (59,5 + 161,5 = 221).

« Au cours des pesées, le fournisseur, cherchant à tromper la vigilance de la commission de réception, glisse un morceau de jambe en vue de le faire admettre comme morceau de 2ᵉ catégorie.

« Les morceaux de poitrine sont en très grande quantité ; ils forment plus de la moitié des morceaux de 3ᵉ catégorie.

« La commission met le fournisseur dans l'obligation d'élever à

73 kilogrammes $\left(\dfrac{221}{3} = 73\right)$ le poids des morceaux de 1re ca-
gorie; en conséquence, l'adjudicataire est tenu de reprendre
14 kilogrammes de poitrine pour les remplacer par un poids égal
de cuisse.

« La substitution en question est faite dans les lots les moins
favorisés. »

Cet exemple montre que les corps ne doivent jamais accepter des
fournisseurs l'offre gracieuse qui leur est faite de préparer ailleurs
qu'à la caserne ou au quartier les lots destinés aux petites unités.
De telles tolérances favorisent les irrégularités et servent mal les
intérêts de l'armée.

CHAPITRE V

CARACTÈRES DIFFÉRENTIELS DES VIANDES ABATTUES

L'étude des caractères différentiels est importante pour tous ceux qui ont à reconnaître les viandes et à les recevoir.

Nous donnons les moyens connus afin que dans les régiments l'officier possède les connaissances indispensables. Il va de soi que les morceaux débités sont difficiles à identifier. Un apprentissage spécial, ici comme en tout, est nécessaire. La pratique vaut mieux que tous les livres.

Caractères différentiels du bœuf, du taureau et de la vache. — TAUREAU. — Les *muscles* du taureau sont *épais;* ils sont *saillants,* notamment du côté du collier. Le *cou* apparaît *convexe et très développé.*

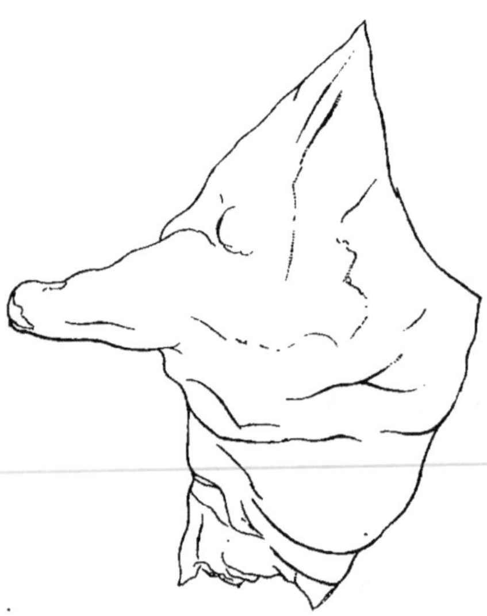

Fig. 58. — Devant de taureau.

L'*épaule* est aussi *très musclée;* l'*avant-bras* ou gîte de devant est puissant (*fig.* 52).

1. La peau compte pour 38 kilogrammes et le suif pour 30.

Les quartiers de derrière ont des muscles très développés.

Les *testicules* ont été enlevés. Un *vide* existe à la place qu'ils occupaient ; il est difficilement caché par la graisse du voisinage. Le *cordon du testicule* sectionné, et les vestiges du canal *de l'urèthre*

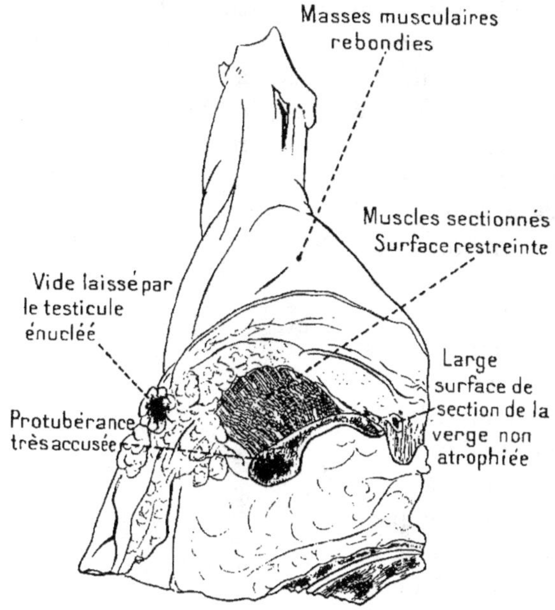

Fig. 59. — Principaux caractères permettant de reconnaître la viande de taureau.

au niveau de la partie postérieure du bassin sont faciles à reconnaître pour un œil un peu exercé.

La graisse de *couverture* est moins abondante.

La *graisse* intérieure est en général blanche. Elle abonde autour des rognons.

La *couleur du muscle* est plus foncée.

Chez les animaux âgés, la chair est ferme, l'odeur est *sui generis*.

Le taureau jeune et bien gras vaut à peu près le bœuf de même qualité. C'est une erreur de croire que le taureau ne peut avoir le persillé des meilleurs bœufs. Certains aloyaux de taureau ressemblent tellement à ceux de bœufs que les bouchers qui les achètent aux halles peuvent s'y méprendre.

Les caractères tirés du grain moins fin, de l'aspect des aponévroses (revêtement des muscles) plus brillantes s'observent surtout chez les taureaux mal engraissés.

A ces caractères s'en ajoutent d'autres faciles à saisir :

Les os sont plus épais, rouge violacé sur la fente ; leurs cassures sont aussi un peu irrégulières. Le *bassin*, sectionné au moment de la séparation par moitiés, présente en avant au niveau de l'os dit pubis une *tubérosité* très développée (*fig.* 53). Dans cette même région on trouve encore la *section du canal de l'urèthre* dont le diamètre est *très accusé*. Auprès de ce dernier on y voit aussi un muscle qui attache l'organe à la partie postérieure du bassin.

Bœuf. — On retrouve les mêmes caractères sexuels ; seulement, comme l'émasculation affine les formes et tend à donner au mâle les caractères morphologiques de la femelle, le *cou* et le *garrot* sont réduits. Le collier n'est plus convexe. Les muscles de l'épaule ne sont plus en saillie.

La castration effectuée par bistournage (torsion du

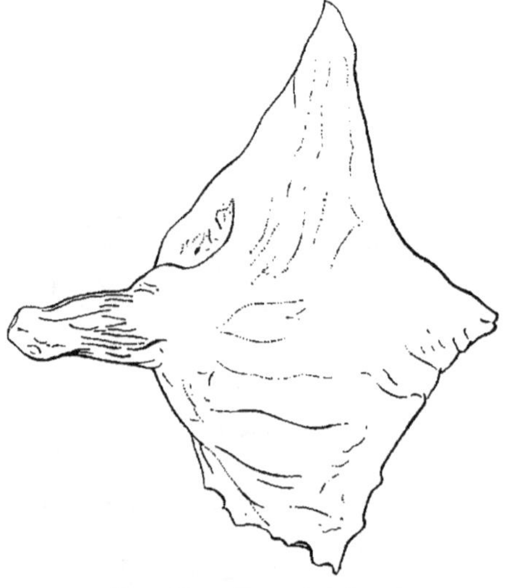

FIG. 60. — Devant de bœuf.

cordon testiculaire) se reconnaît à l'existence du testicule atrophié, sous forme de *marron* noirâtre noyé au sein d'un amas de graisse. Lorsque la castration a eu lieu par ablation, la graisse de la région de l'aine remplace l'organe testiculaire et forme une masse plus ou moins *ondulée et comme frisée*.

La graisse de couverture est abondante lorsque l'engraissement est parfait.

La graisse intérieure est blanc jaunâtre ou nettement jaunâtre couleur beurre frais.

Le *muscle* est *rouge vif*.

Le grain est fin et la viande juteuse.

Du côté du bassin, on observe les mêmes caractères sexuels que chez le taureau, avec cette différence toutefois que la castration a provoqué l'atrophie du cordon testiculaire. La *section du canal de l'urèthre* avec sa partie spongieuse (corps caverneux des anatomistes) est *réduite*. La *protubérance osseuse du pubis* est aussi *moins accusée*

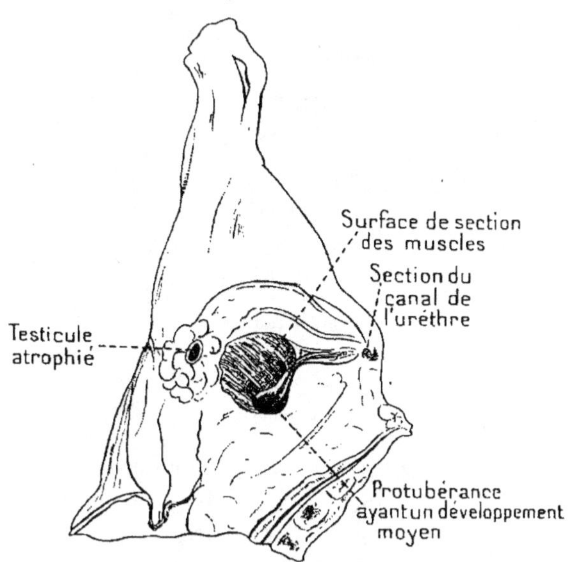

Fig. 61. — Caractères permettant de reconnaître la viande de bœuf.

(*fig*. 55). La forme de la cuisse tient le milieu entre la conformation de la cuisse de taureau et celle de la même région chez la vache.

VACHE. — Il est facile de distinguer la vache du bœuf et du taureau lorsqu'il s'agit d'animaux âgés, quelque peu épuisés. La différenciation est plus difficile lorsqu'on a affaire à des sujets en bon état de chair et gras.

Les os de la vache sont moins développés. C'est là surtout un effet de l'âge. On sait en effet qu'avec le temps *les tubérosités et tables osseuses s'amincissent*, de même que, chez les sujets âgés, les muscles s'atrophient. Baillet trouve que les vaches des grandes et fortes races du Midi ne présentent pas toujours les caractères tirés du moindre volume des os. La côte est moins large chez le bœuf, elle est plus courbée. Le bassin est plus large.

L'existence de *traces de mamelle* dans l'aine est caractéristique. Même lorsque l'ablation de l'organe a été complète, le *vide* laissé dans l'aine est facile à reconnaître. Chez la *génisse* bien grasse, la *mamelle très adipeuse* est quelquefois

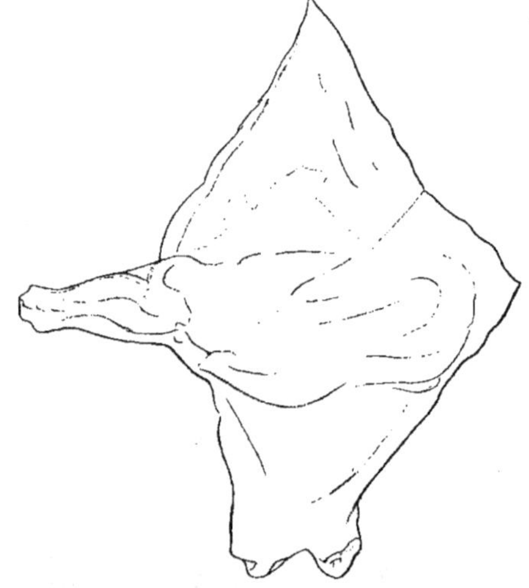

Fig. 62. — Devant de vache..

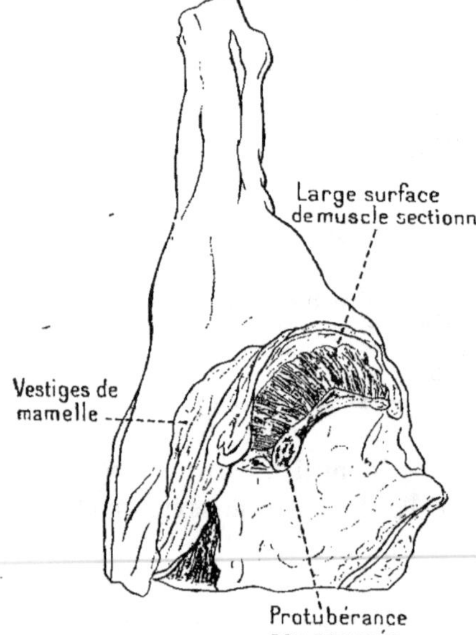

Fig. 63. — Principaux caractères permettant de reconnaître la viande de vache.

finement sculptée au couteau, de manière à simuler la graisse lobulée telle qu'on la rencontre dans l'aine du bœuf. On ne peut faire de confusion, si on examine le sujet d'une façon attentive.

Enfin, dernier caractère constant, la fente met à nu une *surface de muscle* en forme de *demi-cercle* ou de rapporteur au voisinage de l'os du bassin, c'est-à-dire à la face interne des cuisses (*fig.* 57). Cet îlot de tisssu musculaire sectionné est bordé par un cordon graisseux allant de l'aine à la pointe de la fesse.

La forme en est différente chez le taureau et le bœuf en raison de ce fait que le passage du canal de l'urèthre vers la partie arrière en réduit la surface et la fait se terminer en pointe de ce côté.

Ajoutons que la *tubérosité du pubis* est peu marquée ou *aplatie*.

Les caractères organoleptiques du bouillon ne permettent pas de différencier les viandes qui ont servi à confectionner le pot-au-feu. On s'accorde à dire que la vache un peu âgée donne au pot-au-feu un arome tout spécial très apprécié. Le bouilli est plus tendre lorsqu'il s'agit du bœuf que lorsqu'on a affaire au taureau où à la vache. Cependant le taureau jeune qui n'a pas servi comme reproducteur fournit une excellente chair. Les vieillards assistés de la maison départementale de Villers-Cotterets l'apprécient beaucoup (Pion). Quant à la génisse bien grasse, elle donne d'excellente viande.

On peut répéter avec Baillet : à condition égale d'âge, de race, de santé et d'engraissement, il n'y a pas de différence entre la viande de bœuf et celle de vache; le préjugé peu favorable à cette dernière tient surtout à ce que, dans les circonstances les plus ordinaires, on établit la comparaison entre la viande provenant d'un bon bœuf et celle provenant d'une mauvaise vache.

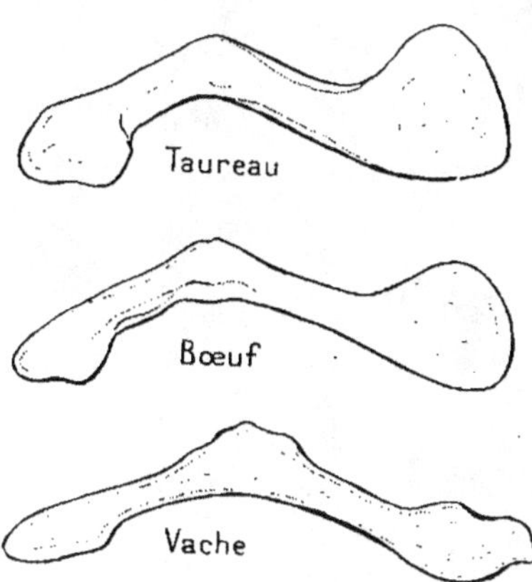

Fig. 64. — Caractères différentiels tirés de l'examen de la coupe des os du bassin.

Caractères différentiels des viandes de bœuf et de cheval. — La viande de cheval a une *couleur rouge plus ou moins foncée*. La teinte « rouillée », « terre de Sienne » du muscle exposé à l'air est assez caractéristique. Elle est fonction de l'oxydation par l'air : si on enduit de graisse une coupe fraîche, elle ne se produit pas (Villain et Bascou).

La surface de section des muscles devient, quelques heures après l'abatage et l'habillage, luisante et comme vernissée, à cause de l'épanchement de graisse riche en oléine (Villain et Bascou). La graisse de cheval est huileuse. Elle tache le papier. Elle est facile à reconnaître.

La *consistance* du muscle de cheval est faible. Le boucher qui la manipule voit ses doigts se charger de petites parcelles friables.

FIG. 65. — Demi-cheval de boucherie.
(D'après l'*Hygiène de la viande et du lait*, 1908, p. 153.)

Il n'existe jamais de persillé chez le cheval. Lorsque l'engraissement est très avancé, on note surtout une « panne » abondante.

Le collier de cheval se différencie facilement du collier de bœuf, par l'existence d'un amas de tissu lardacé au bord supérieur de l'encolure et celle d'un grand ligament jaune en forme de lame triangulaire visible sur la fente.

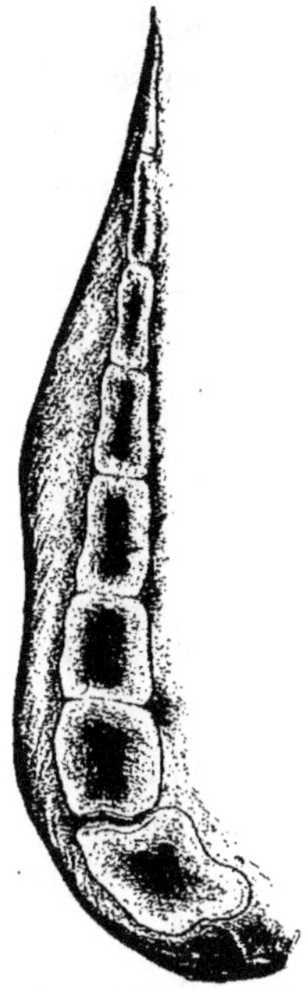

La cuisse du cheval est plus arrondie que celle du bœuf, surtout au niveau des fesses.

A coté de ces caractères, il en est d'autres tirés de l'ostéologie.

Le cheval a 18 côtes; le bœuf n'en a que 13.

Le sternum forme une seule pièce chez le cheval (*fig.* 66); on constate une fausse articulation à la partie antérieure du sternum (entre les deux premières sternèbres) chez le bœuf.

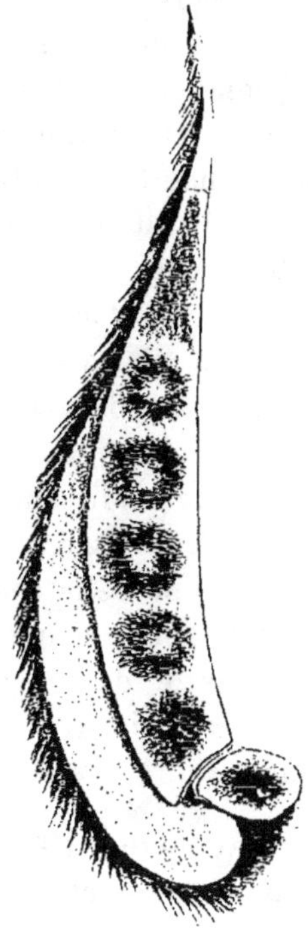

Fig. 66. — Caractères différentiels tirés de l'examen du sternum chez le cheval.

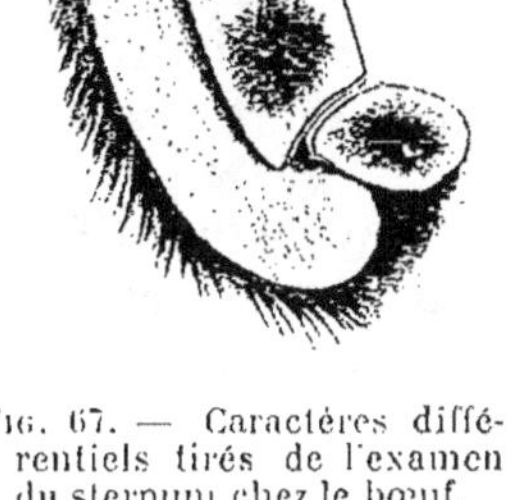

Fig. 67. — Caractères différentiels tirés de l'examen du sternum chez le bœuf.

La fente du bassin est presque droite chez le cheval ; elle est en forme de ligne brisée chez le bœuf.

On compte 8 os, quelquefois 7 en deux rangées au genou du cheval (4 en haut, 4 ou 3 en bas); chez le bœuf, il n'existe que 6 os (4 en haut, 2 en bas).

L'os du coude (cubitus) est soudé au radius; il se termine au niveau du quart inférieur de cet os chez le cheval. Dans l'espèce bovine, le cubitus est un os long; il a un canal médullaire (os à moelle) et se prolonge jusqu'au niveau de l'extrémité inférieure du radius.

Le canal médullaire du radius, chez le cheval, renferme une

moelle peu consistante; il est tapissé à l'intérieur de fines aiguilles osseuses. Chez le bœuf, la paroi interne est lisse et la moelle figée est dure, impénétrable au doigt[1].

Une coupe de l'épaule passant au-dessus de l'articulation, au niveau du col de l'omoplate ou mieux un peu au-dessus permet de voir la relation qui existe entre les largeurs des fosses de la surface externe du scapulum. L'arête qui surmonte l'os, s'étend dans le sens de sa longueur, et la surface externe en deux loges dont les largeurs sont comme 1 est à 2 chez le cheval et comme 1 est à 3 chez le bœuf. En outre, chez le bœuf, l'arête se termine en pointe.

On extrait facilement du muscle de cheval (ébullition d'un morceau de viande dans l'eau ordinaire, filtration gros-

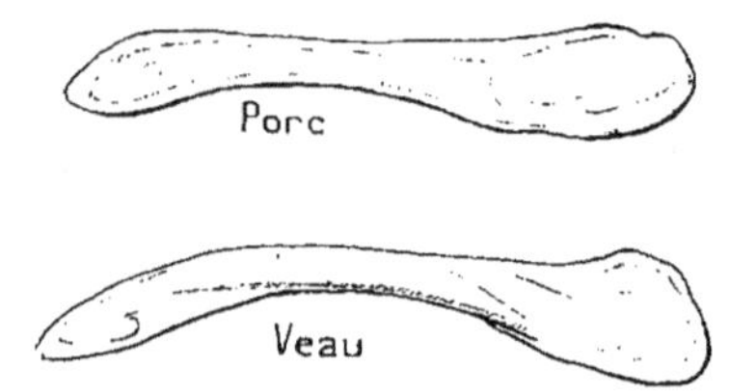

Fig. 68. — Caractères différentiels tirés de la coupe des os du bassin chez le porc et le veau.

sière et refroidissement) une matière soluble qui donne avec quelques gouttes d'eau iodée (eau, 100; iode, 1 ; iodure de potassium, 2) une belle coloration caractéristique. Le bouillon de bœuf ne donne généralement pas cette réaction du glycogène.

Le muscle de cheval bouilli se rétracte beaucoup. Le bouillon obtenu est pâle. Il est opalescent en raison du glycogène qu'il renferme.

Caractères différentiels des viandes de porc et de veau. — Le porc est quelquefois présenté dépouillé et non fendu. Il peut être confondu à première vue, avec le veau. Un examen attentif révèle les différences suivantes :

Chez le porc, la viande est rosée, avec des différences de coloration parfois considérables suivant les groupes musculaires. Les muscles des membres sont plus rouges. Chez le veau, la viande a une couleur uniforme. Elle est bien blanche lorsque l'engraissement au lait a été bien conduit. Elle est plus ou moins rouge lorsque les animaux ont brouté.

1. On dit que les animaux « n'ont pas la moelle » lorsque, par suite d'amaigrissement, la moelle des os longs examinée après complet refroidissement des chairs, a perdu sa consistance normale.

Le grain de viande chez le porc est fin. Il existe du marbré dans le filet. Le fibre musculaire est friable. Chez le veau, la fibre est toujours un peu sèche, plus résistante. On n'observe ni marbré ni persillé.

La graisse de couverture ou lard peut être abondante chez le porc. Elle manque chez le veau.

Les caractères de la graisse sont très différents : elle est onctueuse chez le porc, ferme, blanche plus ou moins rosée et cassante chez le veau.

La panne ou graisse de la face interne de l'abdomen, plus ou moins abondante suivant le degré d'engraissement des porcs, fait défaut chez le veau.

Les caractères ostéologiques que l'on peut ajouter à ceux qui viennent d'être examinés sont les suivants :

On observe l'existence de 14 côtes chez le porc contre 13 chez les veau ; chez le porc le cou est toujours court et trapu et la fente du bassin droite ; le péroné du porc est très développé, aussi long que le tibia, tandis qu'il est tout à fait rudimentaire chez le veau.

Caractères différentiels des viandes de chèvre et de mouton. — Mouton. — Un examen rapide de l'animal permet de noter les caractères les plus saillants : *cage thoracique* comme arrondie, par opposition à la forme aplatie observée chez la chèvre ; *gigots* généralement trapus et peu allongés [1] ; *vertèbres de la queue* nombreuses (16 à 24), aplaties de dessus en dessous ; viande peu colorée dont le grain est fin.

La *graisse* forme une couverture plus ou moins épaisse ; elle se dépose aussi à l'intérieur (suif), surtout autour des rognons.

Lorsqu'on examine l'animal fendu par le milieu, on observe quelques caractères tirés des os du rachis. Le cou est formé de vertèbres tassées. Il est relativement court. La secondre vertèbre (axis) possède au bord supérieur une épine que termine une lèvre raboteuse épaisse. Celle-ci va s'élargissant d'avant en arrière. Elle ne surplombe pas le corps de l'os, tandis que, chez la chèvre, elle

---

1. Les bouchers recherchent beaucoup les gigots petits et bien « tournés », c'est-à-dire rebondis et comme sphériques. Les moutons algériens qui transhument ont les gigots allongés.

se projette d'un centimètre en avant de la lumière du canal médullaire et dépasse ainsi le corps de l'os.

On donne encore comme caractères différentiels : la forme des apophyses transverses des 7 vertèbres lombaires relevées vers les

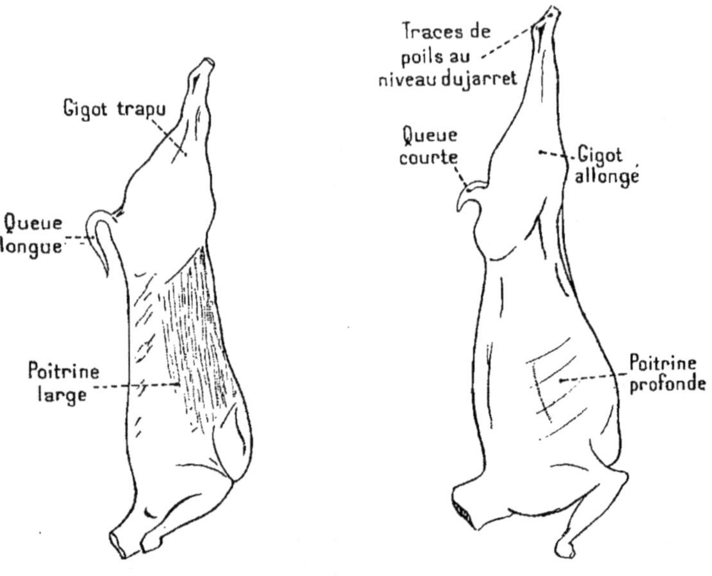

<table>
<tr><td>Fig. 69. — Mouton.</td><td>Fig. 70. — Chèvre.</td></tr>
</table>

haut et terminées par un crochet (premières vertèbres seulement) ; l'absence d'échancrure ou fossette entre les condyles de l'extrémité inférieure du fémur.

On peut ajouter que, chez le mouton, la noix des côtelettes premières renferme parfois un peu de graisse sous forme de traînées un peu ramifiées. Une telle infiltration, exceptionnelle chez le mouton, manque toujours chez la chèvre. La coupe des muscles rassis laisse écouler très peu de « jus » ou suc musculaire. La chèvre a toujours une chair un peu sèche.

CHÈVRE. — Les caractères généraux qui sautent aux yeux sont : la forme aplatie du thorax et partant le manque d'incurvation des côtes et la grande profondeur de poitrine, le rachis tranchant, les gigots allongés avec profil postérieur rectiligne, la queue courte

(11 à 12 vertèbres), la viande un peu sur-colorée, la graisse de couverture peu abondante.

Les vertèbres du cou forment un ensemble d'une certaine gracilité qui va de pair avec l'allongement des divers rayons osseux.

En palpant la surface externe de l'épaule, on sent une épine allongée, *tranchante* et droite qui la divise dans le sens de la longueur. Chez le mouton, l'épine de l'os de l'épaule présente un bord libre arrondi, avec *tubérosité*.

Chez la chèvre, la graisse s'accumule surtout autour des rognons. On ajoute à ces caractères les données suivantes : 6 vertèbres lombaires dont les apophyses transverses sont un peu inclinées vers le sol et terminées par un faible crochet à l'extrémité libre ; échancrure ou fossette entre les condyles de l'extrémité inférieure du fémur envahissant la trochlée de l'os.

Il est à remarquer que la pratique fournit une indication empirique d'une certaine valeur : sur la viande de chèvre, lorsque l'animal est entier, on retrouve presque toujours des poils ; ceux-ci détachés pendant le travail de l'habillage se sont collés à la surface de la viande surtout au niveau des jarrets et des genoux.

Caractères différentiels des viandes de mouton et de bélier. — Les caractères différentiels sont les suivants :

BÉLIER. — Le cou est court et épais, il rappelle celui du taureau ; le garrot est saillant ; les quartiers de devant sont plus volumineux.

Les testicules qui ont pu être enlevés laissent un vide ; sur le trajet du canal inguinal, on trouve les vestiges d'un gros cordon testiculaire.

MOUTON. — Le devant est moins volumineux. Toutefois, lorsque la castration est tardive, le garrot et les épaules sont encore très développées. Il n'est pas rare de voir les bouchers s'efforcer d'aplatir ces parties en saillie, afin de tromper l'acheteur. On observe cette petite fraude surtout sur les moutons d'Algérie et du Maroc.

Caractères différentiels des viandes de mouton et de chien. — Les caractères différentiels sont tirés de l'examen des animaux vus dans leur ensemble, de l'aspect de la graisse, des particularités du squelette (Greffier) et des signes fournis par les autres tissus.

Chez le chien, les gigots sont plus allongés et plus garnis du côté du manche. Le grain est rude, sans infiltrations graisseuses

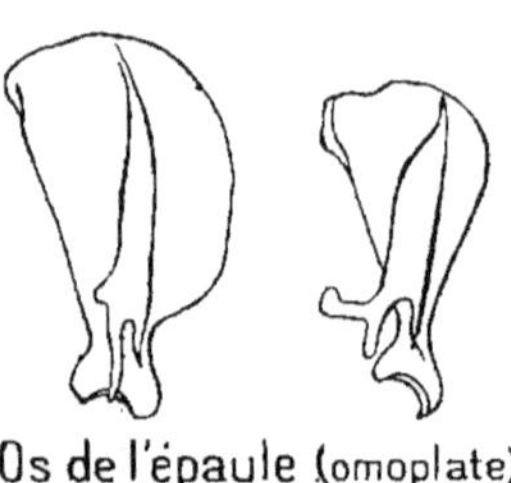

Fig. 71.

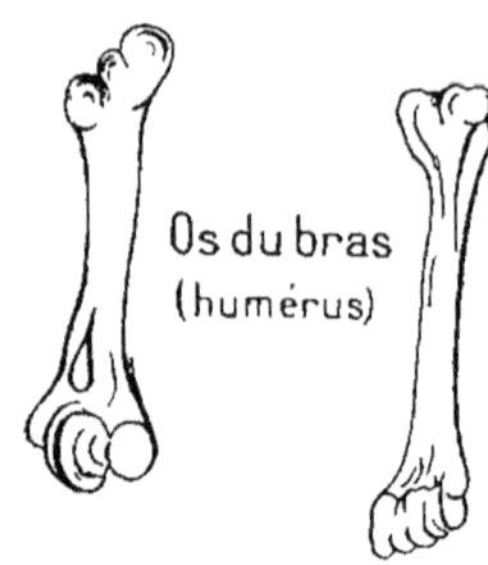

Fig. 72.

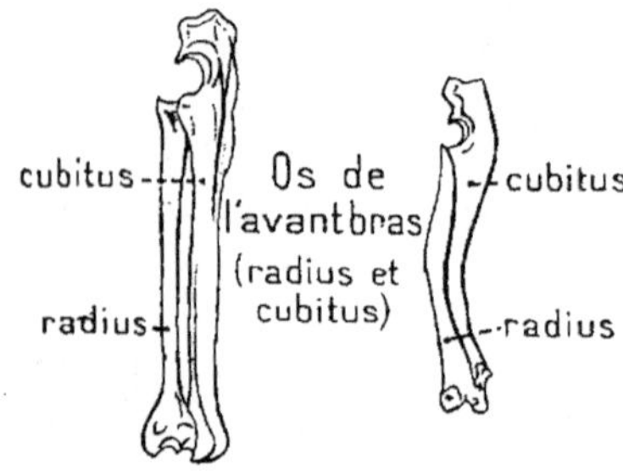

Fig. 73.

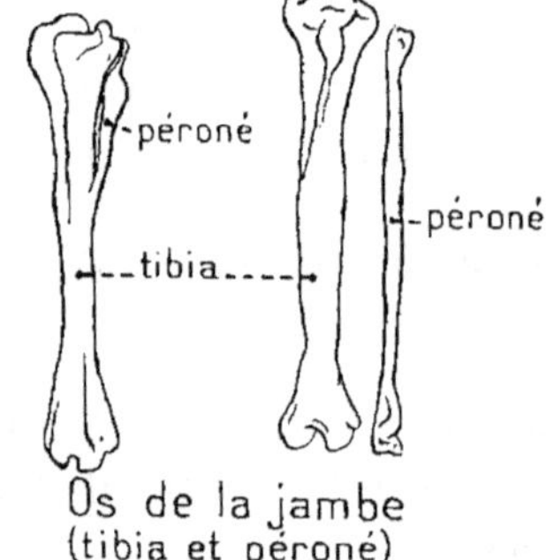

Fig. 74.

Caractères différentiels tirés de l'ostéologie (chat et lapin).

des muscles[1]. La graisse est onctueuse. Au contraire, le gigot de mouton est généralement globuleux; la viande a un grain fin; il existe parfois du persillé dans la noix de côtelette.

L'omoplate du chien n'a pas de cartilage de prolongement. Le cartilage (« croquant ») caractérise les côtelettes « bouchères » taillées dans le carré de mouton (partie couverte).

Le bassin (coupe médiane) a une ligne de section à peine renflée

1. Consulter *les Principaux Caractères des viandes*, notices pour projections lumineuses (musée pédagogique), Paris, 1908.

à la partie antérieure (chien). La tubérosité antérieure est bien accusée chez le mouton comme chez tous les ruminants utilisés *en boucherie*.

Les jointures apparentes présentent des fossettes très nettes chez le chien dont les doigts sont mobiles. Elles sont planes chez le mouton en raison de la soudure des doigts.

Il existe un péroné chez le chien. Le mouton n'en a pas.

La queue est cylindro-conique chez le chien. Elle est aplatie chez le mouton.

Les côtes de chien sont très incurvées, épaisses. Celles du mouton sont aplaties.

Le collet de mouton présente un ligament cervical très développé. Le cou du chien (section médiane) a un ligament très réduit s'arrêtant à la 2e vertèbre.

Caractères différentiels des viandes de lapin et de chat

	LAPIN	CHAT
Viande. Squelette.	De coloration pâle, blanche. Tête allongée, un peu étroite 4 dents incisives très longues au maxillaire supérieur (2 petites cachées) et 2 incisives à la mâchoire inférieure. Os de l'épaule triangulaire ; surface externe divisée par une épine en deux fosses dont les largeurs sont entre elles comme 1 : 2. Os du bras (humérus) sans trou à la partie inférieure. Os de l'avant-bras (radius et cubitus), incurvés (*soudés*, sauf chez les jeunes). Os de la jambe (tibia et péroné) *soudés* en bas. Côtes au nombre de douze, aplaties.	De couleur plus foncée. Tête courte, arrondie. 6 incisives à chaque mâchoire. Os de l'épaule en forme de rapporteur (demi-cercle) ; épine divisant la surface externe en deux loges égales ; épine inclinée sur la fosse sous-épineuse. Os du bras percé d'un trou à la partie inférieure (arcade destinée au passage d'un vaisseau). Os de l'avant-bras, presque droits et séparés. Os de la jambe de même longueur et séparés. Côtes au nombre de treize, arrondies et incurvées.
Organes.	Intestins volumineux (notamment le cæcum), en raison du régime alimentaire (herbivore).	Cæcum rudimentaire (carnivore).

Caractères différentiels des abats. — Les *têtes* sont faciles
à différencier. La tête de mouton est donnée aux chiens ; la tête
de porc est livrée avec l'animal entier; celle du bœuf est utilisée
par l'industrie sous le nom de *canard ;* la tête de veau toujours
insufflée, partant de conservation difficile, va au tripier. Il est à

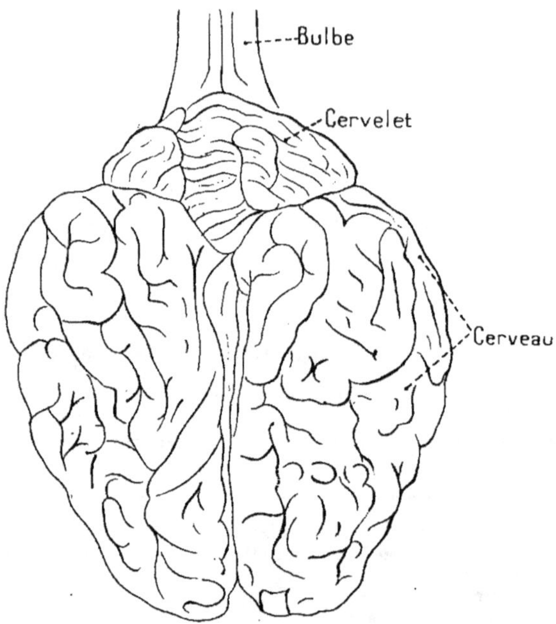

Fig. 75. — Cervelle de bœuf.

noter que la tête de veau échaudée depuis plusieurs jours devient
gluante par suite de fermentations de surface et d'un commencement d'altération.

Les *cervelles* de bœuf et de cheval se distinguent par les caractères suivants : forme globuleuse et conique chez le bœuf, allongée chez le cheval; peu de circonvolutions ou replis de la masse
cérébrale chez le premier, et nombreuses circonvolutions chez le
second ; étroitesse relative de ces replis chez le bœuf.

La *langue* de bœuf se distingue aisément de celle du cheval
élargie en spatule à son extrémité libre. Elle est couverte de pa-
pilles saillantes, rudes au toucher. Le poids moyen de la langue

de bœuf (avec larynx, pharynx et partie de la trachée ou cornet)
est de 3 à 4 kilogrammes ; le poids moyen de la langue de cheval
atteint seulement 2 kilogrammes.

Les *poumons* de bœuf et de cheval se différencient par les caractères suivants : chez le bœuf, les lobules pulmonaires sont

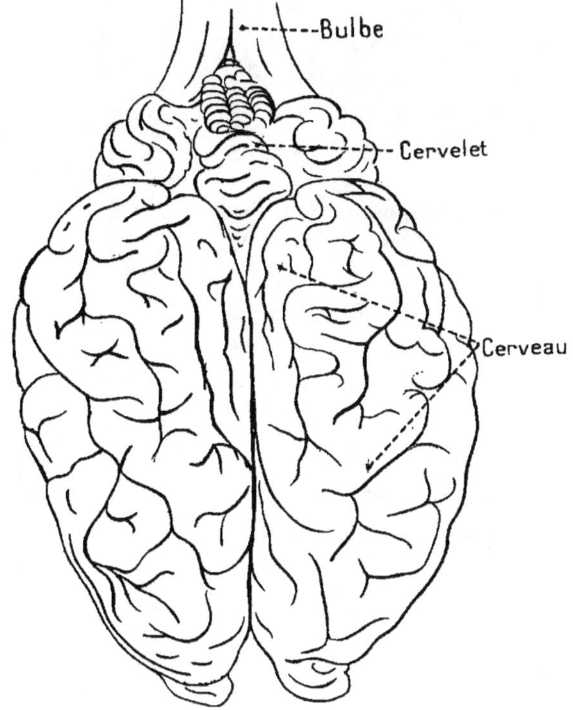

FIG. 76. — Cervelle de cheval.

enchâssés dans un tissu assez lâche et apparaissent bien délimités ;
chez le cheval, les lobules ne forment pas damier. Le poumon du
bœuf présente quatre lobes à droites et deux à gauche et un lobe
médian qui peut être rattaché au lobe antérieur gauche. Le poumon de cheval n'a qu'un lobe antérieur mal détaché. Le poids
moyen est de 3 kilogrammes chez le bœuf et de 4 à 4,5 chez le
cheval.

Le poumon de veau, soufflé, forme un cône à sommet antérieur ;
celui du porc, qui lui ressemble un peu, a une forme oblongue et

rappelant celle du bonnet phrygien. Le poids moyen est de 1 kilogramme chez le veau et de $0^{kg},500$ à $0^{kg},600$ chez le porc.

Le poumon de mouton a quatre
lobes à droite et deux à gauche
(comme celui du bœuf). Celui des
carnassiers domestiques (chien) à
quatre lobes à droite et trois à gauche.

Le poumon de chèvre présente
l'aspect en damier du poumon du
bœuf. Le poumon du mouton est
lisse. Le nombre des lobes est le
même.

Le *cœur* est volumineux et conique
chez le bœuf; il est légèrement aplati
latéralement et moins pointu chez
le cheval. Les sillons verticaux sont
au nombre de trois chez le bœuf. Ils

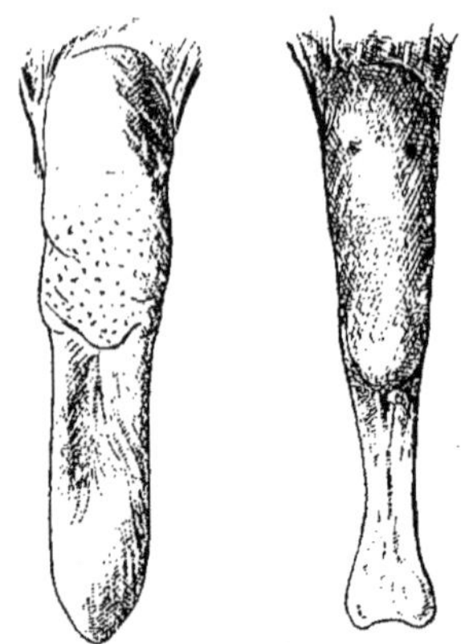

Fig. 77. — Langues de bœuf
et de cheval.

renferment une graisse dure lorsque l'animal est en bon état. La

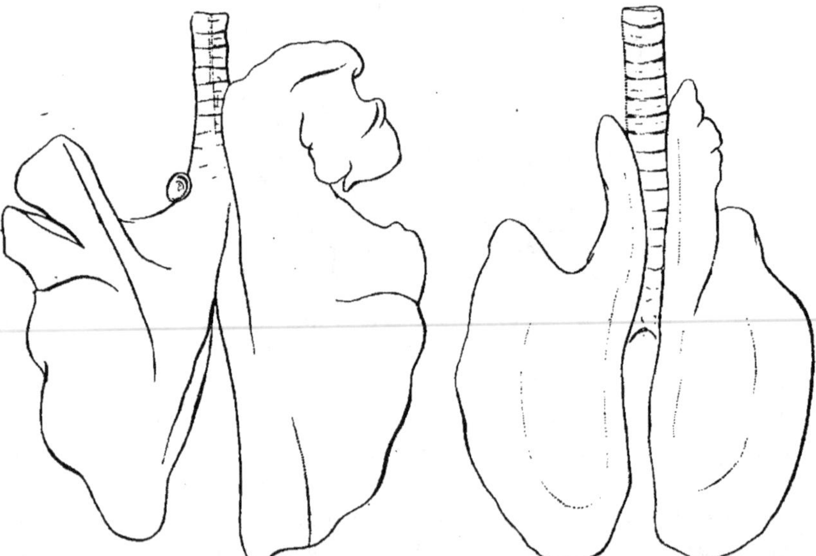

Fig. 78. — Poumons de bœuf.   Fig. 79. — Poumons de cheval.

graisse des sillons du cœur est molle et huileuse chez le cheval.

On trouve, dans l'épaisseur de la zone aortique du cheval deux
petits os dont un est constant.

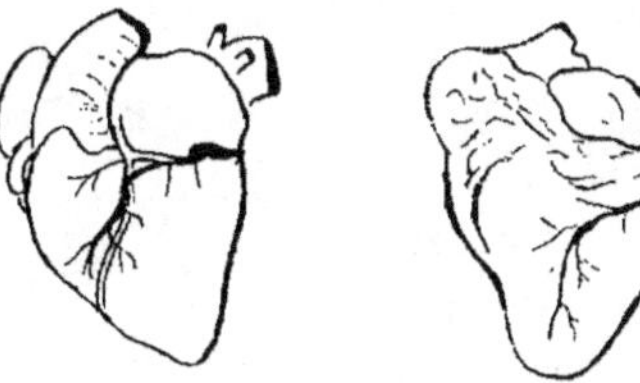

Fig. 80. — Cœurs de cheval et de bœuf.

Le cœur de veau est résistant et pâle. Chez le porc, la
graisse des sillons du cœur est
onctueuse et un peu molle.
Elle tache les doigts. La graisse
des sillons du cœur de veau
est ferme et blanche.

Le cœur de mouton est conique et a trois sillons verticaux. Celui
du chien est globuleux.

Le *foie* de cheval est de couleur très foncée, presque noire parfois ; il est allongé en
ellipse, épais au centre
et mince sur les bords.
Il est lobé. On dis-
tingue un lobe droit
qui porte à sa partie
postérieure le lobule
dit de Spiegel. Le lobe
moyen, petit, est lui-
même subdivisé. Le
foie de cheval n'a pas
de vésicule biliaire.

Le foie de bœuf est
brun, porte une vési-
cule biliaire. La masse
n'est pas lobée. On n'y
voit que le lobule de
Spiegel.

Le foie de veau est
rouge jaunâtre ; il est
peu résistant. Chez le
mouton et la chèvre,

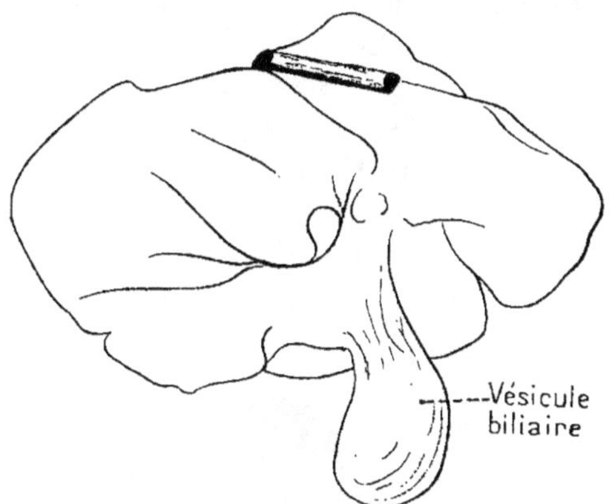

Fig. 81. — Foie de bœuf.

Fig. 82. — Foie de cheval.

on trouve deux lobes ; le lobe droit porte le lobule de Spiegel. Il
existe une vésicule biliaire.

Le porc a un foie trilobé. Le lobe moyen est subdivisé en deux
lobes par une échancrure assez profonde. Le lobe droit porte le lobule

de Spiegel. La surface du foie est grenue. Ce granité est très net et caractérise le foie de porc. Il existe une vésicule biliaire.

Le foie du chien a cinq lobes. Le lobe moyen porte la vésicule biliaire.

La *rate* du cheval est en forme de faux, et à pointe mousse; sa couleur est gris bleuâtre; sa surface est chagrinée. Celle du bœuf est longue, rouge, de largeur presque égale partout; ses extrémités sont arrondies.

La rate du mouton adhère au diaphragme. Elle est triangulaire. Elle est rouge violacé. Celle de la chèvre est ovale, plus petite et grisâtre.

La rate du porc est très allongée. Elle n'est pas aplatie comme

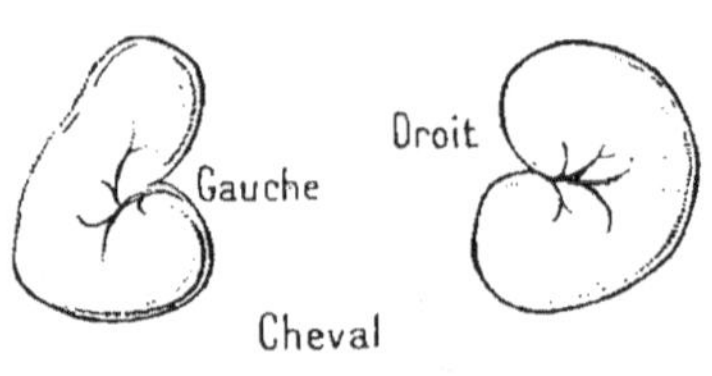

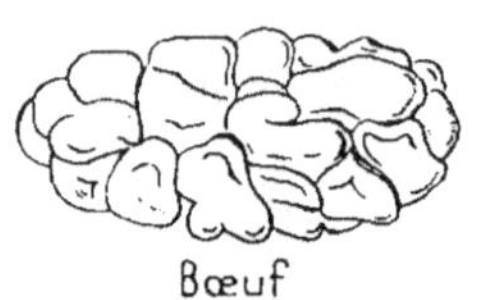

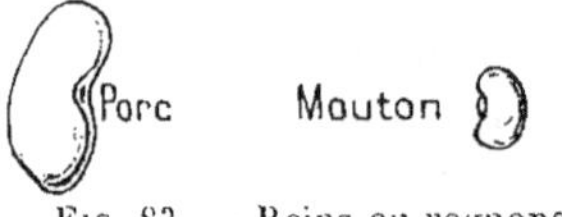

Fig. 83. — Reins ou rognons.

les rates des autres espèces animales. Elle se présente triangulaire sur la coupe.

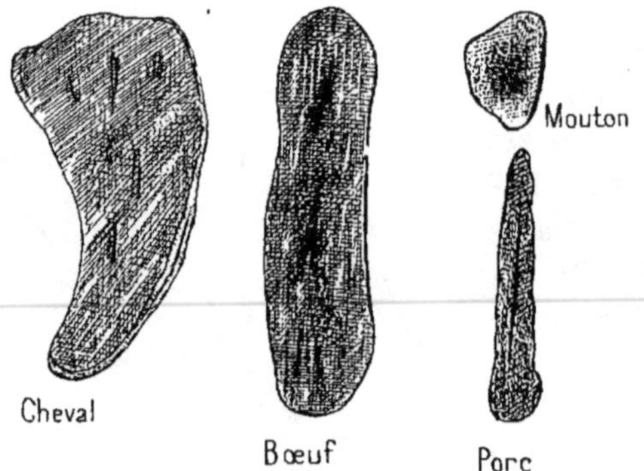

Fig. 84. — Rates.

La *fressure* est constituée chez les petits animaux (porc, mouton, chèvre) par le poumon, le cœur, le foie et la rate.

Les *rognons* sont lobulés chez les bovidés et lisses chez les autres espèces animales de boucherie.

Chez le cheval, le rein droit est en forme de cœur de carte à jouer, le rein gauche est en forme de haricot. L'échancrure (hile) est sur le bord interne. La couleur est rouge brun.

Chez le bœuf, le rognon entre dans la composition du rognon de graisse et fait partie du demi-bœuf. Chez le veau, il adhère à l'animal et se trouve livré comme viande nette, comme chez le bœuf. La lobulation est très nette et caractéristique.

Le rein de mouton est globuleux. Celui du porc, plus pâle, est *aplati* et en forme de haricot. Le rein du chien rappelle celui du mouton ; il est violacé ; les vaisseaux qui l'irriguent en surface apparaissent facilement à travers la capsule fibreuse qui l'enveloppe.

CHAPITRE VI

LES FRAUDES

Les fournisseurs des administrations sont en général honnêtes. Mais il faut reconnaître que certains ont subi une déformation professionnelle faite en grande partie de l'ignorance de leur clientèle civile ou militaire.

Dans l'armée beaucoup d'entre eux, en servant mal le soldat, ne croyaient pas mal faire. Cela s'était toujours fait. C'était une tradition. Au prix du marché qu'ils passaient, la « demi-viande » fournie devait suffire.

Les *soumissions à bas prix* étaient consenties par les bouchers dont la profession d'adjudicataire n'avait plus rien à voir avec celle de boucher de détail. Elles avaient pour but évident de supprimer la concurrence de ce dernier. On croyait que le gain de l'adjudicataire à bas prix était minime, on sentait bien que la viande fournie était peu nutritive, et on s'efforçait parfois de compenser ce défaut en relevant le quantum de viande alloué à chaque soldat; seul l'adjudicataire en bénéficiait puisqu'il fournissait davantage de viande.

En ce qui concerne l'utilisation des soldats bouchers pour aider l'officier [1] en matière de réception de viande fournie en morceaux

---

1. Le rôle de l'officier d'approvisionnement ne doit pas être limité à la période de manœuvres. Il faudrait en faire, à la caserne même, l'officier spécialiste de l'alimentation comme cela se fait dans quelques régiments de Paris.

Les visites d'étude à l'abattoir, la fréquentation des gens compétents tels que les fermiers, propriétaires, bouchers, marchands de bestiaux, instruisent bien mieux que les meilleurs livres. En développant leur instruction pratique les officiers, vendeurs et vétérinaires trouveront des indications précises sur les cours commerciaux qui pourront documenter le chef de corps et faciliter l'établissement de l'état modèle relatif au prix

débités, il ne faut pas perdre de vue, suivant la remarque de Lepourcelet
et Dupard (*doc. inéd.*), qu'en face d'un officier ignorant ou peu ins-
truit, le soldat boucher sera toujours tenté de prendre part pour
les fournisseurs par esprit de corps, de camaraderie, et aussi par
intérêt dans certains cas.

Fraudes portant sur l'animal vivant. — En vue d'éluder
à un moment donné les prescriptions imposées par les cahiers des
charges, les fournisseurs se montrent généralement conciliants au
début ; ils présentent des animaux de bonne *qualité*, parfois même
supérieure à la moyenne exigible ; ils s'efforcent de faire bonne
impression et de pouvoir tabler plus tard sur le système des com-
pensations lorsqu'ils présenteront d'autres sujets de qualité inférieure. Lorsque la commission de réception des animaux se montre
satisfaite des fournitures, le boucher arrive par gradation insen-
sible à ne plus offrir que des sujets de qualité un peu ou beaucoup
trop insuffisante. Il importe d'éviter le piège habilement tendu.

La *tromperie sur l'âge* des animaux est fréquente. On supprime les
sillons circulaires des cornes et on invoque l'usure par frottement
(usure par le joug) ou bien on feint l'ignorance. Il est d'usage de
« rajeunir » les vaches en se servant du rabot et de la râpe. La
corne ainsi truquée a perdu son brillant naturel. La fraude est facile
à surprendre.

En vue de rendre difficultueux et pénible l'examen de la bouche,
le boucher provoque parfois une salivation abondante à l'aide de
moyens divers (sel, ...). Le cas est rare. Pour tromper au point de
vue de l'âge, on arrache les dents de lait. Les dents de remplacement poussent plus vite et les animaux paraissent moins jeunes.

Il n'est pas rare de voir les bouviers faire boire les animaux
avant de les présenter à l'examen sur pied. Le flanc de l'animal,
davantage rempli, peut faire croire à un état d'engraissement satisfaisant. Il suffit d'explorer les maniements pour avoir une idée
exact du degré d'embonpoint.

L'examen des marques que les bouchers apposent sur les animaux achetés en foire ou à la ferme et qu'ils dirigent directement

probable de la viande pendant le semestre à venir, en vue de la détermination du prix
limite. Evidemment il est des emplois du temps plus distingués, il en est aussi de
moins utiles, quoique plus relevés pour les hygiénistes militaires modernes qui doivent
pénétrer à fond les réalités de la vie concrète (Lepourcelet et Dupard).

au lieu d'abatage peut fournir quelques indications intéressantes. Certains animaux, dont l'*état de santé* inspire quelque inquiétude, reçoivent aux ciseaux une marque dite « de chasse » qui indique au personnel de l'abattoir la nécessité de procéder à l'abatage dans le plus bref délai. L'instruction des affaires de fournitures de viandes défectueuses ou insalubres aux garnisons de l'Est a montré que certains bouchers désignaient chaque jour, dans les bouveries d'attente, les animaux les moins résistants qui devraient être abattus à bref délai.

Dans l'armée, les fraudes portant sur les *substitutions* d'animaux ne pourront plus se produire si l'on met en application les prescriptions relatives au marquage des animaux sur pied (circulaire ministérielle du 28 août 1908)[1].

Fraudes opérées au cours du travail de l'abatage et de l'habillage. — Les fournisseurs d'administration, ceux de l'armée notamment, surtout dans les fabriques de conserves, réalisent souvent une *saignée incomplète*. Ils augmentent ainsi le rendement en viande nette. Lorsque le tueur opère méthodiquement la saignée, il peut obtenir 3 et 4 litres de sang de plus que s'il incise brutalement et d'un seul coup le paquet artério-veineux de l'entrée de la poitrine (Pagès, Galibert et Michault).

Il arrive qu'en vue de faire une saignée insuffisante, les bouchers abattent plusieurs animaux en série et ne font la section des vaisseaux du cou qu'après le dernier abatage (Rousseau).

Les *soustractions de lésions* au cours de travail de l'habillage sont observées avec assez de fréquence. Les ouvriers suppriment, parfois sans y prendre garde, d'autres fois avec intention, les ganglions (« glandes ») de l'entrée de la poitrine, de l'entre-cœur (entre les poumons), du hile du poumon, surtout quand il existe des lésions tuberculeuses.

L'arrachage des plèvres sous le fallacieux prétexte que l'animal

---

1. Le texte de l'article 18 de l'instruction du 2 mai 1908 a été remplacé par un autre qui porte en notice :

Pour marquer le bétail sur pied, on utilisera : a), le sciage de la corne... ; b), le plombage à l'oreille à l'aide d'une pince-composteur; cette marque exige l'usage de presse à plomber, blocs de rechange pour les dates, harpons, plombs, rondelles de zinc, pince de rivetage ; c), marque à chaud.

est « écoffré », c'est-à-dire mal saigné et souillé de sang jusque dans ses plèvres, ne doit jamais être toléré. Pour détacher la plèvre costale, le boucher incise la séreuse à la périphérie des insertions du diaphragme, la décolle avec les doigts et l'arrache ensuite en tirant. S'il existe des tubercules à la surface de la plèvre, on n'en peut plus trouver trace lorsque l'opération est bien faite et que les ganglions lymphatiques de la région ne sont pas encore atteints d'une façon bien visible. La plèvre arrachée est reconnaissable à ce fait que la surface interne de la paroi costale traitée a perdu le lisse et le brillant qui caractérisent les membranes séreuses. En outre, on trouve des vestiges de tissu fibreux arraché. En présence d'un raclage ou d'un arrachage complet de la plèvre, il est indiqué d'inspecter avec minutie les moindres parcelles de séreuse pleurale encore intacte et d'explorer les ganglions profonds de la région.

Les animaux atteints de cachexie et dits « mouillés » sont exposés aux courants d'air et essuyés à sec, de manière à tromper l'inspection. Il convient de compléter l'examen, en cas de suspicion, par l'exploration de la face interne de l'épaule. Les muscles fraîchement incisés donnent à la main la sensation d'un corps mouillé.

La *substitution* d'un organe sain à un organe malade ou défectueux constitue une fraude assez fréquente, lorsque l'inspection n'est pas permanente. Certains fraudeurs excellent à simuler l'adhérence naturelle du poumon aux quartiers de devant. Le poumon — tuberculeux le plus souvent — a été détaché ; on lui a substitué un poumon sain attaché à l'aide d'une cheville en bois placée dans la trachée ; la fraude est facile à découvrir, si l'on opère en personne l'ablation du poumon après l'inspection.

Parmi les fraudes employées pendant le travail de l'habillage, il en est qui ont pour but de modifier le rendement en viande nette ; dans le cas spécial de l'achat « à la livre », le prix ayant été établi d'après le cours du marché, sur l'animal vivant, le boucher peut avoir intérêt à tromper le vendeur : à cet effet, l'animal étant encore chaud, le dégraissage adroit permet d'enlever une partie de la graisse de couverture ; pendant la fente, on peut faire sauter des lamelles d'os ; on peut même enlever les rognons de chair, substituer une épaule à une autre...

Fraude portant sur la viande abattue au moment de la livraison. — La plus fréquente est celle qui consiste à tromper sur l'*espèce* animale ou sur le *sexe* des sujets.

On présente des *morceaux de vache pour du bœuf*, ou du *taureau au lieu de bœuf*. Lorsqu'on a affaire à des morceaux débités, il est difficile de s'y reconnaître. Si l'on a des morceaux de cuisse (tende de tranche) portant trace des vestiges d'organes sexuels, on peut établir facilement un diagnostic différentiel. Si ces signes manquent, il faut avoir une grande expérience pour déceler la fraude. L'épaisseur des muscles du cou, du garrot et des membres doit faire soupçonner l'existence de viande de taureau, ou de bœuf dit châtron (émasculation tardive)[1]. La couleur de la graisse, l'émaciation débutante des muscles des cuisses et de l'aloyau peuvent faire croire à une fourniture de viande de vache.

On présente souvent dans le commerce la *viande de chèvre pour celle de mouton*. Il ne faut pas perdre de vue le caractère empirique tiré de l'existence de poils à la surface de la viande de chèvre. On peut à la rigueur exiger que les fournisseurs d'hôpitaux, d'hospices, de l'armée, conservent à l'extrémité de la queue une faible partie de la toison.

Les fraudes constatées au moment de la livraison sont nombreuses. Il est difficile de les faire connaître toutes. Elles varient d'ailleurs suivant les circonstances et les lieux.

Un cas jadis fréquent était celui de la *substitution* d'une viande à une autre, *en cours de route*, entre l'abattoir et le quartier ou la caserne. Il est facile de prévenir la fraude, en faisant accompagner la viande et en estampillant à l'aide du timbre-rouleau semblable à celui qui est employé à Paris pour la marque de la viande de cheval destinée à l'Assistance publique.

Par suite de tolérances coupables, il arrive que le boucher qui sert de petites unités est autorisé à livrer la *viande désossée*. On peut être sûr que la fourniture, dans ce cas, est rarement satisfaisante. La proportion d'os est bien égale au minimum imposé, mais les os sont toujours de qualité inférieure: le boucher sert des os plats, des vertèbres, il évite de fournir les os de jointure et les os à moelle que la clientèle civile apprécie beaucoup.

---

1. Les bouchers s'efforcent de niveler les parties saillantes de manière à masquer les signes de la masculinité.

7

Nous avons déjà signalé au chapitre qui traite de la proportion d'os, la fraude qui consiste à *compter comme viande les cartilages* de prolongement des fausses côtes (« tendrons »).

Une autre fraude a été signalée au chapitre des *Catégories de viandes*. C'est la plus fréquente. Lorsque les personnes chargées de recevoir les viandes en morceaux débités n'ont pas toute la compétence désirable, le boucher s'en aperçoit vite et ne manque pas de servir des morceaux de poitrine en proportion exagérée. Pour une fourniture qui comporte environ le poids d'un bœuf moyen, on trouve plusieurs colliers, beaucoup de « gros bouts de poitrine », de flanchet...

Un *artifice de découpage* fréquemment usité consiste à dépouiller en partie certaines régions en vue d'augmenter le rendement en os. On coupe souvent les colliers de manière à supprimer une partie des muscles. On arrive ainsi à atteindre des rendements de 35 0/0 en os (Deysine). Lorsque la viande est chère, certains bouchers parisiens, au lieu d'augmenter les prix de vente au kilogramme, s'ingénient à modifier les coupes de boucherie à leur avantage. C'est ainsi que l'épaule de mouton est parfois taillée de telle façon que la partie antérieure du sternum et la dernière vertèbre du cou restent adhérentes. En vue d'éviter les fraudes qui pourraient porter sur le prélèvement de l'aloyau, pièce laissée à la disposition du boucher, la circulaire ministérielle du 22 avril 1908 a spécifié en son article 3 que « l'aloyau comprendrait les régions limitées par les coupes suivantes : en avant, par une section faite entre la 3ᵉ et la 2ᵉ avant-dernière côte ; en arrière, par une coupe passant par le milieu de l'os de la hanche ». Il ne peut donc s'agir de prélever un aloyau démesurément agrandi comprenant la culotte tel que celui de la coupe de Bordeaux (esquinos).

La fraude des *paillasses fourrées*, rare aujourd'hui, était jadis fréquente. Elle consiste à faire glisser entre les plans musculaires du morceau de la 3ᵉ catégorie appelé paillasse des fragments de viande inutilisables à l'étal, et de préparer, grâce à la compression, une sorte de bloc de chair d'un prix de revient faible.

Sur les marchés alimentaires des villes, il n'est pas rare de constater d'autres tromperies tendant à faire croire à l'acheteur que la marchandise est de meilleure qualité qu'elle ne l'est en réalité : la longe de veau, par exemple, est roulée sur elle-même, avec quelques bas morceaux (gîte) cachés au milieu ; au rognon de la longe de veau de belle apparence, on substitue un rognon d'animal jeune et dépourvu de graisse.

Les morceaux débités ne doivent jamais être préparés de manière à *masquer certaines défectuosités*. Lorsqu'il existe une coupe incomplète avec lambeau de chair faisant office de charnière, il est à craindre que les parties cachées ne soient pas irréprochables au point de vue de l'état de conservation (Barrier).

La recherche des fraudes en matière de conservation par les *antiseptiques* est difficile. Lorsqu'on soupçonne l'existence du trempage dans un bain de sulfite ou de bisulfite, il faut recourir aux prélèvements officiels, suivant les règles admises. On doit toujours comparer l'état de conservation des parties superficielles largement exposées et celui des parties situées au fond des replis que forment entre eux les plans musculaires.

L'usage de *fausses estampilles*, le décalque des marques officielles à l'aide de pomme de terre fraîchement coupée, de papier à cigarette ou même de la peau de la main ou de l'avant-bras et le transfert de l'estampille décalquée sur une viande non visitée par le service d'inspection, sont des fraudes d'un autre ordre. La dernière n'est pas possible lorsque les viandes sont marquées avec le timbre-rouleau[1] à date et à signes conventionnels mobiles interchangeables[2].

---

1. Voir à ce sujet le timbre-rouleau, l'estampille-rouleau et les autres marqués de même ordre.

2. Parmi les fraudes portant sur les abats, il convient de signaler la suivante : les bouchers soufflent d'une façon exagérée les poumons des moutons de forte taille, et font ensuite un nœud à la trachée de manière à maintenir l'insufflation ; les clients peu connaisseurs croient acheter du mou de veau, alors qu'ils n'ont que du poumon de mouton, généralement réservé aux carnassiers domestiques.

CHAPITRE VII

PRINCIPAUX TYPES DE VIANDES IMPROPRES
A LA CONSOMMATION

Sont déclarées impropres à la consommation les viandes insalubres et certaines viandes défectueuses.

L'armée, dans les contrats établis avec ses fournisseurs, exige des viandes de 2ᵉ qualité pour la fourniture de troupe et de 1ʳᵉ qualité pour la fourniture des hôpitaux.

Elle stipule que les viandes proviendront d'animaux sains. Par tolérance, elle admet les viandes de bovidés atteints de tuberculose extrêmement bénigne. Elle estime que la réglementation d'Etat ne peut lui donner pleine et entière satisfaction. Elle en a jugé ainsi en 1906 (règlement concernant les animaux tuberculeux présentés aux manœuvres) et en 1908 (inst. du 24 août).

La distinction entre les viandes insalubres et les viandes insuffisantes, déjà établie en 1300 et 1302 (Tanon), doit être conservée. Les unes sont saisissables et peuvent être détruites sur place ; les autres ont encore une valeur alibile et ne peuvent être saisies d'office. A côté des viandes insuffisantes viennent se ranger celles qui sont répugnantes ; l'ensemble forme le groupe des viandes défectueuses que les services d'inspection ont l'habitude de retirer du commerce ordinaire.

Viandes insalubres. — Nous avons donné dans *les Abattoirs publics* (t. II, Dunod, 1906) une classification des viandes insalubres au point de vue des motifs de saisie. Nous ne pouvons qu'y renvoyer le lecteur. Nous nous contentons de rappeler les grandes lignes. On distingue en effet :

1° Les *viandes provenant d'animaux malades* :

a) Altérations dues à des *parasites du règne animal*. Exemples : ladrerie du porc, fréquente en Auvergne et dans le Plateau Central ; ladrerie du bœuf, fréquente dans l'Afrique du Nord ; trichinose ;

b) Altérations dues à des *parasites du règne végétal*. Exemples : maladies microbiennes dues aux algues bactériacées (fièvre charbonneuse, tuberculose, morve, rouget, charbon symptomatique, ...) ;

c) Altérations dues à des *causes étrangères au parasitisme*. Exemples : maladies aiguës, accidents (viandes saigneuses, ...), maladies chroniques (viandes hydrohémiques, ...), intoxications (viandes d'animaux surmenés, ...), empoisonnements, ... ;

2° Les *viandes présentant des altérations post mortem, ou cadavériques* :

a) Viandes d'animaux malades. Exemple : maladies du tube digestif (viandes fermentées à odeur de fièvre) ;

b) Viandes d'animaux sains. Etude des putréfractions.

Cette classification suppose que l'inspection est toujours faite avant et après l'abatage. Mais il est des cas (viandes des campagnes entrant dans les villes) où l'inspection s'exerce sur les viandes longtemps après l'abatage, en l'absence des principaux viscères. Envisagée à ce point de vue, la classification des viandes insalubres peut comprendre les principaux types de viandes suivants :

1° Viandes *parasitées* ;

2° Viandes *microbiennes* (avec ou sans possibilité de transmission de maladie à l'homme) ;

3° Viandes *saigneuses* ;

4° Viandes d'*animaux surmenés* ;

5° Viandes *ictériques* ;

6° Viandes *hydrohémiques* ;

7° Viandes *fermentées*, dites à odeur de fièvre ;

8° Viandes *corrompues*.

Viandes parasitées. — *Ladrerie.* — La viande de porc peut présenter, dans les muscles, sous la plèvre, sous la muqueuse du frein de la langue de petites vésicules blanc grisâtre, molles, un peu

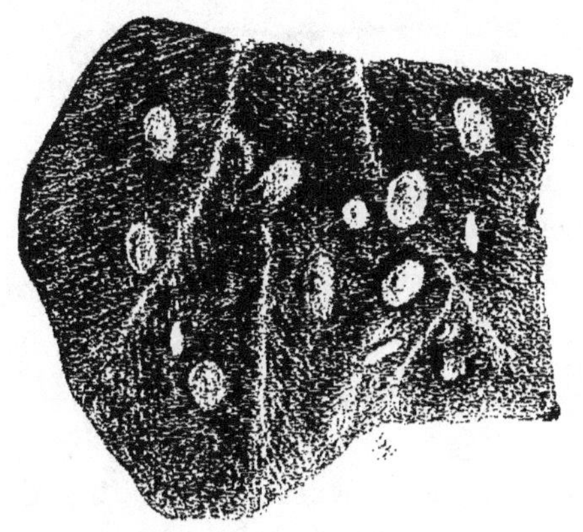

Fig. 85. — Muscle de porc envahi par la ladrerie.

tremblotantes, ovoïdes, allongées dans le sens de la longueur des fibres musculaires. Chaque vésicule ou « grain de ladre » peut avoir de 6 à 20 millimètres de large ; elle offre une tache blanche très accusée qui correspond à la tête du parasite. Du liquide clair et limpide remplit les vésicules. Celles-ci, parfois très abondantes dans les muscles, s'affaissent lorsqu'on les incise (ladrerie ordinaire).

Lorsqu'on a affaire à de vieux parasites et que l'invasion calcaire a fait son œuvre, les vésicules sont ratatinées ; on note des amas durs au sein des muscles (ladrerie sèche).

Le cysticerque — c'est le nom qu'on lui donne en zoologie — lorsqu'il est encore vivant peut donner le ténia ou ver solitaire aux personnes qui ingèrent la viande crue, ou mal cuite.

Les cysticerques sont tués par le froid (à 1°,-25° pen-

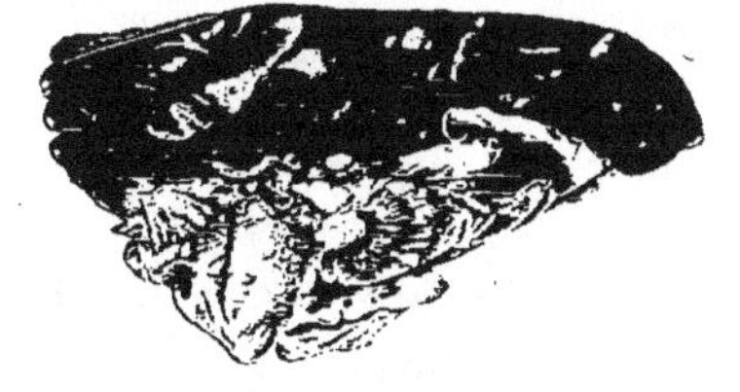

Fig. 86.
Foie de bœuf porteur d'abcès dits de nécrose.

dant trois semaines). Cette propriété est utilisée par les règlements allemands qui prescrivent le maintien des viandes à assainir à 4°, l'air des chambres ayant 75 degrés hygrométriques. D'après Musmacher, l'air humide à 80 degrés convient mieux.

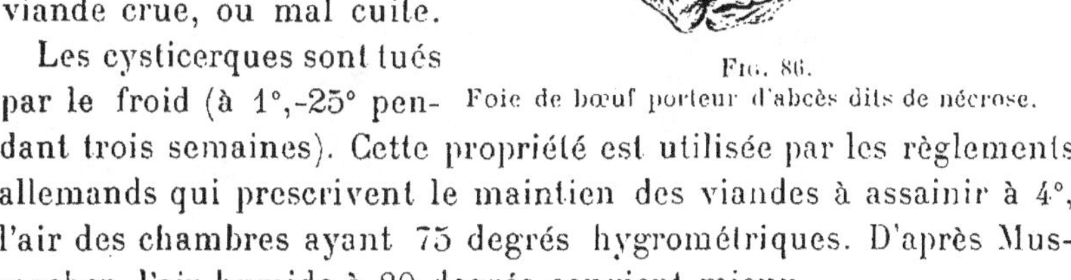

La ladrerie est rare. Elle est surtout observée en Auvergne, en Corrèze, partout où les porcs vont aux champs et à la prairie et sont exposés à ingérer les œufs de ténia provenant des personnes atteintes. Les progrès de l'hygiène générale en France ont singulièrement réduit l'étendue du mal.

Ceux qui trafiquent de la viande ladre ne peuvent ignorer la nature de la maladie. Ils savent que la viande est corrompue par suite de l'existence de ces kystes

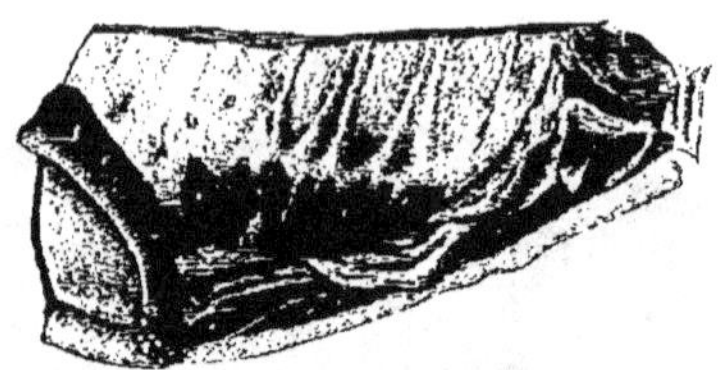

Fig. 87. — Grains de ladre ou cysticerques chez le porc.

parasitaires faciles à distinguer lorsqu'ils sont abondants et jeunes, et qu'elle est manifestement insalubre.

La ladrerie du bœuf et du veau est observée assez rarement, parce que le nombre des parasites est toujours restreint et que l'inspection méthodique des bovidés laisse souvent à désirer. L'examen approfondi du cœur et des muscles, notamment de ceux des mâchoires, permet de trouver des cas qui passeraient facilement inaperçus à l'observateur non prévenu[1].

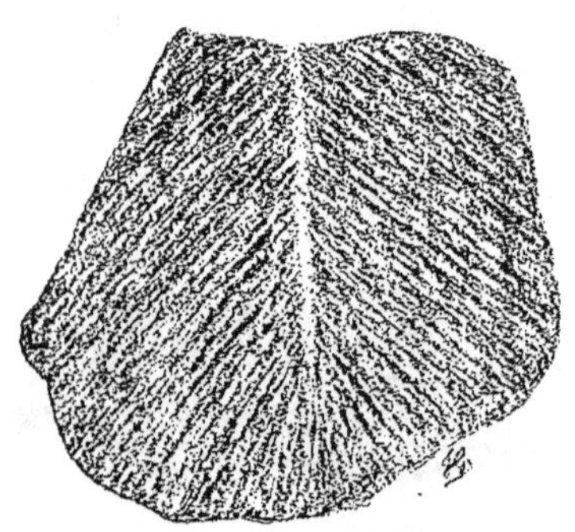

Fig. 88. — Muscle de porc envahi par les sarcosporidies ou psorospermies.

Le cysticerque du bœuf forme une vésicule peu apparente ; il a une tête sans crochets ; ses dimensions sont faibles (3 millimètres sur 5 à 8). Au contact de l'air, la vésicule ladrique du bœuf s'affaisse vite, même lorsqu'elle n'est pas incisée. On note une tache blanche qui correspond à la tête du parasite ; cette tache siège dans la partie la plus renflée.

Quoique le cysticerque du bœuf soit rarement rencontré en France, le ténia qui lui correspond (ténia inerme, sans crochets) est fréquent. Il est à souhaiter de voir l'emploi des chambres froides se

---

1. En Allemagne où l'inspection est obligatoire sur toute l'étendue du territoire, on trouve 3 bovidés ladres sur 1.000 examinés (0,32 0/0 en 1904 ; 0,34 en 1905 ; 0,32 en 1906).

généraliser ; la conservation des viandes en salles réfrigérées à 2° assurera un assainissement de viandes parasitées et une rapide diminution du ténia inerme.

Les bovidés de l'Afrique du Nord sont souvent infestés. On ne saurait trop prendre de précaution lorsqu'il s'agit d'employer la viande des bœufs du Maroc, de l'Algérie, de la Tunisie, de l'Abyssinie...

La *trichine musculaire* est aussi un parasite rencontré dans la viande de porc. On n'observe pas d'épidémies de trichinose humaine

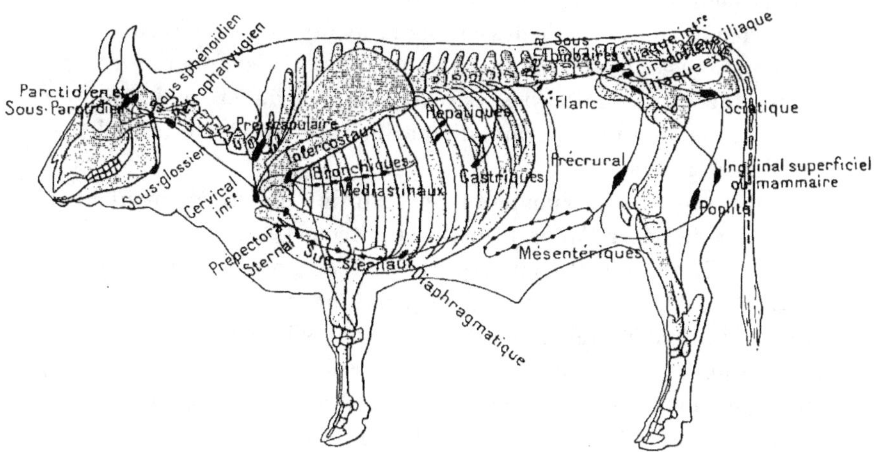

Fɪɢ. 89. — Schéma montrant les ganglions lymphatiques du bœuf.

en France ; cependant quelques cas sont signalés. Les viandes de porc livrées à l'armée pourraient être, comme en Allemagne, soumises à l'examen trichinoscopique. L'usage de viandes de porc cuites à point prévient le danger de l'infestation.

Vɪᴀɴᴅᴇs ᴍɪᴄʀᴏʙɪᴇɴɴᴇs. — Bien souvent rien ne permet de dire, au seul examen ordinaire de la viande, que des bactéries (microbes) nuisibles existent (voir à ce sujet : Sacquepée, les empoisonnements alimentaires, livre de 96 pages analysé dans l'*Hygiène de la vache et du lait*, 1909). Les viandes microbiennes, lorsqu'il s'agit d'affections aiguës, attirent généralement l'attention par leur couleur plus ou moins rouge (congestion...).

Rouget. — Tout porc qui tombe malade et qui présente des taches rouges du côté de la peau doit être soupçonné de rouget. La maladie ne respecte pas toujours les jeunes animaux. Les plaques cutanées arrondies ou plus ou moins rectangulaires sont toujours nettement délimitées ; elles ont une coloration rouge foncée et sont marbrées de taches brunes parfois confluentes. Les animaux sont souvent sacrifiés au moment des poussées de rouget sévissant sous la forme grave, et parfois même tout à fait au début avant l'apparition des signes de la peau. Dans tous les cas, la saignée présente quelque difficulté ; la viande est plus ou moins riche en sang ; le lard n'est jamais bien blanc.

La viande comme celle des animaux asphyxiés se corrompt vite. Le rognon est plus ou moins hémorragique. L'examen microscopique y décèle les microbes caractéristiques de la maladie. Une analyse plus complète permet d'identifier à coup sûr le microbe ou bacille du rouget.

Le transport de la viande de porc atteint de rouget peut avoir pour effet de hâter l'apparition de la putréfaction.

Quoiqu'il en soit, la viande provenant de porc malade de rouget est une viande corrompue au sens juridique du mot. Les personnes qui manipulent de telles viandes peuvent s'infecter, ceux qui les consomment peuvent contracter des troubles digestifs graves. Ceux qui expédient ces viandes, même lorsqu'elles proviennent d'animaux sacrifiés au début de la maladie, livrent un produit insalubre et déclaré tel par l'article 42 de la loi du 21 juin 1898 sur le Code rural.

Tuberculose. — Maladie microbienne transmissible des animaux à l'homme, fréquente chez les bovidés et les porcs. Elle est caractérisée par des tubercules ou néoformations rencontrées de préférence dans les ganglions (glandes ou noix des bouchers) ou sur les séreuses (face interne de la poitrine et de l'abdomen). Le poumon et le foie sont souvent atteints.

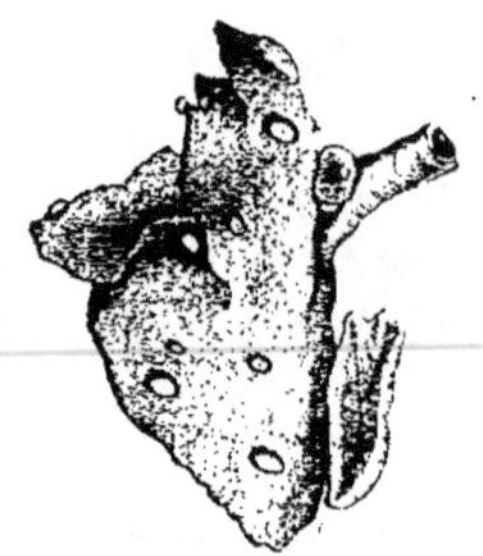

Fig. 90. — Lésions tuberculeuses du poumon du veau et des ganglions bronchiques médiastinaux.

Les bouchers arrachent quelquefois la plèvre ou membrane séreuse qui tapisse la face interne des côtes dans le but de supprimer les lésions tuberculeuses qui ont pu s'y développer. Ceux qui expédient des viandes ainsi préparées contrairement aux règlements et aux lois savent qu'ils livrent à la consommation des viandes corrompues par la maladie. Les viandes provenant d'animaux tuberculeux doivent toujours être l'objet d'un

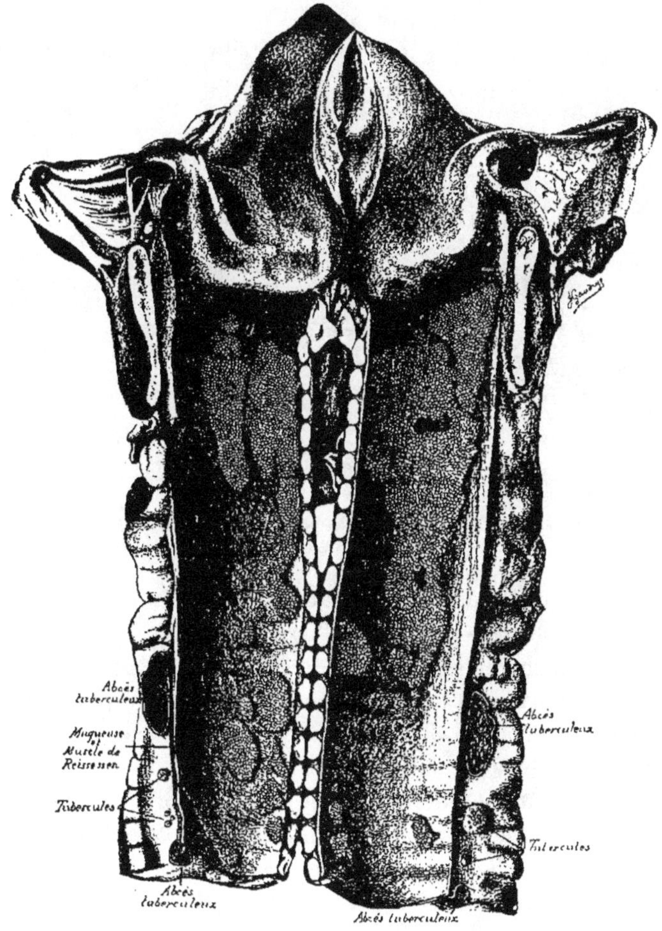

Fig. 91. — Lésions tuberculeuses de la trachée chez la vache.
(D'après l'*Hygiène de la viande et du lait*. 1909, p. 99.)

examen de la part du vétérinaire, qui seul peut être juge de la conduite à tenir à leur égard.

Fièvre charbonneuse. — Le bœuf, le mouton peuvent être frappés soudainement. La maladie est très alarmante dès le début ; sous le nom de « coup de sang », les propriétaires désignent plusieurs affections au nombre desquelles il convient de comprendre la fièvre charbonneuse ou sang de rate. Ce dernier nom lui est donné parce que, à l'autopsie des animaux, la rate apparaît plus ou moins volumineuse, très friable et gorgée de sang.

Au début de la maladie, lorsque le sacrifice a été pratiqué assez à temps, la viande peut avoir de belles apparences (les animaux

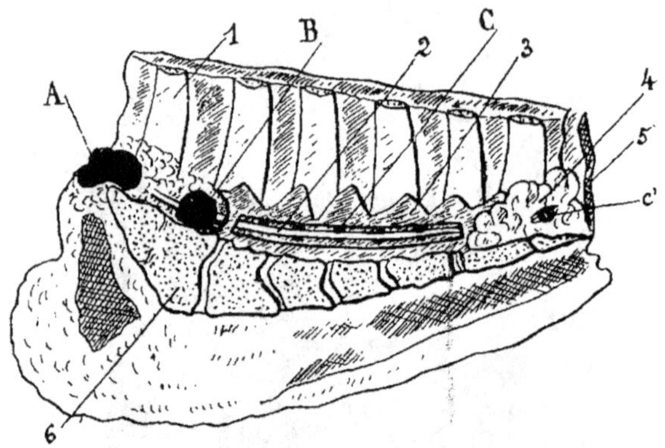

Fig. 92. — Ganglions [1] du gros bout de poitrine.
(D'après l'*Hygiène de la viande et du lait*, 1907, p. 99.)

bien gras semblent moins résistants). La viande présente parfois des caractères qui peuvent induire en erreur.

La viande charbonneuse, même de belle apparence, se conserve mal. Il suffit souvent d'une nuit en chemin de fer pour voir survenir une putréfaction de la viande ou une accentuation très marquée des altérations musculaires.

Ceux qui sacrifient à la hâte des animaux dont la maladie au début est restée assez imprécise, même après l'examen des viscères, doivent savoir qu'ils s'exposent gravement aux poursuites judiciaires, qu'ils envoient la viande vers les grands centres ou qu'ils la livrent sur place à la consommation.

La fièvre charbonneuse est transmissible à l'homme.

Charbon symptomatique. — Les bovidés, depuis l'époque où ils vont au pâturage jusqu'à l'âge de trois ou quatre ans, contractent

1. A, Ganglion prépectoral ; B, g, sternal ; C, g. de la chaîne thoracique ; C', g, diaphragmatique ; 1, 1re côte ; 2, vaisseaux thoraciques ; 3, muscle triangulaire ; 4, graisse ; 5, diaphragme ; 6, 1re pièce du sternum.

facilement, en pays infectés, une maladie charbonneuse qui se traduit par le développement d'une ou de plusieurs tumeurs plus ou moins volumineuses, dans l'épaisseur des muscles.

Les tumeurs en question sont caractérisées par l'existence de gaz dans leur intérieur : elles donnent aux doigts qui les palpent la sensation très nette de crépitation. Leur tissu est noir et friable. Il s'en dégage parfois une odeur de beurre rance tout à fait spéciale.

Même en l'absence des lésions ci-dessus décrites, la viande qui

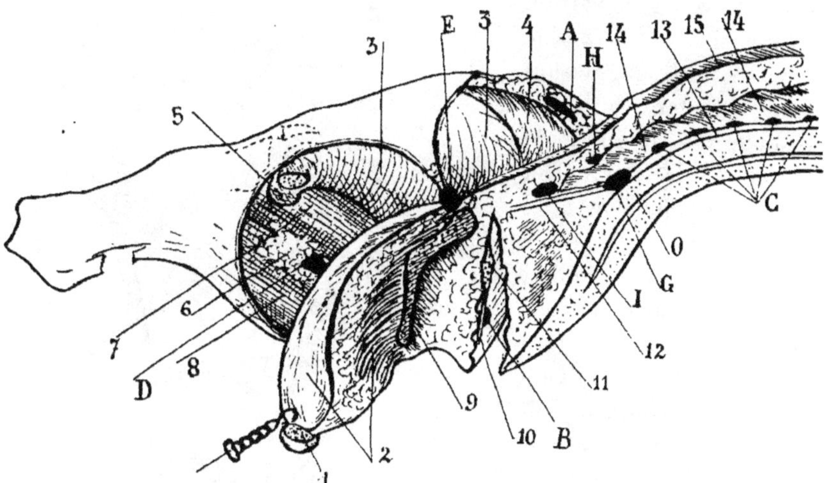

Fig. 93. — Ganglions [1] du quartier de derrière.
(D'après l'*Hygiène de la viande et du lait*, 1907, p. 101.)

provient d'un animal atteint de charbon symptomatique est surcolorée, parce que plus ou moins riche en sang. L'inspecteur des viandes y trouve les lésions spécifiques de la maladie.

La viande en question se corrompt dans un court laps de temps après l'abatage.

Les personnes qui abattent des veaux ou des bovidés atteints de charbon symptomatique, affection facile à reconnaître, n'ignorent pas que la viande est déjà corrompue : cette maladie constitue une véritable fermentation des muscles sur l'animal vivant.

Suppuration du rein (ou rognon). — Les bovidés adultes, notam-

1. A, ganglion précural ; C, g. sous-lombaires ; G, g. iliaque interne ; I, g. iliaque externe ; H, g. circonflexe iliaque ; B, g. ischiatique ; D, g. poplité ; E. g. inguinal ou mammaire.

ment les vieilles vaches amaigries, présentent avec une certaine fréquence des lésions des reins. Celles-ci peuvent avoir un grand retentissement sur l'état général du sujet.

L'une des formes les plus graves de la suppuration des reins consiste dans l'existence d'une néphrite avec dilatation du bassinet (cavité intérieure du rein).

La maladie qui a précédé par voie ascendante, c'est-à-dire de la vessie vers les reins, gagne souvent ces deux organes, trouble les fonctions de sécrétion de l'urine et provoque l'épuisement et le marasme.

Toute vache vieillie, amaigrie, sans lésions apparentes graves du côté des viscères digestifs et thoraciques doit être examinée attentivement dans son rein. Souvent cet organe est déformé. Le bassinet, dilaté aux dépens du tissu sécréteur du rein, contient du pus en plus ou moins grande quantité.

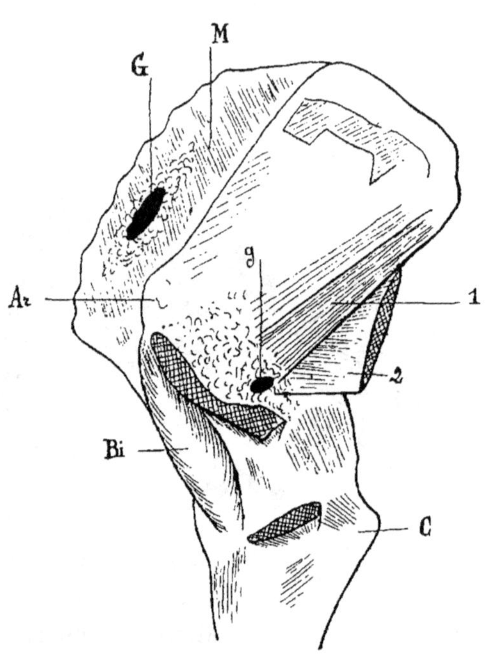

Fig. 94. — Ganglions[1] du « paleron ».
(D'après l'*Hygiène de la viande et du lait*, 1907, p. 103.)

Lorsque les animaux sont amaigris, que les muscles sont émaciés notamment du côté du dos et des lombes, et que l'état général est mauvais, la viande est impropre à la consommation. Elle peut devenir dangereuse en raison de la facilité avec laquelle elle s'altère.

Suppuration de l'ombilic des veaux. — Quelques jours après la

1. G, ganglion préscapulaire; g, ganglion brachial; Bi, biceps; Ar, articulation scapulo-humérale; M, muscle mastoïdo-huméral; 1, muscle grand rond; 2, muscle grand dorsal.

naissance, l'ombilic du veau devient parfois le siège d'une inflammation grave qui peut aboutir à une véritable infection générale.

Sacrifiés *in extremis* à ce moment de la maladie, les veaux donnent une viande qui peut être dangereuse pour l'homme.

Les propriétaires et les bouchers qui trafiquent des veaux malades dans ces conditions savent bien qu'ils livrent à la consommation des produits insalubres. Ils savent aussi que de telles viandes se corrompent avec une facilité remarquable.

En principe, toute viande provenant de veau malade peut déterminer des intoxications alimentaires graves.

Arthrite des veaux et des chevreaux[1]. — Cette affection est très commune chez les animaux mal soignés dont l'ombilic a été infecté à la naissance.

Les articulations deviennent le siège d'inflammations plus ou moins nettes. Du pus se forme dans les jointures. Celles-ci se déforment. La surface des articulations devient dépolie. Le pus est plus ou moins verdâtre. Les lésions sont compatibles

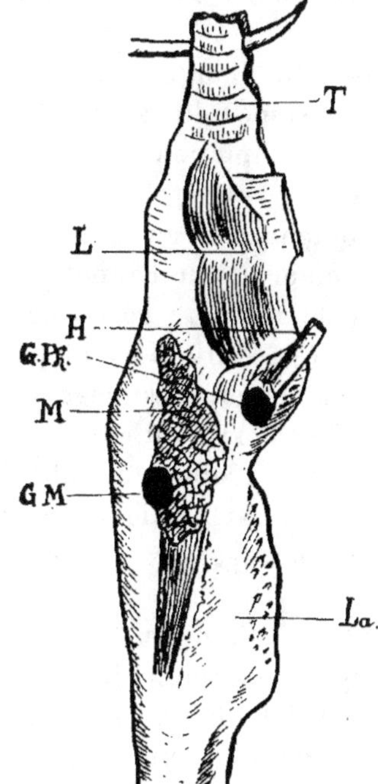

Fig. 93. — Ganglions de la langue[2].
(D'après l'*Hygiène de la viande et du lait*, 1907, p. 105.)

avec un certain degré d'embonpoint.

Nombre d'intoxications alimentaires chez l'homme tiennent à l'usage de viande de veau atteint de maladie des articulations.

La viande de veau ou de chevreau atteints d'arthrite est insalubre au premier chef.

Diarrhées. — Les veaux et les bovidés adultes sont parfois atteints de diarrhée chronique incurable. Les propriétaires se

1. Voir Godbille, *l'Hygiène de la viande et du lait* 1909, p. 1.
2. GM, ganglion maxillaire; M, glande maxillaire; GPh, g. pharyngien; La, langue; H, hyoïde; T, trachée; L, larynx.

résolvent à l'abatage parce que la guérison est impossible. La viande de ces animaux peut avoir l'aspect d'une viande de qualité inférieure sans présenter toujours les signes très manifestes et caractéristiques de la maladie.

Généralement la viande est riche en eau et rentre dans le groupe des viandes cachectiques. Elle s'altère vite.

L'abatage opéré dans les conditions ci-dessus indiquées laisse à penser que les intéressés n'ignorent pas l'existence de la maladie et qu'ils livrent une viande impropre à la consommation et susceptible de provoquer de graves intoxications.

Météorisation. — Les bovidés et les moutons mis au pâturage sur les trèfles et les luzernes à certains moments de l'année, ou placés dans d'autres conditions spéciales de moindre résistance, présentent des troubles digestifs caractérisés essentiellement par la fermentation des aliments dans le rumen (premier estomac des ruminants). L'abdomen se ballonne d'une façon extraordinaire.

Les animaux frappés avec une soudaineté remarquable succombent par asphyxie. Parfois les intéressés interviennent en pratiquant une ouverture dans le flanc gauche pour livrer passage aux gaz accumulés.

La viande de ces animaux sacrifiés *in extremis*, et souvent dans de très mauvaises conditions, est toujours rouge et plus ou moins riche en sang. Elle dégage une odeur excrémentitielle ou d'herbe fermentée *sui generis*. Elle entre en putréfaction avec une rapidité remarquable. La corruption existe d'une façon très nette à la fois au sens propre et au sens juridique du mot.

La viande en question est impropre à la consommation, parce qu'elle est plus ou moins envahie par diverses bactéries et qu'elle présente un vice caché (mauvaise odeur dégagée à la cuisson). Elle n'offre pas toujours les caractères des viandes manifestement dangereuses.

Les intéressés n'ignorent pas, d'une part, la nature de la maladie, d'autre part l'existence d'une corruption déjà commencée ; celle-ci est caractérisée par la fermentation des aliments et par l'apparition des symptômes d'asphyxie et d'auto-intoxication. Ils savent aussi que les altérations des viandes feront des progrès considérables et rapides.

Il faut ajouter à cela que souvent l'éther, l'ammoniaque ou d'autres remèdes ont été administrés pour combattre la maladie et ont communiqué à la viande une odeur désagréable, surtout perceptible au moment de la cuisson.

Accidents de parturition. — La parturition est quelquefois laborieuse, surtout chez les jeunes vaches. Les manipulations auxquelles on se livre dans ce cas ont souvent pour effet de déterminer des traumatismes de la matrice, des inflammations graves consécutives avec ou sans retentissement sur le péritoine (séreuse de la cavité abdominale).

En désespoir de voir guérir les animaux, le sacrifice d'urgence est souvent décidé. Les altérations surtout localisées au bassin sont toujours faciles à retrouver après l'abatage et la préparation des sujets.

Les microbes de la suppuration, les bactéries d'infection très diverses trouvent dans la matrice ainsi maltraitée et dans les tissus avoisinants meurtris un excellent terrain pour se développer.

Nombre d'intoxications alimentaires n'ont pas d'autre origine que l'usage des viandes provenant de vaches sacrifiées à la suite d'accidents de parturition.

Ceux qui livrent les viandes provenant d'animaux considérés comme incurables dans de telles conditions ne peuvent pas ignorer qu'ils ont affaire à des produits éminemment corruptibles, provenant de sujets gravement accidentés.

PRINCIPAUX TYPES DE VIANDES FORAINES INSALUBRES. — Certains animaux abattus dans la campagne et expédiés à destination des villes (viandes foraines) présentent un aspect rougeâtre, ont des vaisseaux encore gorgés de sang et reçoivent l'épithète de *viandes saigneuses*. L'émission sanguine incomplète peut être la conséquence d'une saignée exécutée par un boucher maladroit ou par une main inexpérimentée. Le plus souvent elle traduit la hâte que l'on a mise à sacrifier d'urgence un animal victime d'accident ou sous le coup d'une affection grave (congestion, asphyxie,...).

Le transport et le temps qui s'écoule entre l'abatage et l'arrivée aux halles des grandes villes sont deux facteurs qui accentuent les altérations de la viande.

On note l'existence de riches arborisations vasculaires du tissu conjonctif, surtout aux aines et sous les épaules. Les ganglions lymphatiques et la moelle des os longs sont hémorragiques. Les os courts ont leur tissu spongieux plus ou moins rouge, parfois un peu noirâtre. Les muscles sont surcolorés. La fibre musculaire a perdu son brillant. Les reins sont aussi plus ou moins congestionnés.

La putréfaction envahit vite les vaindes saigneuses.

Les viandes d'animaux sacrifiés *in extremis* sont souvent le point de départ d'intoxications alimentaires.

Viandes fatiguées ou surmenées. — Les animaux sains doivent avoir été mis au repos pendant quelques jours avant l'abatage si l'on veut obtenir une viande ayant toutes les qualités marchandes : belle apparence de la graisse, muscle exsangue, viande « claire », n'offrant aucun ton blafard sur la coupe...

Les animaux surmenés par une course folle, par un séjour prolongé en wagon, à la suite d'accidents divers (animaux piétinés, entassés pendant le transport...) fournissent une viande dont la couleur va du brun jusqu'au noir très accusé. Les muscles des animaux fatigués ont un aspect spécial qui font dire aux bouchers que « la viande ne tombe pas claire ». Lorsque la fatigue est extrême, la viande est collante, compacte, élastique, comme gommeuse, au point qu'un morceau, même assez lourd, projeté sur une partie en élévation (mur ou plafond) y reste adhérent. Le muscle sec sur la coupe ne donne pas de suc, même sous forte pression mécanique[1]. Broyé, il absorbe beaucoup plus d'eau que ne peut le faire le muscle ordinaire. La fibre musculaire est moins résistante.

On note en outre de la congestion (vaisseaux capillaires gorgés de sang) du tissu cellulaire et de la graisse, des caillots sanguins plus ou moins diffluents dans les vaisseaux, une coloration noire des os spongieux. Le bouillon obtenu est très acide et se conserve mal. De telles viandes s'altèrent vite, sont indigestes et, jusqu'à un certain point, peuvent être toxiques.

Ceux qui les préparent et ceux qui les livrent à la consommation ne peuvent ignorer la nature des altérations en question, ni la facilité avec laquelle ces viandes se corrompent.

Viandes ictériques. — Il s'agit ici d'un mode spécial d'auto-intoxication des animaux. L'ictère ou jaunisse provient de troubles du côté des fonctions du foie.

On note une coloration jaune verdâtre des tissus blancs (conjonctif, adipeux, tendineux ; séreuses, muqueuses, ...). L'action de la

1. L'analyse permet néanmoins de trouver 7 0/0 d'humidité.

lumière solaire ne détruit pas cette coloration verdâtre. Au contraire, certaines viandes provenant d'animaux alimentés dans des conditions encore mal définies ont une teinte jaune verdâtre qui disparaît sous l'action de la lumière. Ces viandes ne sont pas nuisibles.

Viandes cachectiques. — Les animaux peuvent être cachectiques par vieillesse ou par privations (atrophie des muscles, disparition de la graisse, ...). Les viandes qu'ils fournissent ont mauvaise apparence. Elles ne sont pas dangereuses.

Il en est autrement lorsque la cachexie est observée sur des sujets amaigris à la suite de maladies chroniques simples (tuberculose, diarrhée, ...) ou compliquées (lésions parasitaires du foie, ...).

Deux cas sont observés. La cachexie est dite sèche ou humide.

Dans la *cachexie sèche*, la graisse ne fait presque jamais défaut; elle est sèche au toucher, comme farineuse, et s'écrase facilement sous le doigt; elle a perdu son onctuosité normale.

Chez le mouton, la graisse peut se présenter par îlots offrant les mêmes caractères de sécheresse, de blancheur de craie et de défaut d'onctuosité. Chez les bovidés qui souffrent d'hématurie (pissement de sang), les os sont blancs, plus friables, le sang est aqueux, peu coloré, le foie est parfois jaunâtre et friable avec de petits foyers hémorragiques, le muscle est un peu humide, la graisse apparaît jaunâtre et sèche.

Dans la *cachexie humide* ou *hydrohémie* (affections chroniques : entérite, affections parasitaires, maladies microbiennes, ...), on trouve encore une certaine décoloration générale des muscles à laquelle se surajoute une abondante infiltration de sérosité entre les plans musculaires et jusque dans la masse des muscles. La viande donne l'impression d'un tissu mouillé et une sensation de froid humide, d'où le nom de « viande mouillée » donné par les bouchers. En fait, l'analyse y décèle jusqu'à 83 0/0 d'eau (H. Martel). Chez les animaux hydrohémiques, le refroidissement de la viande après l'abatage s'effectue vite, même dans les cuisses. Le muscle est atrophié à un degré plus ou moins marqué, suivant la durée de la maladie et le degré de résistance des animaux. La graisse disparaît d'une façon presque complète : il ne reste qu'un tissu cellulaire gris ou jaunâtre, sorte de stroma mou et diffluent gorgé de sérosité. La surface interne du gîte-à-la-noix fournit de bonnes indications à ce sujet. Les os longs (fémur, tibia, humérus, radius) renferment, au lieu d'une moelle figée, ferme et dense, une gelée sans consistance. Le sang est pauvre, peu coloré. Les muscles ne se raffermissent jamais après l'abatage (absence de rigidité cadavérique par coagulation du suc des fibres musculaires). Toute viande qui, dans les douze heures qui suivent l'abatage, ne s'est pas raffermie, doit donc être tenue pour suspecte.

Ces caractères très apparents ne peuvent échapper au boucher le moins prévenu. Ceux qui abattent des animaux atteints d'affections chroniques et tombés dans un tel marasme ne peuvent ignorer la nature des altérations qu'ils rencontrent. Tous savent apprécier notamment le degré de consistance de la moelle des os. Les bouchers disent de ces animaux qu'ils *n'ont pas la moelle.*

Ces viandes hydroémiques constituent un excellent terrain de culture pour nombre d'espèces microbiennes.

Viandes fermentées, à odeur de fièvre. — Elles sont dites « fiévreuses », parce qu'elles dégagent, à la coupe, une odeur très fugace qui rappelle l'haleine des fébricitants. L'odeur est fade, écœurante ; elle rappelle plutôt les vapeurs chloroformiques et donne comme elles une impression gustative de substance sucrée (Piettre).

C'est une erreur de croire que les viandes fermentées, dites fiévreuses, proviennent d'animaux sacrifiés en cours de fièvre. L'expérience démontre que ce sont surtout les affections du tube digestif (coliques, congestions, diarrhée, …) qui déterminent cet état particulier.

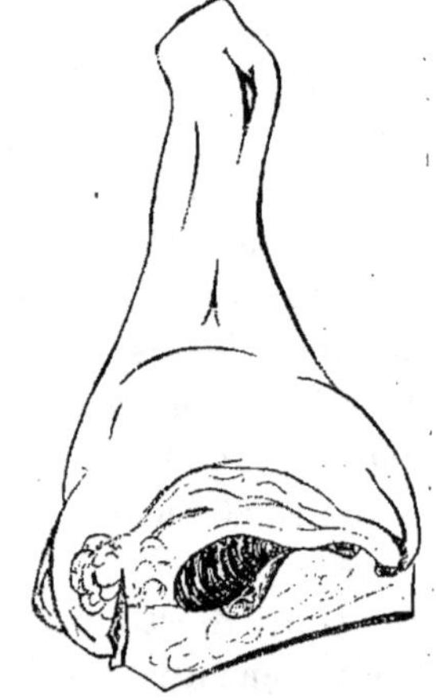

Fig. 96. — Cuisse de bœuf. Viande fermentée, à odeur de fièvre.

Les viandes fermentées sont caractérisées en outre par *l'abondance du suc musculaire,* la *flaccidité des chairs* et la *coloration rouge intense que prend la viande après l'exposition à l'air.*

On obtient jusqu'à 25 et 30 0/0 de suc musculaire sous l'influence de faibles pressions mécaniques. Le « jus » de la viande est acide. Les séreuses sont dépolies et comme imbibées par la sérosité.

La mollesse spéciale des muscles est bien facile à apprécier, notamment du côté des cuisses (*fig.* 96). Celles-ci, accrochées par le jarret, montrent les masses musculaires de la face interne affaissées au point de déborder la ligne de section de l'os du bassin.

Le muscle fermenté a une teinte terne, un peu ocreuse sur la coupe fraîche; l'oxygène de l'air avive la coloration du muscle, et celle-ci devient rouge saumon.

Il est à noter que les viandes fermentées se putréfient vite. Il faut rattacher à la putréfaction au début les tons grisâtres (lisérés) observés à la périphérie des coupes de certains muscles « fiévreux » (Villain).

Les altérations du muscle « fermenté » s'accentuent vite avec le temps, même lorsque les viandes sont maintenues à basse température (Huon).

Ceux qui expédient des viandes provenant d'animaux atteints de maladies graves des organes de la digestion (météorisations même au début, indigestion, ...) s'exposent à voir ces viandes fermenter et se corrompre de cette façon.

Ils ne peuvent ignorer la nature de la maladie, qui parfois ne pourra être bien précisée par les inspecteurs des viandes foraines dans les villes. Ils savent que la corruption de la viande déjà établie au moment de l'abatage ne pourra que s'accroître sous l'influence des manipulations et du transport. Ils livrent une viande insalubre capable de déterminer des troubles digestifs graves.

Viandes corrompues. — La corruption au sens propre du mot s'entend des produits altérés par suite de l'invasion microbienne. Elle est plus facile et plus rapide lorsqu'il s'agit de viandes provenant d'animaux malades. L'existence du sang en plus ou moins grande abondance dans les vaisseaux permet de comprendre les différences notables qui existent, au point de vue de la durée du temps de conservation, entre les viandes d'animaux bien saignées, et celles de sujets malades et presque toujours insuffisamment saignés.

Même lorsqu'elles ont le meilleur aspect, les viandes provenant d'animaux malades se corrompent rapidement. Il arrive que les viandes examinées au lieu d'abatage, en province, paraissent saines, et que, transportées à quelques centaines de kilomètres en moins de vingt-quatre heures, elles présentent des signes d'altération. Le fait se produit surtout en été, au cours des temps orageux.

La corruption s'établit soit de la surface des morceaux vers le centre, soit des parties centrales vers les régions périphériques. Le premier mode s'observe surtout sur les viandes d'animaux sains.

Le second mode de putréfaction caractérise soit les infections latentes, soit les invasions microbiennes en cours de maladie, surtout à la période préagonique.

Les signes présentés par les viandes corrompues sont : l'odeur d'abord désagréable (dit de relent) et plus tard pénétrante et nauséabonde (« avarie très marquée »); la mollesse et la friabilité et, dans certains cas, une sorte de liquéfaction des couches superficielles; la coloration verdâtre ou verte très accusée.

Il faut se garder de considérer, comme signe de la putréfaction avancée, certains tons verdâtres des aponévroses (muscles des jambes), observés en été surtout, lorsque la viande n'a pas été suffisamment aérée. Certaines altérations de surface disparaissent vite par l'exposition à l'air. On ne perçoit plus l'odeur de relent, même après quelques minutes de ventilation.

On doit se montrer sévère à l'égard des viandes en voie de putréfaction; même lorsque les signes ordinaires de la corruption se sont effacés, l'invasion microbienne continue son œuvre.

La décomposition du muscle commence souvent au voisinage des os, surtout chez les porcs alimentés avec des résidus organiques riches en azote et plus ou moins fermentés ; on la voit aussi débuter dans le bassin, autour de la graisse de rognon, de préférence le long des vaisseaux et au voisinage de la saignée.

Les régions ensemencées par les outils malpropres employés au cours du travail de l'habillage sont plus facilement frappées. Le « collet » de mouton s'altère vite en été, parce que l'ouvrier tueur se sert généralement du « fusil » pour détruire la moelle épinière, et empêcher les mouvements des membres, aussitôt après la saignée par jugulation.

Les viandes corrompues donnent un bouillon louche, d'une saveur désagréable et d'une conservation difficile. Rôties, elles dégagent une odeur détestable.

La viande devenue verte et mal odorante est dangereuse L'odeur qu'elle dégage provoque même des accidents diarrhéiques bien connus des habitués de l'amphithéâtre d'anatomie et des inspecteurs sanitaires de la boucherie.

La mise en vente de viandes ainsi avariées ne peut être ignorée du boucher. La fraude est manifeste lorsque le commerçant cherche à vendre la viande altérée à un prix moindre et le plus souvent sous une forme qui permet de masquer son état réel (gigot mis en morceaux vendus en ragoût, ...).

Viandes défectueuses. — On est mal fixé sur la démarcation à établir entre les viandes insalubres et les viandes défectueuses. Cependant la nécessité de maintenir une telle distinction, proposée pour la première fois par nous dans nos conférences à l'Institut Pasteur en 1901 (*Revue générale de chimie pure et appliquée*), commence à être admise par les auteurs (Panisset, A. Carrière, ...).

Parmi les viandes défectueuses, dépourvues de toute virulence et de toute toxicité, on doit admettre au moins trois groupes : les viandes insuffisantes, les viandes répugnantes et les viandes assainies.

VIANDES INSUFFISANTES. — Sont insuffisamment alibiles, les viandes provenant d'animaux vieux, maigres, ou extrêmement jeunes.

Fig. 97. — Cysticerques pisiformes du mésentère de lapin.

On conçoit qu'il soit difficile de mesurer le pouvoir nutritif limite au delà duquel les viandes doivent être considérées comme insuffisantes.

On s'accorde généralement à considérer comme insuffisantes — et non inalibiles — les viandes *fœtales* et celle des *animaux extrêmement jeunes*.

On sait que la viande de veau jeune est peu nutritive. En raison

Fig. 98. — Foie de lapin présentant les traces du passage des larves de tenia (cysticerques pisiformes).

Fig. 99. — Foie de lapins présentant des lésions de coccidiose.

de ce fait et de la cherté relative de cet aliment, la viande de veau est supprimée dans l'armée.

Lorsque la *cachexie sénile* survient, on s'accorde aussi à dire que le muscle atrophié et dur sous la dent ne constitue plus un aliment suffisant.

La *maigreur* simple, due à la privation sans qu'il y ait troubles fonctionnels sous l'influence de la maladie, a pour effet de retirer au muscle une partie de son pouvoir nutritif. Celui-ci est fonction dans une certaine mesure de la graisse qui accompagne la matière albuminoïde. La présence de la graisse constitue donc une garantie. Elle prouve que l'animal n'a pas souffert d'affections chroniques ou de privations longtemps répétées.

La viande des animaux épuisés, notamment celle des vieux chevaux, ne constitue plus un aliment de choix réellement capable de réparer les pertes subies par l'organisme. Elle ne peut être utilement employée que si elle est additionnée d'autres aliments (graisse, féculents), qui en corrigent l'action. Les expériences de Pflüger sont tout à fait intéressantes à ce point de vue.

VIANDES RÉPUGNANTES[1]. — Certaines viandes impressionnent désagréablement nos sens. Elles répugnent par l'odeur, la couleur, les qualités gustatives ou par d'autres propriétés telles que la phosphorescence...

Les *viandes odorantes* exhalent une odeur anormale, soit à la coupe, soit à la cuisson. De nombreux cas peuvent se produire. Les plus fréquents ont une origine médicamenteuse. Les animaux qui ingèrent les désinfectants à base de crésol admis par les règlements officiels fournissent une viande mal odorante, surtout du côté des lombes, au voisinage du rein. De semblables altérations sont aussi observées dans les cas d'ingestion de phénol, d'éther, d'essence de térébenthine.

Certains aliments donnent à la viande une odeur désagréable ; ce sont, à titre d'exemple, les résidus de fabrique d'absinthe donnés à haute dose, le poisson, les viandes avariées, certains tourteaux...

Les sécrétions normales peuvent rendre les viandes défectueuses. C'est le cas des béliers, des vieux boucs, des verrats. L'odeur est absolument repoussante lorsqu'il s'agit de porcs cryptorchides, sans qu'on puisse établir qu'il y ait toujours des lésions pathologiques.

La rétention du lait chez les vaches pendant les heures qui précèdent celle de l'abatage peut donner à la viande une odeur fade et un peu écœurante rappelant celle du lait.

La rétention des matières alimentaires dans le tube digestif, pendant un temps plus ou moins long après l'abatage, peut communiquer à la viande une odeur excrémentitielle. L'odeur est exa-

---

1. *Les Abattoirs publics*, t. II, p. 400.

gérée lorsque les animaux ont subi un commencement d'indigestion.

Les ascarides de l'intestin communiquent à la viande de veau une odeur éthérée très marquée.

La rupture de la vessie et l'épanchement de l'urine dans l'abdomen donne aux muscles une odeur repoussante caractéristique.

Les *viandes peuvent être colorées d'une façon anormale*. Elles sont simplement défectueuses dans le cas d'ictère bénin. La faible coloration ictérique est facile à distinguer de la coloration jaune observée sous l'influence de certains régimes alimentaires.

On constate parfois le dépôt de pigment noir ou bistre, notamment du côté des os.

Le *goût de la viande* peut être altéré par le développement des moisissures. Le fait est fréquent lorsqu'il s'agit de viandes congelées ou simplement réfrigérées dans de mauvaises conditions.

L'aspect peut être répugnant lorsque la viande est envahie par les microbes de la phosphorescence, lorsque les mouches ont déposé leurs œufs à la surface ou dans les interstices des muscles, ou encore lorsque, au cours des manipulations, les chairs ont été accidentellement salies. L'existence de lésions parasitaires (coccidies, cysticerques pisiformes...) rend certains abats répugnants (foie de lapin, ...).

Viandes assainies. — Les viandes ladres ne renfermant que de rares cysticerques ou des parasites calcifiés, soumises à l'action stérilisante du froid, de la chaleur, ou du sel, sont dépréciées. Elles rentrent dans la catégorie des viandes défectueuses. Elles ne sauraient trouver place dans l'alimentation de l'armée.

Les viandes tuberculeuses stérilisées à l'autoclave ou par l'ébullition prolongée sont également dépréciées. Les règlements établis dans l'armée sont sévères. L'État estime que le soldat doit avoir des aliments de choix. Il part de ce principe que la viande donnée aux hommes doit être de bonne qualité et provenir d'animaux sains. S'il tolère l'admission des viandes tuberculeuses, c'est seulement dans les cas où, même en l'absence de stérilisation, les lésions ont un caractère de chronicité tel qu'il ne peut y avoir aucun danger à les admettre dans la consommation. Les viandes assainies sont admises dans la consommation par nombre de règlements étrangers. L'arrêté du 11 février 1909 prévoit l'assainissement des viandes tuberculeuses suffisamment alibiles.

APPENDICE

VUES D'ENSEMBLE SUR L'INSPECTION DES VIANDES DANS L'ARMÉE

En principe, aucune viande ne peut être distribuée à la troupe, si elle n'a subi, au préalable, un examen au point de vue de la qualité et de la salubrité.

On s'efforce de généraliser le système de l'inspection technique avant l'abatage. Malheureusement on se heurte à une grosse difficulté inhérente à l'absence de contrôle civil des viandes dans la plupart des communes de France. « Il est certain, comme on l'a dit à la séance de la Chambre des députés du 7 avril 1908, que, pour arriver à une certitude absolue de la qualité des viandes, ce n'est pas à l'armée qu'il faut borner la réforme : c'est le point de vue général de l'inspection du bétail, de l'installation des abattoirs et du débit des viandes en France qu'il faut envisager[1]. »

Application des règlements en usage. — 1. ORGANISATION DU SERVICE. — Aucune viande ne peut être distribuée à la troupe si elle n'a été, au préalable, examinée au point de vue de sa *salubrité* et de sa *qualité* (Instr. du 2 mai 1908).

Le service d'inspection est assuré dans les boucheries militaires par un *vétérinaire militaire*. Les fabriques de conserves destinées à l'armée sont aussi sous la surveillance d'un vétérinaire militaire;

---

1. Rapport au Parlement, *Documents parlementaires, Chambre, annexe* 2018, *suite*, p. 1270 ; 1908.

celui-ci est attaché d'une façon permanente à l'usine, pendant toute la durée de la fabrication (art. 15, cahier des charges du 3 novembre 1908).

Dans les *corps et détachements importants*, l'examen des animaux sur pied, des animaux abattus ou des viandes débitées est effectué dans les abattoirs, dans les casernes ou chez le fournisseur, par un vétérinaire militaire ou, à défaut, par un médecin militaire (Instr. 2 mai 1908).

Dans les *petites unités*, les mesures suivantes sont prises :

1° A proximité d'une boucherie militaire et dans les conditions pratiques pour s'y approvisionner, les détachements s'approvisionneront à ladite boucherie ;

2° A proximité d'une agglomération militaire assez importante où il n'existe pas de boucherie militaire, mais où la circulaire du 28 mars 1908 reçoit son application, le détachement s'entendra, pour la fourniture de la viande[1], avec un des corps de troupe de cette agglomération ;

3° Dans les détachements absolument isolés de toute boucherie militaire et de toute agglomération militaire, l'inspection sera assurée de la manière suivante :

« Une instruction technique suffisante sera donnée à l'*officier de distribution* ou au gradé chargé du service, lequel se fera seconder par un boucher, charcutier ou cuisinier de profession effectuant son service militaire et qui sera placé au besoin dans le détachement.

« De plus, avant tout marché avec le boucher fournisseur, une enquête sera faite sur les conditions dans lesquelles s'effectue l'abatage de ces animaux, et inopinément, chaque semaine, le vétérinaire ou médecin militaire désigné par le général commandant la subdivision, se rendra chez le boucher fournisseur pour vérifier l'installation et le fonctionnement de sa tuerie et la qualité du bétail sacrifié.

« Des enquêtes seront faites sur l'origine de ce bétail. » (Circ. min. du 21 avril 1908, p. 24.)

Dans chaque garnison, le commandant d'armes règle, suivant les circonstances particulières locales, les mesures de détail relatives

---

1. *L'Hygiène de la viande et du lait*, 10 avril 1908, p. 177-178.

à l'exécution du service [1] et notamment le roulement à établir entre les médecins et les vétérinaires, de façon à alléger dans la mesure nécessaire le service de ceux-ci. Les vétérinaires et médecins auxiliaires suppléent, s'il y a lieu, les vétérinaires et médecins militaires (Instr. du 2 mai 1908).

Les chefs de corps prennent toutes les dispositions de nature à assurer le contrôle des fournitures de boucherie ou de charcuterie destinées à la consommation dans les cantines, mess, salles de consommation, etc. ; elles sont soumises à l'examen du vétérinaire ou du médecin (Circ. min. du 18 juin 1908).

Un enseignement est assuré en vue de donner au personnel militaire les notions nécessaires, pour l'examen et la réception des viandes. La circulaire du 6 novembre 1908 prévoit un enseignement à deux degrés : l'un de garnison, l'autre de régiment :

L'*enseignement de garnison* est créé dans les places dotées d'abattoirs publics et de service d'inspection vétérinaire. Il relève du commandant d'armes. Il est suivi par les médecins et vétérinaires militaires, les officiers d'approvisionnements des corps de troupes, les officiers d'administration du service des subsistances et les officiers d'administration du service de santé.

Les lieutenants d'infanterie qui font un stage pour devenir officiers d'approvisionnement reçoivent l'enseignement pendant la durée de ce stage.

L'*enseignement régimentaire* s'applique à tous les officiers susceptibles de prendre part à la réception des viandes. Il est institué dans tout corps de troupe fort au moins d'un bataillon. Il a lieu dans les boucheries régimentaires au moment de la réception journalière de la fourniture. Il est donné par les vétérinaires militaires chefs de service ou, à défaut, par les médecins militaires.

L'enseignement est donné aussi dans les Écoles militaires de toutes armes, aux stagiaires de l'intendance et aux élèves de l'école d'administration.

Les leçons pratiques données aux abattoirs portent sur les points suivants :

1° Mode d'examen des animaux de boucherie sur pied. Caractères

---

1. Le gouvernement militaire de Lyon vient d'établir (mars 1909) un service d'inspection pour tous les animaux abattus aux abattoirs de la ville et destinés aux divers régiments. Les vétérinaires militaires de tous grades assurent l'inspection à tour de rôle.

généraux de l'âge des animaux. Degré d'engraissement. Rendement. État de santé et de maladie. Hygiène des animaux en marche. Installation, alimentation, soins à leur donner ;

2° Installation des abattoirs. Mode d'abatage et d'habillage des animaux ;

3° Caractères différentiels des viandes saines. Détermination de la qualité des viandes : bœuf, taureau, vache, mouton, cheval, porc ;

4° Coupe des animaux de boucherie. Des différentes catégories de viandes. Rendement des viandes en os, graisse et muscles. Principaux caractères des viandes insalubres. Motifs de saisie ;

5° Conditions de la fourniture prévue par le cahier des charges. Mode d'examen de la distribution. Des fraudes : moyen de les prévenir et de les déjouer ;

6° Hygiène des viandes : manipulation, préparation, conservation, altération.

II. Examen des animaux et de la viande. — Le fournisseur est toujours tenu de laisser examiner les animaux sur pied et après abat par les vétérinaires militaires ou médecins militaires désignés par les corps de troupe dans les conditions prévues par la circulaire du 28 mars 1908 et par l'instruction sur le contrôle et l'inspection de la viande fraîche. Dans le cas de fournitures de la viande en morceaux, il sera tenu également de laisser le vétérinaire ou le médecin assister, s'il le juge utile, au débit de la viande destinée à la distribution (Circ. 22 avril 1908).

Examen des animaux sur pied. — Le vétérinaire ou le médecin militaire examine l'état de santé, l'âge des animaux, leur sexe, leur état d'embonpoint, et élimine ceux qui ne réunissent pas toutes les conditions exigées par les cahiers des charges (Inst. 2 mai 1908). Les animaux admis sont en principe le bœuf, le taureau, la vache et, éventuellement, le mouton et la brebis ; les uns et les autres de provenance française, algérienne ou tunisienne.

Sont formellement exclues les viandes de veau, de bélier, de bouc et de chèvre.

La proportion de bœuf, taureau et vache, est fixée d'après la consommation générale locale.

Le bœuf et la vache doivent être âgés de plus de trois ans et de moins de dix; le taureau de plus de deux ans et de moins de trois[1].

Le poids minimum des animaux sur pied sera déterminé d'après le poids moyen des animaux abattus dans la région.

Le *mouton* aura au moins deux ans et pas plus de six. Les brebis sont admises dans la proportion d'un cinquième.

Le *porc* sera de provenance française, algérienne ou tunisienne; sont formellement exclues les viandes de verrat et de coche (Circ. 22 avril 1908).

Présentation des animaux après abat. — Quel que soit le mode de fourniture (bêtes entières, demi-bêtes ou quartiers), les animaux sont présentés abattus depuis douze heures au moins et fendus; les chairs doivent être refroidies et raffermies, les graisses et les moelles figées[2].

L'abatage, la saignée et l'habillage auront été faits méthodiquement et avec soin; la division de la colonne vertébrale sera sans bavures et les taches extérieures de sang auront été enlevées au couteau ou au moyen de linges blancs et secs. La peau devra adhérer naturellement au sommet de la tête et les poumons à l'un des quartiers de devant.

Sauf le rein, qui reste en place avec sa graisse de couverture, les autres organes thoraciques et abdominaux seront placés à proximité, dans un ordre déterminé, et, si possible, marqués. La plèvre et le péritoine doivent être absolument intacts; toute tentative d'enlèvement ou de grattage, même partiel, entraîne le rejet absolu de l'animal, sans autre examen (Instr. 2 mai 1908).

Examen des animaux après abat. — L'examen après abat a lieu

---

1. Des modifications ont été accordées en ce qui concerne le régime de l'Algérie. En Algérie, le poids moyen des taureaux de deux à trois ans serait de 70 à 85 kilogrammes; celui des taureaux de trois à cinq ans atteindrait environ 105 kilogrammes. La castration est très exceptionnellement pratiquée par l'indigène (pour le mouton comme pour le taureau). Les places de Mascara et d'Oran ont admis le taureau de trois à quatre ans et s'en sont bien trouvées. Pour la fabrication des conserves, on admet les taureaux de deux ans et demi à cinq ans. Les taureaux de cinq ans ne peuvent fournir une chair fine, si l'émasculation est tardive. — Par décision du 22 juin 1908, « les taureaux admis pour la fourniture des viandes à l'armée en Algérie et en Tunisie doivent avoir au moins quatre dents incisives de remplacement et au plus six dents permanentes bien développées, soit deux ans et demi au moins et quatre ans au plus ».

En Belgique, les animaux fournis à l'armée ne doivent pas avoir plus de neuf ans et moins de trois. Ceux de petite race pèsent net 200 à 250 kilogrammes, ceux de grande race 300 kilogrammes et plus.

2. Le vétérinaire militaire qui assiste à l'abatage, et s'assure que le bétail est en bonne santé, peut ne pas attendre douze heures pour se prononcer. Il use de cette latitude que lui laisse le règlement lorsqu'il le juge utile.

à l'heure indiquée par le commandant d'armes (Circ. 22 avril 1908).

Le vétérinaire ou le médecin s'assure du sexe ou de l'âge des animaux et, s'il y a lieu, de leur identité par la reconnaissance de la marque appliquée avant l'abat. Il procède ensuite à l'examen de la salubrité de la viande par une inspection minutieuse des abats, des séreuses des grandes cavités, des chaînes et groupes ganglionnaires, etc..., et se livre à toutes les investigations susceptibles de l'éclairer ; il peut inviter le fournisseur à l'aider dans ses opérations.

Le vétérinaire ou le médecin se rend compte de la qualité, de l'état d'embonpoint des animaux par l'examen des dépôts graisseux, du grain et de la consistance de la viande et s'assure que la fourniture réunit toutes les conditions exigées par le cahier des charges (Instr. 2 mai 1908).

Le soufflage est formellement interdit.

Les animaux doivent présenter abattus les signes d'un bon engraissement moyen, c'est-à-dire avoir :

1° Les rognons couverts complètement par une graisse blanche, légèrement rosée ou jaunâtre ;

2° Le plat des cuisses garni d'une couche suffisante de graisse ondulée et un peu frisée ;

3° Le grappé ou graisse des plèvres costales bien développé ;

4° La graisse de couverture (sauf pour le taureau), ferme, blanche, rosée ou jaune et ayant au moins un demi-centimètre d'épaisseur sur les côtes [1].

Les *moutons* sont de bonne deuxième qualité ; ils doivent avoir les reins couverts de graisse blanche et ferme, le panicule charnu de couleur rouge vif, la viande d'un beau rouge foncé.

Ils doivent peser, dépecés et sans fressure, un minimum de 15 kilogrammes (ce poids pourra être ramené à 12 kilogrammes pour les animaux de petite race).

La graisse de couverture ne doit pas dépasser 3 ou 4 millimètres au maximum.

Les *porcs* seront parfaitement sains, bien en chair sans être trop

---

1. L'épaisseur de la graisse de couverture est donnée à titre d'indication. Il va de soi que l'on doit plutôt s'inspirer de l'esprit du règlement et ne pas trop s'attacher à la lettre.

Comme on le voit, il s'agit de donner à l'armée des viandes de seconde qualité. A Bruxelles, l'armée reçoit de la viande de première qualité. Les quartiers de devant doivent peser 70 kilogrammes au moins.

gras, pesant un minimum de 80 à 90 kilogrammes ; ils devront avoir été sacrifiés au moins douze heures avant la livraison.

La chair sera ferme ; le grain, fin et serré, sera marbré dans les régions du tronc ; la graisse sera blanche, consistante, onctueuse, fondant entre les doigts, tachant le papier ; le lard (graisse de couverture) n'aura pas moins de 2 centimètres d'épaisseur, ni plus de trois[1], la panne (graisse intérieure) sera abondante dans la cavité abdominale (circ. 22 avril 1908).

Examen de la viande. — Toute viande doit provenir d'animaux bien conformés, parfaitement sains et bien en chair ; la viande désignée en boucherie sous le nom de viande de troisième qualité est exclue de la fourniture.

Fournitures par quartiers. — Les quartiers doivent être livrés intacts sans aucune manipulation ayant porté sur la plèvre ou sur le péritoine.

En aucun cas, les ganglions ne devront être enlevés.

Le quartier de derrière comprend la culotte, la cuisse ou globe, la bavette d'aloyau, la pointe de flanchet et la paillasse. Le quartier de devant comprend le collier et sa veine grasse adhérant au thorax, l'épaule avec la jambe coupée à l'articulation, le plat de côtes allant jusqu'à la deuxième ou au plus jusqu'à la troisième avant-dernière vertèbre dorsale. Dans le quartier de devant, la graisse sera abondante sous l'épaule et dans les espaces intercostaux et intervertébraux. Le grappé sera toujours attenant au quartier, le collier pourvu de sa veine grasse, l'épaule attenante au train de côtes et au collier (Circ. du 22 avril 1908).

Fourniture en morceaux débités. — Les morceaux, du poids minimum de 5 kilogrammes, doivent représenter des coupes normales en boucherie, n'avoir subi aucune manipulation suspecte et posséder leurs revêtements aponévrotiques et séreux intacts.

En aucun cas, les ganglions ne doivent être enlevés. Les coupes sont faites proprement et les gros os divisés à la scie.

Les morceaux désossés sont formellement exclus.

---

1. Pour la fabrication des conserves de viande de porc, on admet les animaux de 70 à 100 kilogrammes.

Leur lard ne doit pas dépasser 6 centimètres d'épaisseur. Il est vrai qu'il est enlevé pendant le dépeçage, de manière à laisser au plus 1 centimètre de graisse sur le corps de l'animal.

On peut concevoir certaines tolérances en ce qui concerne l'épaisseur du lard, lorsque la région ne produit que des porcs très gras (Corrèze...).

La proportion des os compris dans les pesées ne doit pas excéder le cinquième du poids total.

Les deux tiers de la fourniture se composent indifféremment : de l'épaule, du collier avec sa veine grasse, du train de côtes, du plat de côtes couvert, de la jambe, de la culotte, ou d'un morceau quelconque de la cuisse.

Le dernier tiers comprend indifféremment : le gros bout, le milieu de poitrine, la surlonge, et la joue désossée (ces deux derniers morceaux pouvant être d'un poids inférieur à 5 kilogrammes [1].

Mouton. — Si par exception la viande de mouton est livrée en morceaux, la qualité sera la même que pour les animaux fournis en entier (Circ. 22 avril 1908).

Viandes tuberculeuses. — Lorsque, au cours de son examen, le vétérinaire ou le médecin militaire constate la tuberculose sur les animaux abattus, il se conforme aux dispositions suivantes :

Il rejette complètement la fourniture lorsqu'il rencontre l'un des cas suivants :

1° Il existe des lésions de tuberculose aiguë, même très limitées ;

2° Les lésions tuberculeuses revêtent la forme caséeuse ou purulente et frappent un ou plusieurs organes ;

3° Il existe des lésions, même discrètes, atteignant un ou plusieurs ganglions intermusculaires ;

4° La tuberculose est localisée, soit aux muscles, soit aux os ;

5° Les lésions tuberculeuses, calcifiées ou fibreuses, frappent à la fois un ou plusieurs viscères thoraciques ou abdominaux et un ou plusieurs organes ou régions situés en dehors des grandes cavités splanchniques (mamelle, articulations, région pharyngienne, langue).

Il rejette de la fourniture les parties tuberculeuses et les régions qui sont en contact avec les parties malades lorsque les lésions rencontrées sont calcifiées ou fibreuses et nettement localisées ; la délimitation est faite en empiétant largement sur les parties saines (Inst. 2 mai 1908).

Marquage des animaux sur pied. — *Les animaux reconnus avant*

---

1. Cette partie du cahier des charges devrait être revisée. Il importerait d'indiquer les proportions par catégories en énumérant le nom des morceaux qui entrent dans chacune d'elles.

abat propres à fournir la viande destinée à l'alimentation des troupes sont marqués par l'un des procédés suivants :

L'extrémité d'une corne est sciée incomplètement, puis cassée, et la partie détachée, constituant un moyen de contrôle, reste entre les mains du vétérinaire ou du médecin (inst. 2 mai 1908).

Ce procédé offrant les meilleures garanties de contrôle sera employé chaque fois qu'il est reconnu que l'opération peut se faire sans danger pour les hommes (Notice n° 1 de la circulaire ministérielle du 28 août 1908).

En cas d'impossibilité, et notamment lorsque le développement des cornes est insuffisant, on pourra utiliser soit le plombage à l'oreille à l'aide d'une pince composteur, soit le marquage au fer rouge sur le bas de la corne ou sur un pied (Inst. 2 mai 1908). L'acceptation et le marquage des animaux sur pied n'impliquent pas que forcément les animaux sont reçus après abat (Inst. 22 avril 1908.) Les *animaux refusés* sur pied comme dangereux pour la consommation seront marqués sur le côté gauche de la croupe, au niveau de la naissance de la queue, de la lettre « R » apposée au fer rouge ; cette marque aura $0^m,050$ de hauteur sur $0^m,040$ de largeur [1]. Si les animaux sont sains et refusés seulement pour non-convenance de la troupe, la marque ne sera pas apposée (Inst. 2 mai et circ. 22 avril 1908).

Estampillage des viandes reconnues propres à la consommation. — Les viandes provenant des animaux reconnus, après abat, propres à la consommation, sont estampillées à l'abattoir par le vétérinaire militaire ou par le médecin militaire, à l'aide d'un timbre-rouleau, en présence d'un gradé désigné par chaque partie prenante.

La marque est apposée sur chaque demi-bête suivant une ligne joignant la pointe de la fesse à l'articulation de l'épaule ; chaque quartier est estampillé extérieurement sur toute sa longueur (Inst. 2 mai 1908).

On emploiera le timbre rouleau à dates et à vignettes mobiles, l'inscription est la suivante : « alimentation des troupes — nom de la ville — date » (Circ. min. du 28 août 1908).

Marques, timbres, registres. — Le texte de l'article 18 de l'instruction du 2 mai 1908 a été remplacé par le suivant :

---

1. Pour avoir une réelle valeur, l'apposition d'une marque refusée doit être l'objet d'une convention entre les parties, l'armée d'une part et le fournisseur de l'autre.

« ART. 18. — Les appareils destinés à marquer les animaux sur pied ainsi que le timbre-rouleau pour l'estampillage, sont renfermés dans une boîte déposée à l'abattoir (dans un local désigné par le maire, après entente avec le commandant d'armes), et fermée par un cadenas dont le vétérinaire ou le médecin militaire chargé du service a seul la clef.

« Le registre d'inspection est déposé au même endroit.

« Les demandes d'achat et de réparation des timbres-rouleaux, marques à chaud, pinces-composteurs et objets divers nécessaires au service d'inspection, sont établies, au fur et à mesure des besoins, par les vétérinaires ou médecins militaires chargés du service d'inspection, et adressées au commandant d'armes, qui prend les mesures nécessaires pour y donner satisfaction. Le commandant d'armes répartit les dépenses au prorata des effectifs des corps et établissements militaires de la garnison.

« Ces dépenses sont imputées à la masse d'habillement (fonds particuliers des unités dans les corps de troupes). »

Une notice n° 1 indique les procédés d'appareils destinés au marquage des animaux et des viandes.

Pour marquer le bétail sur pied, on utilisera par ordre de préférence :

a) Sciage de la corne... ;

b) Plombage à l'oreille à l'aide d'une pince-composteur.

Cette marque spéciale exige l'usage des objets suivants : presse à plomber à dates, blocs de rechange pour l'indication des dates, harpons, plombs, rondelles en zinc et pinces de rivetage... ;

c) Marques à chaud. Ce système nécessite l'emploi d'un réchaud et d'une collection de marques au feu à chiffres.

Pour marquer la viande abattue, on utilisera le timbre-rouleau à dates et à vignettes mobiles ; l'inscription sera la suivante : « alimentation des troupes, nom de la ville, date, vignette de contre-marque. » (Circ. min. du 28 août 1908.)

Contestations. — En cas de contestation, afin de reconnaître les animaux ou viandes objets du litige, ces animaux ou viandes devront être marqués à l'aide du plombage.

Le commandant d'armes, ainsi que les corps de troupe intéressés en sont immédiatement informés (Instr., 2 mai 1908).

En cas de contestations sur la fourniture, l'officier délégué de la commission des ordinaires avise le président qui convoque la commission. Celle-ci, réunie conformément aux dispositions de l'article 18 du règlement sur les ordinaires, statue aussitôt.

Sa décision est immédiatement exécutoire. S'il y a eu tentative de fraude ou de tromperie, le délit est, en outre, constaté dans les formes légales et réglementaires (Circ. 22 avril 1908).

Transport de la viande des abattoirs dans les casernes. — Le gradé désigné par chaque partie prenante et qui a assisté à l'estampillage de la viande abattue l'accompagne de l'abattoir à la boucherie de la caserne, sans qu'aucun arrêt puisse avoir lieu en route.

Il pourra prendre place sur la voiture qui transporte la viande. Cette voiture sera close, à moins que les viandes soient enveloppées de linges propres et secs de manière à n'en laisser aucune des parties à découvert.

Le gradé veillera à ce qu'aucune substitution n'ait lieu et remettra à l'officier de distribution un certificat, placé sous enveloppe fermée, délivré par le vétérinaire ou le médecin militaire chargé de l'inspection et portant les indications nécessaires sur la viande visitée.

Ce gradé sera changé le plus souvent possible (Instr. 2 mai 1908).

Dans le cas de fourniture de la viande en morceaux, le chef de corps, d'accord avec le vétérinaire militaire ou le médecin militaire prendra toutes mesures nécessaires pour s'assurer que la viande débitée par le boucher est la même que celle qui a été vérifiée et qu'aucune substitution n'a lieu pendant le transport (Circ..., 22 avril 1908).

Inspection dans les casernes. — L'inspection de la viande doit toujours être faite par un vétérinaire militaire ou un médecin militaire dans les casernes, lorsque la fourniture a lieu par morceaux débités et dans les cas où les viandes visitées à l'abattoir n'ont pas été transportées immédiatement dans les boucheries du corps après l'estampillage. Elle doit avoir lieu également lorsque, au cours du débit de la viande, certaines parties paraissent douteuses à l'officier de distribution et lorsque certaines circonstances atmosphériques ont pu modifier la qualité de la viande conservée dans la boucherie du corps (Instr. 2 mai 1908). Les chefs de corps prendront toutes les dispositions de nature à assurer le contrôle des fournitures de boucherie ou de charcuterie destinées à la consommation dans les cantines, mess, salles de consommation, etc. ; les plus simples consistent à imposer pour leur livraison une heure fixe et à les soumettre à ce moment à l'examen du vétérinaire ou du médecin, étant entendu qu'en dehors de l'heure indiquée aucun fournisseur ne sera admis à pénétrer dans la caserne.

En dehors de ce service de réception, il conviendra d'ailleurs de procéder à des visites inopinées et éventuellement à des prises d'essai et à des prélèvements opérés dans les conditions prévues par le décret du 5 juin et l'instruction du 12 juin 1908 pour l'application dans l'armée de la loi sur la répression des fraudes.

Il va de soi qu'en ce qui concerne les viandes fraîches aucun prélèvement en quatre échantillons comparables ne peut être pratiquement effectué. L'article 11 de la loi du 1ᵉʳ août 1905 ne veut pas dire qu'en toutes circonstances la fraude ne pourra être démontrée et prouvée que par les nouveaux moyens créés par la loi avec analyse et expertises subséquentes. Il signifie, d'après J. Lemercier, auteur du jugement du 18 février 1907 (affaire Gauthier, procès-verbal dressé par le Service vétérinaire sanitaire de Paris), confirmé par arrêt de la Cour de cassation (28 février 1908), que, lorsque la fraude est découverte par cette recherche nouvelle de la loi du 1ᵉʳ août 1905 (véritable violation du domicile du négociant qui est légalement instituée et qui est exorbitante du droit commun) on doit, après l'analyse, procéder, s'il est nécessaire, c'est-à-dire si les inculpés interpellés le réclament, à des expertises contradictoires. Mais toutes ces mesures, lorsque la fraude est découverte par d'autres moyens légaux, comme le *flagrant délit*, qui est souvent exclusif de recherches préalables, n'ont plus d'intérêt et peuvent ne pas être employées.

Il faut d'ailleurs, avec J. Lemercier, citer cette phrase du rapporteur de la Commission du Sénat : « Il y a, bien entendu, d'autres moyens de connaître la vérité, par exemple les livres, la correspondance, etc... ; les expertises ne sont qu'un mode d'information. »

Aux termes de l'article 5 du decret du 22 avril 1905, les officiers gérants des ordinaires ont toute latitude pour déterminer la valeur et la qualité des denrées à acheter en vue de la préparation des repas.

S'il est nécessaire de varier l'alimentation, ce résultat ne saurait cependant être obtenu aux dépens de la qualité des mets et de la valeur nutritive des repas. Il y a donc lieu d'exclure les produits qui se prêtent à l'addition frauduleuse de matières altérées, nocives ou simplement dépourvues de valeur marchande, dont la présence est généralement dissimulée, à la vue par l'aspect même des produits, et au goût par un assaisonnement approprié. Telles sont les préparations de charcuterie et de triperie connues sous le nom de saucisses, boudins, chipolatas, andouillettes, gras double, etc.

La consommation de ces produits ne pourra être admise que si leur préparation a eu lieu dans les cuisines régimentaires, ou encore lorsqu'ils proviendront de boucheries militaires où la qualité des matières premières et les procédés de préparation ne pourront être suspectés.

Les recommandations suivantes seront rigoureusement observées :

« La chaleur et les buées des cantines sont défavorables à la bonne conservation des viandes. On doit éviter, surtout en été, de conserver la viande fraîche, même pendant un court laps de temps, dans les locaux mal ventilés.

« Les viandes, aliment éminemment altérable, ne doivent jamais être exposées aux souillures accidentelles.

« Les personnes préposées aux soins à donner aux viandes doivent observer individuellement les règles de la plus stricte propreté. Leurs vêtements doivent toujours être bien blanc. Elles doivent utiliser, le plus souvent possible, les lavabos mis à leur disposition.

« Les viandes destinées à la fabrication des saucisses devront être hachées et préparées immédiatement avant leur utilisation. Il est dangereux de conserver à la cuisine des hachis de viande, si l'on ne dispose pas de chambres froides ou de glacières bien agencées. » (Circ. min. du 24 août 1908. *B. O.*, p. 1443.)

Inspection chez le fournisseur. — L'inspection de la viande chez le fournisseur peut être faite par le vétérinaire militaire ou le médecin militaire, quand il le juge utile ; elle a lieu au moment du débit de la viande destinée à la distribution, lorsque la fourniture est faite par morceaux débités. Elle doit être inopinée.

Le vétérinaire militaire ou le médecin militaire chargé de l'inspection de la viande destinée aux petites unités isolées est désigné par le général commandant la subdivision. L'inspection, dans ce cas, doit porter également sur l'installation de la tuerie.

Le vétérinaire militaire ou le médecin militaire rend compte de sa mission par écrit au général commandant la subdivision qui fait parvenir ce rapport au directeur du service de santé ou du service vétérinaire du corps d'armée, suivant le cas (Instr. 2 mai 1908).

Livraison. — Réception. — Distribution. — Sauf le cas de fourniture en morceaux débités, les livraisons doivent toujours être faites dans les casernes en quartiers entiers (Cir. 22 avril 1908).

L'officier de distribution est chargé de la réception de la viande et de sa répartition entre les parties prenantes. Il s'assure qu'elle porte les estampilles de l'inspection et veille à l'exécution de toutes les clauses du cahier des charges. Si, au cours de la distribution, il relève quelque indice d'altération de la fourniture, il en avise aussitôt le vétérinaire ou le médecin militaire (Instr. 2 mai 1908).

Aucune viande ne peut être livrée dans un corps de troupe ou établissement militaire, si elle ne porte d'une manière très apparente l'estampille d'inspection du vétérinaire militaire ou du médecin militaire.

A titre exceptionnel, dans les villes où le service d'inspection à l'abattoir est assuré par des vétérinaires auxquels toute clientèle est interdite, les corps peuvent, sous leur responsabilité, admettre les viandes débitées estampillées par le vétérinaire municipal, inspecteur de l'abattoir. Dans tous les cas, le viande doit être soumise, à la caserne, à l'examen d'un vétérinaire militaire ou, à défaut, d'un médecin militaire. La proportion des os compris dans les pesées ne doit pas excéder le cinquième du poids total.

Ne peuvent faire partie des distributions : la tête, à l'exception pour le bœuf, le taureau et la vache, des bajoues (limitées en bas par la commissure des lèvres et en haut par la paupière inférieure et entièrement désossées), toutes les issues, les mamelles, les suifs formant des masses ou des pelotes dans l'intérieur de l'animal (mais non les graisses adhérentes à la viande et étendues par couches à la surface), les jambes coupées au niveau des articulations du genou et du jarret.

Les animaux doivent avoir été abattus douze heures au moins avant la livraison ; les graisses et les moelles doivent être complètement figées et les veines vides de sang.

Quand, par exception, la viande sera livrée moins de douze heures après l'abat, le prix sera diminué de 3 0/0.

Pour la fourniture du bœuf, du taureau ou de la vache, le fournisseur a le droit de prélever à son profit l'aloyau, la langue, les rognons et les ris.

Toutefois, ces prélèvements ne doivent être faits qu'après réception de la viande à la caserne.

L'aloyau comprendra les régions limitées par les coupes suivantes perpendiculaires à la colonne vertébrale : en avant, par une section faite entre la troisième et la deuxième avant-dernière côte ; en arrière, par une coupe passant par le milieu de l'os de la hanche.

Les parties prélevées seront le filet, le faux-filet, le rumsteck et l'aiguillette d'aloyau, à l'exclusion de la bavette d'aloyau et des plates côtes.

Les graisses recouvrant les régions prélevées ne feront pas partie de la livraison.

Moutons. — Les livraisons se fond de préférence, par moutons entiers sans « fressures » ni « toilette » ou par demi-mouton. Si, par exception, la viande de mouton est livrée en morceaux, la qualité sera la même que pour les animaux fournis en entier et le fournisseur sera tenu de livrer à tour de rôle : premier lot, l'épaule ; deuxième lot, la poitrine avec côtelettes découvertes ; troisième lot, le gigot entier.

Porcs. — La fourniture se composera de porcs entiers, de demi-porcs ou du rein en entier ou en partie. Le rein doit comprendre « l'échinée » (région du cou), le « filet » (partie dorsale et lombaire), la « samorie » (partie lombo-sacrée) ; il est limité en avant par la section du cou, en arrière par la coupe oblique qui le sépare du jambon et latéralement d'une part par la « fente », d'autre part par une coupe allant de l'entrée de la poitrine à la hanche (Circ. 22 avril 1908).

Registre d'inspection. — Le vétérinaire ou le médecin-militaire chargé du service tient, à l'abattoir, un registre, coté et paraphé par le commandant d'armes, sur lequel est inscrit le résultat de chaque visite, aussi bien ce qui concerne les acceptations que ce qui a trait aux refus (Instr. 2 mai 1908).

Registre de visite. — Dans les corps et détachements, il est ouvert un registre de visite, déposé dans le local où s'effectue la réception de la viande.

Les officiers de distribution, médecins ou vétérinaires, qui interviennent pour la réception de la fourniture, sont tenus d'y mentionner chaque jour leur avis, suivi d'un émargement daté (Instr. 2 mai 1908).

Devoirs spéciaux des vétérinaires et médecins militaires chargés du service d'inspection des animaux et des viandes. — Les vétérinaires et médecins militaires devront se conformer aux prescriptions des articles 29 et 31 de la loi du 21 juin 1898 sur le Code rural et de l'article 3 de la circulaire du 1er novembre 1904 sur la police sanitaire des animaux (Instr. 2 mai 1908).

Surveillance du service d'inspection. — Les directeurs des services vétérinaires et de santé des corps d'armée devront faire très fréquemment des visites inopinées dans les abattoirs et tueries afin de s'assurer du fonctionnement du service d'inspection ainsi que dans les cuisines et boucheries du corps au moment des distributions.

Les commandants de corps d'armée sont seuls informés de ces déplacements, dont l'opportunité est laissée à l'appréciation de ces directeurs.

Au cours de leurs missions, ils devront se faire présenter les registres d'inspection et de visite et y consigner leurs observations.

Les vétérinaires et médecins militaires chargés du service d'inspection signaleront succinctement les premiers dans leur rapport mensuel, les seconds dans leur rapport décadaire du 1er de chaque mois les observations que le contrôle et l'inspection des viandes et des animaux destinés à l'alimentation des troupes leur auront suggérées.

Les directeurs des services vétérinaires et de santé des corps d'armée consigneront ces renseignements dans un rapport trimestriel avec les observations faites au cours de leurs missions inopinées.

Ces documents seront adressés au Ministre (5e direction, bureau des vivres), le 5 du premier mois de chaque trimestre (Instr. 2 mai 1908).

LAIT, GRAISSE, SAINDOUX, LAPIN

Lait. — Le lait devra provenir de la traite complète de vaches saines et nourries d'une façon rationnelle ; il ne devra être ni mouillé, ni écrémé, ni contenir aucune substance étrangère (antiseptiques).

Il devra pouvoir supporter l'ébullition sans se coaguler.

Dans les localités où il fait défaut, le lait de vache sera remplacé par le lait de chèvre, qui devra remplir des conditions similaires.

Graisse alimentaire. — La graisse alimentaire sera fabriquée exclusivement avec les graisses de porc, de bœuf, de veau, de mouton mélangées avec des huiles à manger.

Elle devra être exempte d'eau et de tout mélange avec d'autres matières grasses.

Son acidité, calculée en acide oléique, devra toujours être inférieure à 3 0/0.

Saindoux. — Le saindoux sera de la graisse de porc ; il devra être exempt d'eau, d'autres matières grasses et, en général, de toute matière étrangère.

Son acidité, calculée en acide oléique, devra toujours être inférieure à 1 0/0 (Notice sur les conditions que doivent remplir les denrées d'ordinaire autres que la viande, Circ. min. du 29 mai 1908, R.O., p. 795)[1].

Lapin. — Les lapins devront être en bon état d'engraissement, dépouillés et débarrassés des intestins, ils doivent peser un poids minimum de 1.500 grammes. Le foie, le cœur, les reins et les poumons doivent être adhérents au moment de la livraison (Notice du 29 mai 1908).

D'après la remarque de M. le médecin inspecteur du VI° corps d'armée, les lapins d'un poids inférieur à 1.500 grammes ne sont pas rares. Dans la région de Sedan, les lapins pèsent en moyenne 1.200 grammes. Les pesées faites sur notre demande par M. Hocquart aux Halles centrales ont donné les résultats suivants pour les lapins dépouillés (foie, poumon, cœur, reins et pattes y compris) :

---

1. La plupart des chefs de corps ont avec juste raison étendu ces prescriptions aux denrées consommées dans les cantines.

Les lapins vivants présentent des différences de poids suivant leur origine.

PESÉE DU 14 JANVIER 1909

PROVENANCE	NOMBRE DE LAPINS	POIDS TOTAL DU LOT	POIDS MOYEN
Gâtinais	6	10,300	1,766
	19	32,800	1,731
Diverses	10	12,500	1,250
	48	71,000	1,483

PESÉE DU 14 JANVIER 1909

PROVENANCE	NOMBRE DE LAPINS	POIDS TOTAL DU LOT	POIDS MOYEN
Angerville (Seine-et-Oise)........	6	17,5	2,916
	18	38,6	2,144
Chartres (Eure-et-Loir)	21	55	2,666
Nogent-le-Rotrou (Eure-et-Loir)...	18	33,2	2,066

CIRCULAIRES ET INSTRUCTIONS RÉCENTES RELATIVES
A L'INSPECTION ET A LA RÉCEPTION DES VIANDES DANS L'ARMÉE

CIRCULAIRE DU 28 MARS 1908

Les constatations que j'ai eu l'occasion de faire, ces jours derniers, dans
diverses garnisons de l'Est démontrent que la qualité de la viande fournie aux
troupes laisse trop souvent à désirer et que les précautions prévues pour éviter
la distribution de viandes malsaines sont ou insuffisantes ou insuffisamment
observées.

Il est superflu de dire qu'il n'y a pas de question plus grave que celle du contrôle de l'alimentation du soldat.

Toute négligence en cette matière entraîne des résultats déplorables. Il
importe donc de faire preuve, à l'égard des fournisseurs, d'une surveillance
constante et de la plus rigoureuse sévérité.

Les instructions en vigueur font un devoir aux corps de troupe de procéder
à un examen minutieux des viandes destinées à l'alimentation du soldat.

Il y aura lieu, pour éviter le renouvellement des faits qui ont été constatés,
d'exiger à l'avenir les précautions suivantes :

1° Aucune viande ne pourra être livrée à un corps de troupe sans que, préalablement, l'animal dont elle provient ait été visité sur pied par un vétérinaire
de l'armée ou, à son défaut, par un médecin délégué par le corps;

2° Le marquage des animaux s'effectuera dans des conditions telles qu'aucune
substitution ne puisse se produire. On utilisera de préférence le marquage au
fer rouge sur la corne ou sur le pied, et, en outre, le sciage de l'extrémité de la
corne, la partie détachée restant entre les mains du vétérinaire ou du médecin
inspecteur, et constituant un moyen de contrôle;

3° Si l'animal est refusé, on le marquera à la croupe de la lettre « R » apposée au fer rouge et signifiant *refusé;* de la sorte, on évitera que les animaux
écartés par les vétérinaires militaires puissent être frauduleusement livrés à
d'autres corps de troupe;

4° Lorsque l'animal aura été abattu, il sera, à l'abattoir même, présenté au
vétérinaire ou au médecin délégué par le corps, la peau restant adhérente au
sommet de la tête et les poumons à la trachée; les autres organes thoraciques
et abdominaux seront placés à proximité.

Le vétérinaire ou le médecin marquera alors la viande abattue avec un
timbre à date dont le modèle va être adressé aux corps;

5° En aucun cas, il ne pourra être suppléé aux formalités ci-dessus par la
vérification d'un vétérinaire municipal;

6° Un gradé désigné par le corps et qui aura assisté au marquage de la viande l'accompagnera de l'abattoir au quartier, sans qu'aucun arrêt puisse avoir lieu en route. Il sera porteur d'un certificat délivré par le vétérinaire ou médecin, placé sous enveloppe cachetée et portant les indications nécessaires sur la viande vérifiée pour que l'officier de distribution puisse la reconnaître au contrôle ;

7° Le vétérinaire ou médecin d'une part, l'officier de distribution d'autre part, pourront refuser la viande non seulement pour cause d'insalubrité, mais pour défaut de salubrité.

Il est rappelé aux vétérinaires que l'acceptation d'un animal sur pied ne les oblige nullement à l'acceptation de la viande abattue ;

8° Les vétérinaires principaux des corps d'armées feront très fréquemment des visites inopinées dans les abattoirs et tueries, ainsi que dans les quartiers au moment de la distribution ;

9° Toute fraude qui sera immédiatement constatée donnera lieu à une plainte établie par le chef de corps, et il m'en sera référé télégraphiquement.

Il y a fraude non seulement lorsqu'il y a livraison ou tentative de livraison de viande impropre à la consommation, mais encore lorsqu'il y a tromperie ou tentative de tromperie par rapport aux conditions du cahier des charges ;

10° Des instructions complémentaires vont être adressées dans quelques jours à tous les corps :

a) Sur l'application des principes ci-dessus posés sur le régime des cahiers des charges actuels ;

b) Pour la rédaction des nouveaux cahiers des charges en remplacement de ceux qui prennent fin le 30 juin prochain ;

c) Sur les manières de procéder dans les petites unités qui n'ont ni vétérinaires ni médecins et qui prennent la viande par morceaux séparés ;

d) Sur la procédure à suivre pour la constatation des fraudes.

Il est indiqué dès maintenant qu'aux termes de la jurisprudence établie par la Cour de cassation (arrêts du 28 février 1908), il ne résulte pas de ce que l'article 12 de la loi du 1er août 1905 a prescrit des expertises contradictoires, que ces expertises soient le mode unique de preuve du délit dans tous les cas et à l'exclusion des autres preuves de droit commun ;

Que, d'autre part, si l'article 4 du décret du 31 juillet 1906 prescrit qu'il soit opéré un prélèvement sur les données qui paraissent corrompues, ce prélèvement n'est indispensable que si la preuve du délit ne résulte pas des autres modes de preuve prévus par la loi et s'il y a lieu à expertise.

Le Sous-Secrétaire d'État à la guerre,
Henry CHÉRON.

INSTRUCTION RELATIVE AUX PRINCIPALES DISPOSITIONS A INSÉRER DANS LES CAHIERS DES CHARGES POUR LA FOURNITURE DE LA VIANDE AUX CORPS DE TROUPE.

Paris, le 22 avril 1908.

Suivant le mode de fourniture qui aura été reconnu le plus avantageux en raison des circonstances locales : fourniture par bêtes entières, demi-bêtes, quartiers, fourniture par morceaux débités, les cahiers des charges seront rédigés en s'inspirant des indications contenues dans les modèles ci-après :

A. — Modèle de cahier des charges pour la fourniture de la viande de boucherie en bêtes entières, demi-bêtes ou quartiers

Article premier. — *Objet du service*. — Le service consiste à fournir la viande fraîche nécessaire aux ordinaires du...

Les sous-officiers et autres hommes de troupe non nourris à l'ordinaire, y compris les gendarmes, peuvent être admis, quand ils le demandent, à prendre part aux distributions.

Les distributions ont lieu habituellement sur le taux de 320 grammes par homme et par jour. Le corps peut cependant modifier ce chiffre en plus ou en moins. Il peut, en outre, sauf avis donné au fournisseur deux jours à l'avance, suspendre les distributions de viande fraîche, soit pour consommer les viandes salées, congelées ou conservées et même dans certains cas la viande fraîche distribuée par l'administration militaire, soit pour se pourvoir directement, comme il l'entend, d'autres aliments.

En cas de grandes manœuvres et de déplacements temporaires du corps, la fourniture est suspendue pour l'effectif qui a quitté la garnison et pendant la durée de son absence.

La durée de la fourniture s'étendra du..... au.....

Art. 2. — *Nature de la viande à fournir*. — La viande à fournir est, en principe, celle de bœuf, de taureau, de vache et, éventuellement, sur demande du corps et dans les conditions qui seront indiquées plus loin, de mouton et de brebis ; les unes et les autes de provenance française, algérienne ou tunisienne.

Sont formellement exclues les viandes de veau, de bélier, de bouc et de chèvre.

L'ensemble des livraisons devra se composer de $\frac{n}{N}$ au moins de bœuf ou de taureau et de $\frac{N - n}{N}$ de vache [1]. La nature et la quantité de la viande à fournir seront indiquées au moins quarante-huit heures à l'avance par le secrétaire de la commission des ordinaires.

L'adjudicataire ne sera pas tenu de livrer du mouton plus de un jour sur..... [2].

Art. 3. — *Qualité de la viande à fournir*. — La viande doit provenir d'animaux bien conformés, parfaitement sains et bien en chair ; la viande, désignée en boucherie sous le nom de viande de troisième qualité, est exclue de la fourniture.

Le bœuf et la vache doivent être âgés de plus de trois ans et de moins de dix ; le taureau de plus de deux ans et de moins de trois. Le poids minimum des

---

1. Pour fixer cette proportion, il conviendra de se renseigner, auprès du service de l'octroi, sur les quantités de bœuf, taureau et vache qui entrent dans la consommation générale de la localité.

On ne devra jamais exiger une proportion de bœuf supérieure à celle qui entre dans cette consommation.

2. Nombre à fixer suivant les circonstances locales et surtout suivant les ressources dont disposent les ordinaires.

animaux sur pied doit être de..... pour le bœuf, de..... pour le taureau, de..... pour la vache[1].

La proportion des os compris dans les pesées ne doit pas excéder le cinquième du poids total.

Ne peuvent faire partie des distributions : la tête, à l'exception pour le bœuf, le taureau et la vache, des bajoues (limitées en bas par la commissure des lèvres et en haut par la paupière inférieure et entièrement désossées), toutes les issues, les mamelles, les suifs formant des masses ou des pelottes dans l'intérieur de l'animal (mais non les graisses adhérentes à la viande et étendues par couches à la surface); les jambes coupées au niveau des articulations du genou et du jarret.

La viande proviendra d'animaux sacrifiés à l'abattoir de[2].....

Les animaux doivent avoir été abattus douze heures au moins avant la livraison; les graisses et les moelles doivent être complètement figées et les veines vides de sang.

Quand, par exception, la viande sera livrée moins de douze heures après l'abat, le prix sera diminué de 3 0/0.

Le soufflage est formellement interdit.

Pour la fourniture du bœuf, du taureau ou de la vache, le fournisseur a le droit de prélever à son profit, l'aloyau, la langue, les rognons et les ris.

Toutefois ces prélèvements ne doivent être faits qu'après réception de la viande à la caserne.

L'aloyau comprendra les régions limitées par les coupes suivantes perpendiculaires à la colonne vertébrale : en avant, par une section faite entre la troisième et la deuxième avant-dernière côte; en arrière, par une coupe passant par le milieu de l'os de la hanche.

Les parties prélevées seront le faux filet, le rumsteack et l'aiguillette d'aloyau, à l'exclusion de la bavette d'aloyau et des plates côtes.

. Les graisses recouvrant les régions prélevées ne feront pas partie de la livraison.

ART. 4. — *Conditions que doivent présenter les animaux abattus.* — Les animaux doivent présenter abattus les signes d'un bon engraissement moyen, c'est-à-dire avoir :

1° Les rognons couverts complètement par une graisse blanche, légèrement rosée ou jaunâtre ;

2° Le plat des cuisses garni d'une couche suffisante de graisse ondulée et un peu frisée ;

3° Le grappé ou graisse des plèvres costales bien développé ;

4° La graisse de couverture (sauf pour le taureau), ferme, blanche, rosée ou jaune et ayant au moins un demi-centimètre d'épaisseur sur les côtes.

ART. 5. — *Fourniture par quartiers*[3]. — La proportion des quartiers de devant par rapport à ceux de derrière doit être de..... [4].

Les quartiers doivent être livrés intacts sans aucune manipulation ayant porté sur la plèvre ou sur le péritoine.

---

1. Le poids sera déterminé d'après le poids moyen des animaux abattus dans la région.

2. Cet abattoir est toujours l'abattoir public communal ou intercommunal lorsque la localité en possède un; dans le cas contraire, autant que possible, l'abattoir d'une localité voisine, convenablement choisi.

3. Article à insérer seulement en cas de fourniture par quartiers.

4. Proportion à fixer suivant les conditions particulières de la fourniture.

En aucun cas, les ganglions ne devront être enlevés.

Le quartier de derrière comprend : la culotte, la cuisse ou globe, la bavette d'aloyau, la pointe de flanchet et la paillasse.

Le quartier de devant comprend le collier et sa veine grasse adhérant au thorax, l'épaule avec la jambe coupée à l'articulation, le plat de côtes allant jusqu'à la deuxième ou au plus jusqu'à la troisième avant-dernière vertèbre dorsale.

Dans le quartier de devant, la graisse sera abondante sous l'épaule et dans les espaces intercostaux et intervertébraux.

Le grappé sera toujours attenant au quartier, le collier pourvu de sa veine grasse, l'épaule attenante au train de côtes et au collier.

ART. 6. — *Moutons.* — Les moutons sont de bonne deuxième qualité; ils doivent avoir les reins couverts de graisse blanche et ferme, le panicule charnu de couleur rouge vif, la viande d'un beau rouge foncé.

Ils doivent avoir au moins deux ans et pas plus de six et peser, dépecés et sans fressure, un minimum de 15 kilogrammes [1].

La graisse de couverture ne doit pas dépasser 3 à 4 millimètres au maximum.

Les brebis sont admises dans la proportion d'un cinquième.

Les livraisons se font de préférence par moutons entiers sans fressure ni toilette ou par demi-moutons.

Si, par exception, la viande de mouton est livrée en morceaux, la qualité sera la même que pour les animaux fournis en entier, et le fournisseur sera tenu de livrer à tour de rôle :

Premier lot : l'épaule ;
Deuxième lot : la poitrine avec côtelettes découvertes ;
Troisième lot : le gigot entier.

ART. 7. — *Examen des animaux sur pied et abattus.* — Le fournisseur est toujours tenu de laisser examiner les animaux sur pied et après abat par les vétérinaires militaires ou médecins militaires désignés par les corps de troupe dans les conditions prévues par la circulaire du 28 mars 1908 et par l'instruction sur le contrôle et l'inspection de la viande fraîche.

L'acceptation et le marquage des animaux sur pied n'impliquent pas que forcément ces animaux seront reçus après abat.

Tout animal refusé sur pied comme dangereux pour la consommation sera marqué sur le côté gauche de la croupe, au niveau de la naissance de la queue, de la lettre « R » apposée au fer rouge; cette marque aura $0^m,050$ de hauteur sur $0^m,040$ de largeur. Si l'animal est sain et refusé seulement pour non-convenance de la troupe, la marque ne sera pas apposée.

L'examen après abat a lieu à l'heure indiquée par le commandant d'armes; il est effectué au double point de vue de la salubrité et de la qualité ; le vétérinaire militaire (ou le médecin militaire) appose une estampille spéciale sur les viandes qu'il juge bonnes.

Le transport des viandes de l'abattoir à la caserne est effectué comme il est prescrit dans les instructions précitées. Aucune viande ne peut être livrée dans un corps de troupe ou établissement militaire si elle ne porte d'une manière très apparente l'estampille d'inspection du vétérinaire militaire ou du médecin militaire.

1. Ce poids pourra être ramené à 12 kilogrammes pour les moutons de petite race.

Si la viande estampillée n'est pas transportée immédiatement à la caserne, elle ne peut être reçue qu'après un nouvel examen à la boucherie du corps par le vétérinaire militaire ou le médecin militaire.

Art. 8. — *Livraisons. — Réceptions.* — Les livraisons doivent toujours être faites dans les casernes en quartiers entiers. Elles ont lieu une fois par jour dans un local affecté à cet usage, aux heures fixées par le chef de corps.

Elles peuvent être faites en deux fois pendant les fortes chaleurs.

La réception est opérée par un officier délégué de la commission des ordinaires.

En cas de contestations sur la fourniture, l'officier délégué de la commission des ordinaires avise le président qui convoque la commission. Celle-ci, réunie conformément aux dispositions de l'article 18 du règlement sur les ordinaires, statue aussitôt.

Sa décision est immédiatement exécutoire. S'il y a eu tentative de fraude ou de tromperie, le délit est, en outre, constaté dans les formes légales et réglementaires. Les quantités rejetées sont remplacées dans le délai de..... heures [1] par les soins du fournisseur. Toutefois ce dernier peut saisir de la contestation les tribunaux ordinaires.

Si le fournisseur n'est pas en mesure de livrer dans le délai fixé les quantités nécessaires ou s'il présente de nouveau des denrées inacceptables, la commission des ordinaires pourvoit à la fourniture de la manière qu'elle juge convenable et aux risques et périls de l'entrepreneur.

La commission peut pourvoir de la même façon à la fourniture des quantités commandées quand la livraison n'en a pas été faite..... [1] heures après celle fixée par le chef de corps et ce sans préjudice de la retenue pour retard, prévue à l'article ci-après.

D'ailleurs, la réception ne libère point le fournisseur; si, en effet, au cours du débit de la viande, certaines parties sont reconnues impropres à la consommation, le fournisseur est tenu de les remplacer immédiatement. Il est procédé, le cas échéant, comme il est dit ci-dessus au sujet des contestations et de même pour tous les délits de tromperie ou de fraude régulièrement constatés.

B. — Modèle de cahier des charges pour la fourniture de la viande de boucherie en morceaux débités

Article premier. — *Objet du service.* — Même rédaction que pour la fourniture en bêtes entières, demi-bêtes ou quartiers.

Art. 2. — *Nature de la viande à fournir.* — Même rédaction que pour la fourniture de bêtes entières, demi-bêtes ou quartiers [y compris les renvois (1) et (2)].

Art. 3. — *Qualité de la viande.* — La viande doit provenir d'animaux bien conformés, parfaitement sains, bien en chair et présentant, après abat, les signes d'un bon engraissement moyen, c'est-à-dire avoir :

1° Les rognons couverts complètement par une graisse blanche, légèrement rosée ou jaunâtre;

1. Ce délai est variable suivant les circonstances locales, mais il ne peut être inférieur à une heure.

2° Le plat des cuisses garni d'une couche suffisante de graisse ondulée et un peu frisée ;

3° Le grappé ou graisse des plèvres costales bien développé ;

4° La graisse de couverture (sauf pour le taureau) ferme, blanche, rosée ou jaune et ayant au moins un demi-centimètre d'épaisseur sur les côtes.

La viande désignée en boucherie sous le nom de viande de troisième qualité est exclue de la fourniture.

Le bœuf et la vache doivent être âgés de plus de trois ans et de moins de dix ; le taureau de plus de deux ans et de moins de trois.

Ces animaux doivent peser sur pied un poids minimum de..... [1] pour le bœuf, ... pour le taureau, ... pour la vache et avoir été sacrifiés au moins douze heures avant la livraison à l'abattoir public de ..... [2].

Quand, par exception, la viande est livrée moins de douze heures après l'abat, le prix est diminué de 3 0/0.

Le soufflage est formellement interdit.

ART. 4. — *Nature et qualité des morceaux.* — Les morceaux, du poids minimum de 5 kilogrammes, doivent représenter des coupes normales en boucherie, n'avoir subi aucune manipulation suspecte et posséder leurs revêtements aponévrotiques et séreux intacts.

En aucun cas, les ganglions ne doivent être enlevés. Les coupes sont faites proprement et les gros os divisés à la scie.

Les morceaux désossés sont formellement exclus.

La proportion des os compris dans les pesées ne doit pas excéder le cinquième du poids total.

Les deux tiers de la fourniture se composent indifféremment : de l'épaule, du collier avec sa veine grasse, du train de côtes, du plat de côtes couvert, de la jambe, de la culotte ou d'un morceau quelconque de la cuisse.

Le dernier tiers comprend indifféremment : le gros bout, le milieu de poitrine, la surlonge et la joue désossée (ces deux derniers morceaux pouvant être d'un poids inférieur à 5 kilogrammes).

ART. 5. — *Examen des animaux et de la viande.* — Le fournisseur est tenu de laisser examiner ses animaux sur pied par les vétérinaires ou médecins militaires désignés par les corps de troupe.

Le marquage des animaux sur pied s'effectuera dans des conditions telles qu'aucune substitution ne puisse se produire. On utilisera, de préférence, le marquage au fer rouge sur la corne ou sur le pied ou le sciage de l'extrémité de la corne, la partie détachée restant entre les mains du vétérinaire ou du médecin.

Tout animal refusé sur pied comme dangereux pour la consommation sera marqué sur le côté gauche de la croupe, au niveau de la naissance de la queue, de la lettre « R » apposée au fer rouge. Si l'animal est sain et refusé seulement pour non-convenance de la troupe, la marque ne sera pas apposée.

Le fournisseur est tenu également de laisser examiner ses animaux après abat par des vétérinaires ou médecins militaires[3], conformément aux prescriptions

---

1. Le poids sera déterminé d'après le poids moyen des animaux abattus dans la région.

2. Cet abattoir est toujours l'abattoir public, communal ou intercommunal lorsque la localité en possède un ; dans le cas contraire, autant que possible, l'abattoir d'une localité voisine, convenablement choisi.

3. A tire exceptionnel, dans les villes où le service d'inspection à l'abattoir est assuré, par des vétérinaires auxquels toute clientèle est interdite. Les corps peuvent, sous leur responsabilité, admettre les viandes débitées estampillées par le vétérinaire municipal

de l'instruction sur le contrôle et l'inspection de la viande fraîche ; cet examen est effectué au double point de vue de la salubrité et de la qualité.

Le vétérinaire militaire ou médecin militaire, en procédant à cette inspection, apposera à l'aide d'un timbre-rouleau les estampilles qu'il jugera nécessaires pour éviter toute substitution.

Art. 6. — *Débit de la viande en morceaux.* — *Transport les casedansrnes.* — Le chef de corps, d'accord avec le vétérinaire militaire ou le médecin militaire, prendra toutes mesures nécessaires pour s'assurer que la viande débitée par le boucher est la même que celle qui a été vérifiée et qu'aucune substitution n'a lieu pendant le transport.

Le boucher fournisseur sera tenu, du reste, de laisser le vétérinaire ou le médecin assister, s'il le juge utile, au débit de la viande destinée à la distribution.

Lorsqu'elle sera parvenue à la caserne, à l'heure prescrite par le chef de corps, la viande sera, dans tous les cas, soumise à un nouvel examen du vétérinaire militaire ou du médecin militaire [1].

Art. 7. — *Moutons.* — Les moutons doivent être de bonne deuxième qualité, avoir le rein couvert de graisse blanche et ferme, le panicule charnu de couleur rouge vif, la viande d'un beau rouge foncé.

Ils doivent avoir au moins deux ans et pas plus de six et peser, dépecés et sans fressure, un minimum de 15 kilogrammes [2].

La graisse de couverture ne doit pas dépasser 3 à 4 millimètres au minimum.

Les brebis sont admises dans la proportion d'un cinquième.

Quand la viande de mouton est livrée en morceaux, on exigera la même qualité que pour les animaux fournis en entier, et les corps auront la faculté d'exiger à tour de rôle et en poids égaux :

Premier lot : l'épaule ;

Deuxième lot : la poitrine avec côtelettes découvertes ;

Troisième lot : le gigot entier.

Art. 8. — *Livraisons.* — *Réceptions.* — Même rédaction que pour la fourniture par bêtes entières, demi-bêtes ou quartiers.

C. — Modèle de cahier des charges pour la fourniture du porc frais

Article premier. — *Objet du service.* — Le service consiste à fournir le porc frais nécessaire aux ordinaires du .....

Les sous-officiers et autres hommes de troupe non nourris à l'ordinaire, y compris les gendarmes, peuvent être admis, quand ils le demandent, à prendre part aux distributions.

Les distributions ont lieu à raison de (tant par semaine ou par mois) sur le taux de ..... grammes par homme et par jour ; le corps peut cependant modifier ce chiffre en plus ou en moins.

inspecteur de l'abattoir. Dans tous les cas, la viande doit être soumise, à la caserne, à l'examen d'un vétérinaire militaire ou, à défaut, d'un médecin militaire.

1. Cet abattoir est toujours l'abattoir public communal ou intercommunal, lorsque la localité en possède un ; dans le cas contraire, autant que possible. l'abattoir d'une localité voisine, convenablement choisi.

2. Effacer celui des deux modes de fournitures qui ne sera pas adopté.

En cas de grandes manœuvres et de déplacements temporaires du corps, la fourniture est suspendue pour l'effectif qui a quitté la garnison et pendant la durée de son absence.

Le marché commencera le ..... et prendra fin le .....

ART. 2. — *Nature de la viande à fournir.* — La viande à fournir est celle de porc frais de provenance française, algérienne ou tunisienne.

Sont formellement exclues les viandes de verrat et de coche.

La quantité sera indiquée au moins quarante-huit heures à l'avance par le secrétaire de la commission des ordinaires.

ART. 3. — *Qualités de la viande.* — La viande doit provenir d'animaux parfaitement sains, bien en chair sans être trop gras, pesant un minimum de 80 à 90 kilogrammes ; ils devront avoir été sacrifiés au moins douze heures avant la livraison à l'abattoir de ..... [1].

La chair sera ferme ; le grain fin et serré sera marbré dans les régions du tronc, la graisse sera blanche, consistante, onctueuse, fondant entre les doigts, tachant le papier ; le lard (graisse de couverture) n'aura pas moins de 2 centimètres d'épaisseur ni plus de 3 ; la panne (graisse intérieure) sera abondante dans la cavité abdominale.

ART. 4. — *Modes de fourniture.* — La fourniture se composera de porcs entiers, de demi-porcs ou du rein en entier ou en partie [2]. Le rein doit comprendre « l'échinée » (région du cou), le « filet » (partie dorsale et lombaire), la « samorie » (partie lombo-sacrée) ; il est limité en avant par la section du cou, en arrière par la coupe oblique qui le sépare du jambon et latéralement, d'une part par la « fente », d'autre part par une coupe allant de l'entrée de la poitrine à la hanche.

ART. 5. — *Examen des animaux et de la viande.* — Le fournisseur est tenu de laisser examiner ses animaux sur pied par les vétérinaires ou médecins militaires désignés par les corps de troupe.

Le marquage des animaux sur pied s'effectuera dans des conditions telles qu'aucune substitution ne puisse se produire ; on utilisera la marque au fer rouge.

Tout animal refusé sur pied comme dangereux pour la consommation sera marqué sur les reins de la lettre « R » apposée au fer rouge. Si l'animal est sain et refusé seulement pour non-convenance de la troupe, la marque ne sera pas apposée.

Le fournisseur est également tenu de laisser examiner ses animaux après abat par les vétérinaires et les médecins militaires, conformément aux prescriptions de l'instruction sur le contrôle et l'inspection de la viande fraîche ; cet examen est effectué au double point de vue de la salubrité et de la qualité.

Le vétérinaire ou médecin, en procédant à cette inspection, apposera à l'aide du timbre-rouleau les estampilles qu'il jugera nécessaires pour éviter toute substitution.

ART. 6. — *Transport de la fourniture.* — Le chef de corps, d'accord avec le vétérinaire militaire ou le médecin militaire, prendra toutes mesures nécessaires pour s'assurer que la viande débitée par le charcutier est la même que celle qui a été vérifiée et qu'aucune substitution n'a lieu pendant le transport.

Le charcutier fournisseur sera tenu, du reste, de laisser le vétérinaire ou le médecin assister, s'il le juge utile, au débit de la viande destinée à la distribution.

---

1. Voir la note 1 de la page précédente.
2. Ce poids pourra être ramené à 12 kilogrammes pour les moutons de petite race.

Lorsqu'elle sera parvenue à la caserne à l'heure prescrite par le chef de corps, la viande sera, dans tous les cas, soumise à un nouvel examen du vétérinaire militaire ou du médecin militaire [1].

Livraisons. — Réceptions. — Même rédaction que pour la fourniture par bêtes entières, demi-bêtes ou quartiers.

D. — CLAUSES DIVERSES

Les clauses figurant dans l'instruction du 22 avril 1903 relatives aux principales dispositions à insérer dans les cahiers des charges pour la fourniture des denrées et l'exécution des services ressortissant aux ordinaires en ce qui concerne le payement, les retenues pour retard, les cas de résiliation du marché, les cas de mort, de faillite ou de liquidation judiciaire, le cas de prolongation du marché, les dépenses à la charge de l'entrepreneur, le cas d'augmentation des droits d'octroi, d'abatage ou de douane, le cautionnement et les dispositions diverses, sont à maintenir en principe dans les cahiers des charges pour la fourniture de la viande fraîche, sous réserve des modifications ci-après :

1° *Supprimer* les numéros des articles susvisés qui sont destinés à faire suite à ceux des modèles A, B ou C, *supprimer* et laisser en blanc les références auxdits numéros dans le texte des divers articles ;

2° *Modifier* l'article intitulé : « Cas de résiliation du marché », de la façon suivante :

§ 2° *Au lieu de la rédaction actuelle, mettre :* « Si la proportion des rejets globaux ou partiels par rapport aux livraisons dépasse 10 0/0 (1). »

Le renvoi (1) est à maintenir.

3° *Remplacer* le 1er alinéa de l'article intitulé : *Dispositions diverses*, par le suivant :

« ART. ... — L'entrepreneur est soumis à toutes les dispositions du règlement sur les ordinaires de la circulaire du 28 mars 1908 et des instructions sur l'inspection et le contrôle des viandes, qui peuvent le concerner et qui ne sont pas contraires aux stipulations du présent cahier des charges. »

CIRCULAIRE RELATIVE AUX DISPOSITIONS A ADOPTER POUR LA FOURNITURE DE LA VIANDE AUX CORPS DE TROUPE

Paris, le 22 avril 1908.

Le Sous-Secrétaire d'État à MM. les Gouverneurs militaires de Paris et de Lyon ; les Généraux commandant les corps d'armée ; le Général commandant la division d'occupation de Tunisie.

En arrêtant, par ma circulaire du 28 mars 1908, les mesures à prendre à l'avenir pour assurer une inspection rigoureuse de la viande destinée aux corps

---

1. A titre exceptionnel, dans les villes où le service d'inspection à l'abattoir est assuré par des vétérinaires auxquels toute clientèle est interdite, les corps peuvent, sous leur responsabilité, admettre les viandes débitées et estampillées par le vétérinaire municipal, inspecteur de l'abattoir. Dans tous les cas, la viande doit être soumise, à la caserne, à l'examen d'un vétérinaire militaire ou, à défaut, d'un médecin militaire.

de troupe, je vous faisais connaître que des instructions complémentaires vous seraient prochainement adressées :

1° Sur l'application des principes posés dans ladite circulaire sous le régime des cahiers des charges actuels;

2° Sur la manière de procéder dans les petites unités qui n'ont ni vétérinaire ni médecin et qui prennent la viande par morceaux séparés;

3° Pour la rédaction de nouveaux cahiers des charges en remplacement de ceux qui prennent fin le 30 juin prochain;

4° Sur la procédure à suivre pour la constatation des fraudes.

I. — RÉGIME DES CAHIERS DES CHARGES ACTUELS

Toutes les dispositions de la circulaire du 28 mars 1908 sont immédiatement applicables sous le régime des cahiers des charges actuels, sauf celles relatives à la marque au fer rouge de l'animal refusé (§ 3 de la circulaire), qui ne pourra être appliquée que sous le régime des futurs cahiers des charges.

II. — MANIÈRE DE PROCÉDER POUR L'INSPECTION DANS LES PETITES UNITÉS

Les mesures suivantes seront prises pour assurer, dans les petites unités, l'inspection des viandes destinées à la consommation des corps de troupe :

1° Lorsqu'on sera à proximité d'une boucherie militaire et dans les conditions pratiques pour s'y approvisionner, les détachements s'approvisionneront à ladite boucherie ;

2° Lorsqu'on sera à proximité d'une agglomération militaire assez importante où il n'existe pas de boucherie militaire, mais où la circulaire du 28 mars 1908 reçoit son application, le détachement s'entendra, pour la fourniture de la viande, avec un des corps de troupe de cette agglomération.

S'il n'y a pas entente, le commandant d'armes déterminera le corps de troupe qui devra fournir le détachement ;

3° A l'égard des détachements absolument isolés de toute boucherie militaire et de toute agglomération militaire, les mesures suivantes seront prises :

Une instruction technique suffisante sera donnée à l'officier de distribution ou au gradé chargé du service, lequel se fera seconder par un boucher, charcutier ou cuisinier de profession effectuant son service militaire et qui sera placé au besoin dans le détachement.

De plus, avant tout marché avec le boucher fournisseur, une enquête sera faite sur les conditions dans lesquelles s'effectue l'abatage de ses animaux, et inopinément, chaque semaine, le vétérinaire ou médecin militaire désigné par le général commandant la subdivision se rendra chez le boucher fournisseur pour vérifier l'installation et le fonctionnement de sa tuerie et la qualité du bétail sacrifié.

Des enquêtes seront faites sur l'origine de ce bétail.

III. — RÉDACTION DE NOUVEAUX CAHIERS DES CHARGES

Je vous adresse ci-joint :

1° Un modèle de cahier des charges pour la fourniture de la viande de boucherie en bêtes entières, demi-bêtes ou quartiers;

2° Un modèle de cahier des charges pour la fourniture de la viande de boucherie en morceaux débités.

Vous recevrez incessamment des instructions sur le contrôle et l'inspection des animaux et des viandes destinés à la consommation de l'armée.

IV. — Procédure a suivre pour la constatation des fraudes

Dès que le Conseil d'Etat aura émis son avis sur un projet de décret qui lui est actuellement soumis et qui tend à donner qualité à diverses autorités militaires pour effectuer des prélèvements dans les conditions prévues par le décret du 31 juillet 1906, je vous adresserai des instructions nouvelles sur la procédure à suivre pour la constatation des tromperies ou fraudes et des tentatives de ces mêmes délits. Jusque-là, il y aura lieu de se conformer aux instructions actuellement en vigueur.

CIRCULAIRE SUR LES CUISINES RÉGIMENTAIRES

Paris, le 22 avril 1908.

L'alimentation du soldat exerce une influence décisive sur l'état sanitaire de l'armée.

Dans cet ordre d'idées, il n'est pas seulement indispensable, ainsi que l'ont recommandé de précédentes circulaires, de veiller rigoureusement à la qualité des denrées, il importe encore de se préoccuper de la préparation des aliments.

D'excellentes initiatives, couronnées de succès, ont été prises par certains commandants d'unités. Il convient de généraliser les résultats obtenus.

Propreté des cuisines. — Il est avant tout indispensable, pour que les aliments soient appétissants, de faire régner dans les cuisines une propreté méticuleuse. Non seulement les locaux et le matériel doivent être lavés et nettoyés avec soin aussi souvent qu'il est nécessaire, mais les cuisiniers doivent être astreints à la propreté corporelle la plus rigoureuse. Ils ne doivent toucher à la viande et aux autres aliments qu'après s'être lavé les mains. Leurs effets doivent toujours être propres.

Choix des cuisiniers. — La bonne cuisine ne peut être faite que par des professionnels. Il faudra donc employer de préférence, dans les cuisines régimentaires, des cuisiniers de profession accomplissant leur service militaire. D'autre part, on formera méthodiquement à la pratique culinaire des hommes de troupe prédisposés, par leur métier antérieur, à bien remplir ces fonctions.

Déjà le règlement du 22 avril 1905 avait prévu, dans son article 10, l'emploi de cuisiniers professionnels présents sous les drapeaux en qualité de cuisiniers chefs permanents dans chaque cuisine ou groupe de cuisines.

Pour que cette mesure puisse être appliquée effectivement, il importe de ne pas confier d'autres emplois aux cuisiniers professionnels.

En particulier, dès la réception de la présente circulaire, *il sera formellement interdit de désigner ces hommes pour servir d'ordonnances.*

Indépendamment des cuisiniers chefs, la formation de bons cuisiniers dans chaque unité administrative doit être l'objet de toute l'attention de l'officier qui commande cette unité.

Les fonctions de cuisinier sont attribuées à des professionnels si les ressources du recrutement le permettent, ou à défaut de ceux-ci à des hommes de profession similaire : charcutier, pâtissier, aubergiste, etc.

Il est à remarquer que si le règlement du 22 avril 1905 n'autorise pas à employer pendant plus de trois mois consécutifs et pendant plus de six mois par année un même soldat aux fonctions de cuisinier, cette interdiction ne saurait s'appliquer aux hommes du service auxiliaire, qu'il y a au contraire intérêt à employer et à spécialiser le plus possible.

Préparation des aliments. — Afin de faciliter la tâche des cuisiniers, nous faisons préparer en ce moment un formulaire, véritable livre de la cuisine militaire, donnant les indications sur la manière de préparer les aliments destinés aux soldats et notamment les viandes de conserves, avec lesquelles certains chefs de corps ont fait des préparations excellentes. Il va sans dire que ces indications ne s'imposeront à personne ; ce seront de simples exemples, montrant ce qui a été fait dans certains corps. Car la liberté absolue d'initiative est laissée au gérant de l'ordinaire. Il lui est seulement recommandé de veiller à la variété des mets, à leur préparation convenable, enfin à leur distribution sous une forme appétissante.

L'attribution d'une petite indemnité supplémentaire à celui des cuisiniers d'un régiment qui se sera le plus distingué dans un trimestre par sa propreté, sa compétence et aussi son esprit d'ordre et d'économie, est en ce moment à l'étude, et il y a tout lieu d'espérer qu'elle pourra être réalisée après le vote du prochain budget.

Leçons de cuisine. — Dans beaucoup de garnisons, des personnes de bonne volonté, hôteliers ou cuisiniers civils, ont offert leur concours désintéressé en vue de la formation des cuisiniers de troupe. Dans d'autres, des cours de cuisine ou d'économie ménagère peuvent être suivis avec fruit par les cuisiniers militaires. Aucune règle générale ne saurait être édictée à cet égard. Les chefs de corps seront juges des moyens à adopter pour former des cuisiniers suffisamment aptes à l'exercice de leur fonction.

Compte rendu annuel. — Chaque année, les généraux commandants de corps d'armée, après avoir recueilli les renseignements des chefs de corps, feront parvenir au ministre, sous le timbre de la 5e direction, un rapport sur les résultats obtenus dans l'étendue de leur commandement.

Dans ce rapport, ils feront connaître notamment les améliorations dont l'expérience aura révélé l'utilité, soit qu'elles concernent le personnel, soit qu'elles soient relatives au matériel en usage ou aux conditions de préparation des aliments.

J'attache la plus grande importance à l'exécution des dispositions qui précèdent.

INSTRUCTION SUR LE CONTROLE ET L'INSPECTION DES VIANDES
ET DES ANIMAUX DE BOUCHERIE DESTINÉS A LA TROUPE

Paris, le 2 mai 1908.

ARTICLE PREMIER. — *Organisation du service.* — Aucune viande ne peut être distribuée à la troupe si elle n'a été, au préalable, examinée au point de vue de sa salubrité et de sa qualité.

Le service d'inspection est assuré dans les boucheries militaires par un vétérinaire militaire.

Dans les corps et détachements importants, l'examen des animaux sur pied, des animaux abattus ou des viandes débitées est effectué dans les abattoirs, dans les casernes ou chez le fournisseur par un vétérinaire militaire ou, à défaut, par un médecin militaire

Dans les unités ou détachements isolés, ce service est assuré, à défaut de vétérinaire militaire ou de médecin militaire, par un officier ou par le gradé chef de détachement, qui se fait seconder au besoin par un militaire du détachement, de la profession de boucher, charcutier ou cuisinier.

Dans chaque garnison, le commandant d'armes règle, suivant les circonstances particulières locales, les mesures de détail relatives à l'exécution du service et notamment le roulement à établir entre les médecins et les vétérinaires militaires, de façon à alléger dans la mesure nécessaire le service de ceux-ci. Les vétérinaires et médecins auxiliaires suppléent, s'il y a lieu, les vétérinaires et médecins militaires.

ART. 2. — *Examen des animaux sur pied.* — Le vétérinaire ou le médecin militaire s'assure de l'état de santé des animaux et écarte tous ceux qui sont malades ou fatigués.

Il examine ensuite l'âge des animaux, leur sexe, leur état d'embonpoint, et élimine ceux qui ne réunissent pas toutes les conditions exigées par les cahiers des charges.

ART. 3. — *Marquage des animaux sur pied.* — Les animaux reconnus avant abat propres à fournir la viande destinée à l'alimentation des troupes sont marqués par l'un des procédés suivants :

L'extrémité d'une corne est sciée incomplètement, puis cassée, et la partie détachée, constituant un moyen de contrôle, reste entre les mains du vétérinaire ou du médecin. En cas d'impossibilité et notamment lorsque le développement des cornes est insuffisant, on pourra utiliser soit le plombage à l'oreille à l'aide d'une pince-composteur, soit le marquage au fer rouge sur le bas de la corne ou sur un pied.

ART. 4. — *Marquage des animaux refusés.* — Les animaux refusés comme dangereux pour la consommation sont marqués sur le côté gauche de la croupe, au niveau de la naissance de la queue, de la lettre « R » apposée au fer rouge ; les animaux sains et refusés seulement pour non-conformité au cahier des charges ne sont pas marqués.

ART. 5. — *Présentation des animaux après abat.* — Quel que soit le mode de fourniture (bêtes entières, demi-bêtes ou quartiers), les animaux sont présentés abattus depuis douze heures au moins et fendus ; les chairs doivent être refroidies et raffermies, les graisses et les moelles figées [1].

L'abatage, la saignée et l'habillage auront été faits méthodiquement et avec soin ; la division de la colonne vertébrale sera sans bavures et les taches extérieures de sang auront été enlevées au couteau ou au moyen de linges blancs et secs. La peau devra adhérer naturellement au sommet de la tête et les poumons à l'un des quartiers de devant.

Sauf le rein qui reste en place avec sa graisse de couverture, les autres organes thoraciques et abdominaux seront placés à proximité dans un ordre déterminé et si possible marqués. La plèvre et le péritoine doivent être absolument intacts ; toute tentative d'enlèvement ou de grattage, même partiel, entraîne le rejet absolu de l'animal, sans autre examen.

Art. 6. — *Examen des animaux après abat.* — Le vétérinaire ou le médecin s'assure du sexe ou de l'âge des animaux et, s'il y a lieu, de leur identité par la reconnaissance de la marque appliquée avant l'abat. Il procède ensuite à l'examen de la salubrité de la viande par une inspection minutieuse des abats, des séreuses des grandes cavités, des chaines et groupes ganglionnaires, etc., et se livre à toutes les investigations susceptibles de l'éclairer ; il peut inviter le fournisseur à l'aider dans ses opérations.

Le vétérinaire ou le médecin se rend compte de la qualité de l'état d'embonpoint des animaux par l'examen des dépôts graisseux, du grain et de la consistance de la viande, et s'assure que la fourniture réunit toutes les conditions exigées par le cahier des charges.

Art. 7. — *Estampillage des viandes reconnues propres à la consommation.* — Les viandes provenant des animaux reconnus, après abat, propres à la consommation sont estampillées à l'abattoir par le vétérinaire militaire ou par le médecin militaire à l'aide d'un timbre-rouleau, en présence d'un gradé désigné par chaque partie prenante.

La marque est apposée sur chaque demi-bête suivant une ligne joignant la pointe de la fesse à l'articulation de l'épaule ; chaque quartier est estampillé extérieurement sur toute sa longueur.

Art. 8. — *Contestations.* — En cas de contestation, afin qu'il soit possible de reconnaître les animaux ou viandes objet du litige, ces animaux ou viandes devront être marqués à l'aide du plombage.

Le commandant d'armes ainsi que les corps de troupe intéressés en sont immédiatement informés.

Art. 9. — *Dispositions à prendre vis-à-vis des viandes tuberculeuses.* — Lorsque, au cours de son examen, le vétérinaire ou le médecin militaire constate la tuberculose sur les animaux abattus, il se conforme aux dispositions suivantes :

Il rejette complètement la fourniture lorsqu'il rencontre l'un des cas suivants :

1° Il existe des lésions de tuberculose aiguë même très limitées ;

2° Les lésions tuberculeuses revêtent la forme caséeuse ou purulente et frappent un ou plusieurs organes ;

3° Il existe des lésions même discrètes atteignant un ou plusieurs ganglions intermusculaires ;

4° La tuberculose est localisée soit aux muscles, soit aux os ;

5° Les lésions tuberculeuses, calcifiées ou fibreuses, frappent à la fois un ou

---

1. Certaines circonstances peuvent cependant nécessiter que la présentation des animaux ait lieu plus tôt et aussitôt après la préparation et l'habillage de la bête.

plusieurs viscères thoraciques ou abdominaux et un ou plusieurs organes ou régions situés en dehors des grandes cavités splanchiques (mamelles, articulations, région pharyngienne, langue).

Il rejette de la fourniture les parties tuberculeuses et les régions qui sont en contact avec les parties malades lorsque les lésions rencontrées sont calcifiées ou fibreuses et nettement localisées; la délimitation est faite en empiétant largement sur les parties saines.

ART. 10. — *Transport de la viande des abattoirs dans les casernes.* — Le gradé désigné par chaque partie prenante et qui a assisté à l'estampillage de la viande abattue l'accompagne de l'abattoir à la boucherie de la caserne sans qu'aucun arrêt puisse avoir lieu en route.

Il pourra prendre place sur la voiture qui transporte la viande. Cette voiture sera close, à moins que les viandes soient enveloppées de linges propres et secs, de manière à n'en laisser aucune des parties à découvert.

Le gradé veillera à ce qu'aucune substitution n'ait lieu et remettra à l'officier de distribution un certificat placé sous enveloppe fermée, délivré par le vétérinaire ou le médecin militaire chargé de l'inspection et portant les indications nécessaires sur la viande visitée.

Ce gradé sera changé le plus souvent possible.

ART. 11. — *Inspection dans les casernes.* — L'inspection de la viande doit toujours être faite par un vétérinaire militaire ou un médecin militaire dans les casernes lorsque la fourniture a lieu par morceaux débités et dans les cas où les viandes visitées à l'abattoir n'ont pas été transportées immédiatement dans les boucheries du corps après l'estampillage. Elle doit avoir lieu également lorsque, au cours du débit de la viande, certaines parties paraissent douteuses à l'officier de distribution et lorsque certaines circonstances atmosphériques ont pu modifier la qualité de la viande conservée dans la boucherie du corps.

ART. 12. — *Inspection chez le fournisseur.* — L'inspection de la viande chez le fournisseur peut être faite par le vétérinaire militaire ou le médecin militaire, quand il le juge utile, au moment du débit de la viande destinée à la distribution lorsque la fourniture a lieu par morceaux débités. Elle doit être faite inopinément.

Le vétérinaire militaire ou le médecin militaire chargé de l'inspection de la viande destinée aux petites unités isolées est désigné par le général commandant la subdivision. L'inspection, dans ce cas, doit porter également sur l'installation de la tuerie.

Le vétérinaire militaire ou le médecin militaire rend compte de sa mission par écrit au général commandant la subdivision, qui fait parvenir ce rapport au directeur du service de santé ou du service vétérinaire du corps d'armée, suivant le cas.

ART. 13. — *Réception.* — *Distribution.* — L'officier de distribution est chargé de la réception de la viande et de sa répartition entre les parties prenantes.

Lorsque les quartiers de viande estampillés sont transportés immédiatement de l'abattoir à la caserne, l'officier de distribution ne reçoit que ceux qui sont revêtus d'une façon très apparente de l'estampille d'inspection.

Dans tous les autres cas, il ne procède à la réception de la fourniture que lorsqu'elle a été examinée à la boucherie du corps par un vétérinaire militaire ou un médecin militaire.

L'officier de distribution assiste aux pesées et au découpage de la viande; il veille à ce que cette dernière opération ne soit faite qu'à l'aide de la scie ou du couteau.

Il s'assure que les prélèvements de viande que le fournisseur est autorisé à faire sont effectués selon les indications portées au cahier des charges, que le suif couvert est enlevé ainsi que les mamelles ; il veille au désossage des bajoues et n'en accepte qu'une par demi-bête.

Si, au cours du débit de la viande, l'officier de distribution relève quelque indice d'altération de la fourniture, il en rend compte au président de la commission des ordinaires et avise le vétérinaire ou le médecin militaire.

L'officier de distribution ne doit s'éloigner qu'après achèvement complet de la distribution aux parties prenantes.

Art. 14. — *Registre d'inspection.* — Le vétérinaire ou le médecin militaire chargé du service tient, à l'abattoir, un registre d'inspection, coté et paraphé par le commandant d'armes, sur lequel est inscrit, avec la date, l'espèce et le nombre des animaux marqués, la nature et le nombre de quartiers de viande estampillés, ainsi que le nom du fournisseur et la désignation du corps de troupe auquel la viande est destinée.

Il mentionnera également sur le registre d'inspection, avec le nom du fournisseur, le motif du refus et le corps de troupe destinataire. Ces renseignements pourront être utilement consultés par les corps de troupe au moment du renouvellement des marchés.

Art. 15. — *Registre de visite.* — Il est ouvert, dans tous les corps et détachements, un registre de visite qui est déposé à demeure, dans le local où s'effectue la réception de la viande.

Les officiers de distribution, ainsi que les vétérinaires et médecins militaires, qui interviennent pour la réception dans les casernes, sont tenus d'y mentionner chaque jour leur avis, suivi d'un émargement daté.

Les commandants d'unité qui auraient des observations à formuler les y consignent. Les chefs de corps devront se faire présenter, aussi fréquemment que possible, le registre qu'ils signeront chaque semaine.

Art. 16. — *Cahier des charges.* — Des exemplaires des cahiers des charges seront déposés à l'abattoir et dans les boucheries des corps de troupe.

Art. 17. — *Expériences de rendement en viande désossée.* — Des expériences destinées à faire ressortir le rapport entre le poids de la viande crue et le poids des os sont effectuées inopinément sur l'ordre des chefs de corps ou spontanément par les commandants d'unité, si l'on a des raisons de croire que la proportion indiquée au cahier des charges est dépassée.

Ces expériences doivent être faites au moment de la livraison, en présence du fournisseur; le résultat est consigné sur le registre de visite.

Art. 18. — *Marques.* — *Timbres.* — *Registres.* — Les appareils destinés à marquer les animaux sur pied ainsi que le timbre-rouleau pour l'estampillage, sont renfermés dans une boîte déposée à l'abattoir (dans un local désigné par le maire après entente avec le commandant d'armes), et fermée par un cadenas dont le vétérinaire ou le médecin militaire chargé du service a seul la clef.

Le registre d'inspection est déposé au même endroit. Les timbres-rouleaux, marques à chaud, pinces-composteurs et objets divers nécessaires au service d'inspection sont achetés et réparés au compte des commissions des ordinaires de chaque corps de troupe et établissement militaire de la place. Les demandes d'achat, d'entretien et de réparation sont établies au fur et à mesure des besoins par les vétérinaires ou médecins militaires chargés du service d'inspection et adressées au commandant d'armes, qui répartit les dépenses au prorata des effectifs des corps et établissements militaires de la garnison.

Art. 19. — *Devoirs spéciaux des vétérinaires et médecins militaires chargés du ser-*

vice d'inspection des animaux et des viandes. — Les vétérinaires et médecins militaires. devront se conformer aux prescriptions des articles 29 et 31 de la loi du 21 juin 1898 sur le Code rural [1] et à l'article 3 de la circulaire du 1er novembre 1904 sur la police sanitaire des animaux [2].

ART. 20. — *Surveillance du service d'inspection.* — Les directeurs des services vétérinaires et de santé des corps d'armée devront faire très fréquemment des visites inopinées dans les abattoirs et tueries, afin de s'assurer du fonctionne-

---

1. Loi du 21 juin 1898 :

« ART. 29. — Les maladies réputées contagieuses et qui donnent lieu à déclaration et à l'application des mesures de police sanitaire ci-après sont :

« La rage dans toutes les espèces ;

« La peste bovine dans toutes les espèces de ruminants :

« La péripneumonie contagieuse, le charbon emphysémateux ou symptomatique et la tuberculose dans l'espèce bovine ;

« La clavelée et la gale dans les espèces ovines ;

« La fièvre aphteuse dans les espèces bovine, ovine ..... : et porcine ;

. . . .

. . . .

« Le rouget, la pneumo-entérite infectieuse dans l'espèce porcine.

« ART. 31. — Tout propriétaire, toute personne ayant, à quelque titre que ce soit, la charge des soins ou la garde d'un animal atteint ou soupçonné d'être atteint de l'une des maladies contagieuses prévues par l'article 29 est tenu d'en faire immédiatement la déclaration au maire de la commune où se trouve l'animal.

« L'animal atteint ou soupçonné d'être atteint d'une maladie contagieuse doit être immédiatement, et avant même que l'autorité administrative ait répondu à l'avertissement, séquestré, séparé et maintenu isolé autant que possible des autres animaux susceptibles de contracter cette maladie.

« La déclaration et l'isolement sont obligatoires pour tout animal mort d'une maladie contagieuse ou soupçonnée contagieuse ainsi que pour tout animal abattu, en dehors des cas prévus par le présent livre, qui, à l'ouverture du cadavre, est reconnu atteint ou suspect d'une maladie contagieuse.

« Sont également tenus de faire la déclaration, tous vétérinaires appelés à visiter l'animal vivant ou mort.

« Il est interdit de transporter l'animal ou le cadavre avant que le vétérinaire sanitaire l'ait examiné. La même interdiction est applicable à l'enfouissement, à moins que le maire, en cas d'urgence, n'en ait donné l'autorisation spéciale. »

2. Circulaire du 1er novembre 1904 sur la police sanitaire des animaux :

« ART. 3. — Tout animal atteint ou soupçonné d'être atteint de l'une des maladies contagieuses énumérées dans la présente loi doit être déclaré. c'est-à-dire signalé, au maire de la commune sur le terrain de laquelle il se trouve. Cette déclaration sera faite immédiatement sans délai, en un mot dès que la maladie contagieuse sera constatée ou que le soupçon de son existence aura pris naissance. Elle est obligatoire non seulement quand il s'agit d'animaux vivants, mais encore, et pour les mêmes motifs, pour tout animal mort d'une maladie contagieuse ou soupçonnée telle, ainsi que pour tout animal qui, abattu pour une cause quelconque, est. à l'ouverture du cadavre, reconnu atteint ou suspect d'être atteint d'une affection contagieuse.

« L'obligation de déclarer, imposée au propriétaire d'un animal atteint d'une maladie contagieuse, s'applique également à toute personne en ayant, à quelque titre que ce soit, la charge des soins ou la garde. Le législateur a voulu prendre des garanties contre le mauvais vouloir, la négligence du propriétaire, de ses employés et de tierces personnes préposées aux soins à donner aux animaux ou appelées pour les traiter. Si les personnes susvisées sont tenues, au même titre, de faire la déclaration, il suffit, dans la pratique, que celle-ci soit faite une fois pour toutes par l'un des obligés, et ceux auxquels la loi l'impose plus spécialement, — propriétaires et vétérinaires, — mettront leur responsabilité à couvert en s'assurant que la formalité a été remplie.

« En cas de non-déclaration ou même de déclaration tardive, tous sont répréhensibles et pourraient être impliqués dans les poursuites qu'il y aurait lieu d'exercer. »

ment du service d'inspection, ainsi que dans les cuisines et boucheries des corps au moment des distributions.

Les commandants de corps d'armée sont seuls informés de ces déplacements, dont l'opportunité est laissée à l'appréciation de ces directeurs.

Au cours de leurs missions, ils devront se faire présenter les registres d'inspection et de visite et y consigner leurs observations.

Les vétérinaires et médecins militaires chargés du service d'inspection signaleront succinctement, les premiers dans leur rapport mensuel, les seconds dans leur rapport décadaire du 1er de chaque mois, les observations que le contrôle et l'inspection des viandes et des animaux destinés à l'alimentation des troupes leur auront suggérées.

Les directeurs des services vétérinaires et de santé des corps d'armée consigneront ces renseignements dans un rapport trimestriel.

INSTRUCTION TECHNIQUE POUR LA RECONNAISSANCE ET L'EXAMEN DE LA VIANDE SUR PIED ET ABATTUE

Paris, le 16 mai 1908.

1. — EXAMEN DU GROS BÉTAIL SUR PIED

Les bovidés doivent être examinés avant l'abatage au point de vue de l'état de santé, du degré d'embonpoint et de la conformation générale.

Etat de santé. — L'*animal en bonne santé* présente une physionomie spéciale : il a l'œil éveillé et brillant ; ses allures sont vives et dégagées ; le mufle est frais et couvert de rosée ; le poil est lisse et comme lustré ; la colonne vertébrale s'infléchit lorsqu'on la pince légèrement au niveau des reins, entre le pouce et l'index ; la rumination et l'appétit sont réguliers.

Vu couché, l'animal se présente dans le décubitus ordinaire, c'est-à-dire sterno-costal[1]. Au repos, il rumine en sommeillant. Le décubitus latéral complet est en général un signe de mauvais augure.

Quelle que soit la façon dont il repose, il est bon de le faire lever afin d'apprécier exactement son état de santé. S'il est bien portant, une fois debout, il s'étire en voussant la colonne vertébrale en contre-haut et en la baissant ensuite dans un mouvement spécial dit de « pandiculation ».

A ces signes faciles à voir, viennent s'ajouter d'autres renseignements qui résultent de l'emploi de procédés très simples.

La température intérieure du corps prise au rectum ou à la vulve à l'aide d'un thermomètre à maxima ne doit pas dépasser 38°,5-39°[2].

---

1. Dans le décubitus sterno-costal, le corps est penché et repose sur un côté ; l'encolure est déjetée du côté opposé ; les membres antérieurs sont fléchis sur eux-mêmes, l'un est engagé sous la poitrine, l'autre est plus ou moins apparent ; les talons de ce dernier touchent au coude ; les membres postérieurs sont fléchis en avant, l'un est presque caché sous le ventre, l'autre est libre.

2. Il est commode d'employer des thermomètres dont la tige présente un côté plan, de manière à faciliter la lecture des indications fournies par l'instrument.

La prise de température exige l'observation de quelques précautions : maintien de la

La main portée en arrière de l'épaule gauche, au niveau du cœur, permet de compter le nombre des battements à la minute. La fréquence varie beaucoup avec l'âge et le degré d'engraissement. On compte, en moyenne, 35 à 40 pulsations par minute.

Le nombre des mouvements respiratoires varie de 12 à 15.

L'*animal malade* se présente avec une attitude générale variable suivant la nature et l'intensité de la maladie.

Au cours des affections aiguës, la physionomie revêt un caractère de tristesse tout spécial ; le malade se déplace difficilement ; le mufle est sec et chaud ; la bouche est chaude ; le poil est terne ; la tête est basse ; les *grandes fonctions* (respiration, circulation..... sont accélérées ; l'appétit et la rumination sont troublés.

La souplesse de la colonne vertébrale peut ou diminuer ou disparaître, l'animal affectant de se tenir voussé ; parfois, au contraire, elle peut être exagérée.

Des symptômes sont constatés qui tiennent plus particulièrement aux maladies diverses que l'on peut observer : salivation et ulcérations au cours de la fièvre aphteuse ; excréments liquides striés de sang à la suite d'entérite ; écoulement de muco-pus par la vulve dans les cas de métrite.....

Dans les cas de maladie chronique ayant amené la cachectisation progressive, on trouve des symptômes généraux d'une grande importance : amaigrissement avec ou sans émaciation de muscles, surtout dans la région des lombes et du dos ; peau collée aux côtes ; yeux caves et ternes.....

On doit rechercher d'autres signes qui indiquent l'existence de maladies graves : la présence de tuméfactions et d'indurations des ganglions envahis par la tuberculose ; les altérations de la mamelle, avec hypertrophie ou simple induration, seules ou associées à d'autres lésions siégeant du côté de l'intestin ou de la matrice.....

Il convient de retenir que les animaux, sous l'influence de la fatigue, des marches forcées, du séjour prolongé en wagon, de la température élevée, peuvent arriver à l'abattoir dans de mauvaises conditions faisant croire à un état maladif.

Lorsque la santé n'est pas profondément altérée, un repos de quelques jours fait disparaître les signes de fatigue.

État d'embonpoint. — Chez les animaux adultes, la graisse se dépose de préférence à l'intérieur (suif) et infiltre les masses musculaires. Les sujets qui reçoivent une nourriture très alibile composée surtout de soupes ont une tendance à faire beaucoup de graisse extérieure[1].

La graisse s'amasse d'abord le long des veines et des vaisseaux lymphatiques. Elle se dépose en nappes, entre les plans musculaires de la poitrine et du flanc. Elle forme des amas importants, au voisinage des ganglions. Ces dépôts sont faciles à explorer. Ils portent le nom de « maniements ».

Les maniements dont la consistance est dure indiquent une viande dense ; au contraire, chez les jeunes sujets nourris d'une façon intensive, les amas de graisse sont plus ou moins flasques[2].

cuvette de l'appareil au contact de la paroi de l'une des cavités naturelles explorées (rectum, vagin) pendant un temps suffisant (plusieurs minutes) ; examen des animaux au repos à l'abri des intempéries ; ne pas prendre la température aussitôt après l'ingestion d'eau froide ou après une évacuation alvine.

1. Les bouchers disent de ces animaux qu'ils « mettent tout dehors ».

Le veau, le taureau et la vache âgée font peu de graisse de couverture.

2. Les bouchers disent que les sujets sont « creux ».

L'exploration méthodique des maniements permet de calculer le rendement en viande et en suif.

Les principaux maniements à examiner sont décrits ci-après.

Les *abords* ou *cimier*, placés de chaque côté de la base de la queue, dans le repli cutané qui unit celle-ci à la pointe de la fesse, doivent être bien développés et fermes. Ils forment, chez les animaux bien gras, des masses en saillie faciles à prendre entre le pouce et les autres doigts.

La *côte*, explorée au niveau de la courbure des dernières côtes, doit donner la sensation d'une peau bien souple et mobile sur un plan adipeux plus ou moins épais et moelleux.

Ces deux maniements sont l'indice de dépôts de « graisse de couverture ».

La *brague* ou *cordon*, qui siège dans la région du périnée, entre les cuisses, doit être considérable ; elle déborde ou remplit la main qui la soupèse [1].

L'*œillet* ou *hampe*, placé dans le repli du flanc, doit être bien garni, tendre le bas du repli qui s'étend de la partie latérale du ventre à la cuisse, donner à la main qui le soulève une sensation très nette de pesanteur et s'étendre sur 20 à 25 centimètres en longueur et 10 à 15 en hauteur.

L'œillet indique au plus haut degré l'existence de la graisse intérieure.

Le *travers* ou *aloyau* est d'autant plus épais que l'animal est mieux en chair. Il est constitué par les plans musculaires et la graisse de la région lombaire. Il doit être épais, résistant, difficile à saisir.

Conformation générale. — La bonne conformation comporte une répartition régulière de la graisse, un certain rapport entre les os et les muscles, et un aspect extérieur qui traduit un bon rendement.

Les sujets mal conformés ont souvent beaucoup de suif intérieur ; au contraire, les bêtes précoces et bien conformées paraissent souvent plus grasses qu'elles ne le sont en réalité.

Certaines vaches déformées par l'âge, le travail, la lactation et les parturitions nombreuses peuvent paraître maigres et présenter néanmoins à l'abattoir un certain degré d'engraissement qui fait admettre leur viande pour la consommation [2].

D'une manière générale, il faut préférer, aux vaches de bonne qualité dont la *région des reins est toujours un peu émaciée*, les taureaux engraissés à point et bien en chair.

II. — EXAMEN DES PETITS ANIMAUX VIVANTS

Les petits animaux en *bonne santé* présentent une attitude vive et éveillée, une physionomie animée, l'œil brillant.

Le *veau* [3] sain et de bonne qualité doit avoir la peau fine, les muqueuses apparentes d'un rose pâle sans injection.

Les veaux engraissés à l'étable dans de bonnes conditions donnent une chair blanche et ont les muqueuses pâles. Ceux qui vivent au pâturage et ne sont pas soignés avec autant de minutie sont rouges.

1. Chez la vache, la partie de ce maniement qui s'étend du côté de l'ombilic (avant-lait) indique un degré d'engraissement très avancé.

2. Il s'agit ici de viande de 3ᵉ qualité qui serait refusée en application des cahiers des charges de l'armée.

3. La viande de veau est en principe exclue des fournitures de l'armée. Les indications données pourront s'appliquer aux fournitures d'hôpital.

Le mode d'alimentation se traduit encore par la couleur des matières excrémentitielles qui salissent le pourtour de l'anus et la base de la queue; elles sont jaunes lorsque le lait forme la nourriture principale des sujets ; elles sont plus ou moins teintées en vert par la chlorophylle des plantes, lorsque l'animal a brouté.

La température normale du veau est de 38°-38°,5. Le nombre des pulsations est de 100 et plus ; celui des respirations atteint 20-22.

Le *mouton* en bonne santé est vif et alerte. Sa laine est douce, onctueuse ; elle s'arrache difficilement. La conjonctive est rose. Couché, le mouton repose sur le sternum et sur le ventre.

La température intérieure est de 39°,5-40°. Le nombre des pulsations atteint 62-88 ; celui des respirations est de 13-16.

Le *porc* en bonne santé a des mouvements vifs ; il se laisse difficilement conduire. La queue s'enroule en tire-bouchon et se maintient ferme. La peau est douce, lisse et luisante, par suite du renouvellement fréquent de l'épiderme.

La température intérieure est de 38°,5-39°. On compte 62-96 pulsations et 15-20 respirations par minute.

Les petits animaux, lorsqu'ils sont malades, sont tristes ; leurs allures sont moins vives.

Chez le *veau*, les maladies les plus graves sont : les diarrhées persistantes, les affections de l'ombilic avec ou sans complication de polyarthrite, les tumeurs charbonneuses [1] crépitantes sous la pression des doigts.....

Le *mouton* malade suit péniblement le troupeau. Il est triste et se défend peu lorsqu'on le saisit et le maintient captif. La tête est portée basse, près de terre, et la physionomie est bien spéciale.

L'animal peut uriner du sang comme dans la fièvre charbonneuse ; tourner sur lui-même en rond, lorsqu'il existe des lésions parasitaires du cerveau (cœnure déterminant la maladie dite « tournis »).

Les naseaux peuvent laisser s'écouler un jetage plus ou moins gluant.

Des symptômes de météorisation (ballonnement du flanc gauche) sont parfois observés.

La pâleur exagérée des muqueuses peut faire soupçonner quelque affection grave et cachectisante.

Le *porc* malade fait entendre des grognements plaintifs; sa queue est flasque et ne s'enroule plus en spirale ; l'appétit est diminué ou nul.

Dans le cas de maladies aiguës, telles que le rouget et la peste porcine, la peau peut se couvrir de taches rougeâtres ou violacées plus ou moins étendues.

Lorsqu'il s'établit quelque affection chronique (tuberculose, rouget, pneumonie infectieuse, ...), l'amaigrissement peut survenir ; l'animal tombe dans le marasme et les parasites l'envahissent facilement.

On peut observer des déformations osseuses, soit des membres (rachitisme), soit de la tête (maladie dite du « reniflement »).

L'examen de la cavité buccale et notamment de la face inférieure de la langue (« langueyage ») permet de trouver parfois, surtout sur les porcs du Limousin ou de la Bretagne, des kystes ladriques ou cysticerques. La maladie (ladrerie) existe souvent sans qu'aucun trouble grave soit apporté aux grandes fonctions organiques.

État d'embonpoint et conformation générale. — Les veaux des pays herbagers

---

1. Le charbon symptomatique est observé dans les pays d'élevage sur les veaux au pâturage.

sont souvent vendus au boucher avant qu'ils n'aient atteint l'âge de quinze jours.
Ils sont petits et n'ont point de cornillons ; le bout du nez et les gencives sont
violacés, les onglons souples et flexibles ; parfois on trouve encore des traces
du cordon ombilical. Les veaux ne sont bons qu'autant qu'ils ont plus de trois
semaines et qu'ils ont été bien engraissés.

Les *moutons* les plus appréciés ont les reins et le dos larges, la côte arrondie,
les gigots courts et, en général, la tête et les membres rapetissés.

La graisse se dépose surtout sous forme de couverture.

On se rend compte du degré d'embonpoint en palpant la région dorso-lom-
baire ou maniement du « travers ». La main le saisissant entièrement ne peut
pénétrer dans le flanc lorsque les animaux sont bien gras. On peut aussi
explorer les « abords ». Comme chez le bœuf, ceux-ci sont situés de chaque
côté de la queue. On ne doit pas oublier que certaines races de mouton africain,
surtout exploitées en Tunisie et dans la province de Constantine, se présentent
à l'état normal avec une queue abondamment chargée de graisse.

Les porcs de races précoces (anglaises ou croisées avec des races anglaises)
ont les extrémités réduites, le corps trapu ; ils sont de petite taille ; les oreilles
sont fines et les soies rares ; le lard est épais.

Les porcs rustiques, des races locales, ont les extrémités très développées, la
croupe un peu avalée, les oreilles longues et tombantes, la peau couverte de
soies; le lard est plus ferme.

On s'assure de la fermeté du lard par la palpation.

Le lard est mou et aqueux lorsqu'on observe une certaine flaccidité des chairs
vers la partie inférieure des côtes.

Les porcs engraissés dans les laiteries à l'aide de sous produits dont la salubrité et l'état de conservation laissent à désirer présentent souvent des chairs
molles et dépréciées.

On admet généralement qu'un ventre tombant très accusé dénote une sur-
charge de graisse intérieure autour des rognons et des organes digestifs.

III. — DÉTERMINATION DE L'AGE DES ANIMAUX

Les caractères qui permettent de dire approximativement l'âge des animaux
de boucherie sont tirés de la forme et de l'usure des dents et de l'aspect des
cornes.

Le tableau de la page suivante les résume [1].

Vers 6 ou 7 ans, chez les bovidés, les pinces usées se « nivellent ». Puis vient
le tour des mitoyennes (8-9 ans) et des coins (vers 10 ans) ; vers 12 ans, l'animal
n'a plus que des dents très usées (« chicots »).

La détermination de l'âge a une grande importance pour l'appréciation de la
qualité de la viande. Il faut préférer la viande de taureau bien engraissé et
jeune à celle de la vache âgée toujours plus ou moins épuisée par la lactation.
La viande de génisse engraissée à point est des plus appréciées.

---

1. Les chiffres donnés n'ont rien d'absolu. Les animaux de races peu précoces ont des
dents de remplacement qui apparaissent un peu tardivement.

	BOVIDÉS	MOUTONS	PORCS
Dents de lait (incisives).	Sont au complet vers 4 à 6 semaines ; se maintiennent jusqu'à 18 mois. Les coins sont nivelés de 18 à 24 mois.	Se maintiennent jusqu'à 15 mois environ.	Sont au complet vers 3 à 4 semaines ; se maintiennent jusqu'à 6 ou 7 mois.
Dents de remplacement (incisives).	Chute des pinces de 1 an 1/2 à 2 ans (2 dents). Chute des mitoyennes internes de 2 ans à 2 ans 1/2 (4 dents). Chute des mitoyennes externes de 3 ans à 3 ans 1/2 (6 dents). Chute des coins de 3 ans 1/2 à 4 ans 1/2 (8 dents, « bouche faite »[1]).	Chute des pinces de 15 à 18 mois (2 dents). Chute des mitoyennes internes de 1 an 1/2 à 2 ans (4 dents) Chute des mitoyennes externes de 2 ans 1/2 à 3 ans (6 dents). Chute des coins de 3 à 4 ans (8 dents).	Chutes des coins de 6 à 7 mois 1/2. Apparition de la défense ou crochet vers 8 mois. Chute des pinces vers 1 an. Chute des mitoyennes vers 1 an 1/2 à 2 ans.
Cornes	Absence de cornillons chez les veaux de moins de 15 jours ; à 3 ans, apparition du premier sillon ; on note un sillon en plus chaque année.		

IV. — EXAMEN DE L'ANIMAL ABATTU

a) **La coupe des viandes.** — Les viandes sont découpées à l'étal suivant certaines règles variables d'une région à l'autre.

A Paris, on distingue [2] :

BŒUF

1. *Crosse :* articulation du jarret et quart inférieur du tibia..
2. *Jambe* ou *gîte :* tibia et muscles attenants...............
3. *Globe :* fémur, bassin et muscles correspondants..........
     Il comprend :
     Tranche grasse : corps du fémur, rotule et muscles attenants (partie antérieure).............................. , cuisse...
     Gîte à la noix ou *semelle :* muscles de la partie postérieure de la cuisse avec un ganglion (poplité) noyé dans la graisse
     Tende de tranche : os du bassin, tête du fémur et muscles des régions postérieure et interne de la cuisse..........
4. *Culotte :* région du sacrum avoisinant la queue..........   quartier de derrière.
5. *Aloyau* (région doros-lombaire) ....
     Filet : muscles de la face inférieure des vertèbres lombaires, de l'ilium ....
     Faux filet : muscles qui remplissent les deux gouttières formées par les vertèbres, leurs apophyses épineuses et leurs apophyses transverses ....
     Romsteck : muscles de la région de la croupe...

1. Au sujet de l'âge, voir p. 14.

2. Le demi-bœuf comprend le quartier de derrière et le quartier de devant sans épaule. Celui de gauche porte l'*onglet* (muscles appelés piliers du diaphragme) ; celui de droite comprend la queue.

La partie charnue du diaphragme porte le nom de *hampe*.

6. *Bavette* : partie latérale du flanc avec un fragment de la dernière côte.   } quartier
7. *Pointe de flanchet* : partie du flanc, près de la cuisse...... } Pis   de derrière
8. *Paillasse* : paroi de l'abdomen : partie inférieure........... } de bœuf. } (suite).

9. *Milieu de tendrons* : cartilages des fausses côtes et paroi } Pis
    du ventre.. } de bœuf.
10. *Milieu de poitrine* : région sternale, de la 4ᵉ à la 7ᵉ côte... } (suite).
11. *Gros bout de poitrine* : région sternale jusqu'à la 3ᵉ côte... }   devant
12. *Plat de côtes* : partie médiane des côtes (*couvert* par un muscle épais } (sans
    ou *découvert*)... } épaule).
13. *Train de côtes* : région dorsale (*couvert* de la 8ᵉ à la 13ᵉ vertèbre dor-
    sale, *découvert* de la 4ᵉ à la 7ᵉ dorsale).........................
14. *Surlonge* : 3 premières vertèbres dorsales.....................

1. *Crosse* : articulation du carpe ou genou et quart inférieur de
    l'avant-bras...
2. *Jambe* : os de l'avant-bras (cubitus et radius) et muscles
    attenants.. } Paleron.
3. *Charolaise* : articulation du coude........................
4. *Macreuse* : épaule et bras, avec l'os à moelle (humérus)...
5. *Derrière de paleron* : tiers supérieur de l'épaule........... } Épaule.
6. *Jumeaux* : tiers supérieur du bras........................
7. *Collier* : cou..
8. *Joue* : mâchoire inférieure................................

VEAU

1. *Cuisseau.*   { Talon de rouelle (région du jarret).
               Milieu de rouelle (milieu du cuisseau).
               Os barré (os du bassin et muscles de la région).
               Entre-deux de quasi (région du bassin).
2. *Rognon de veau* ou « milieu de longe » (région lombaire).
3. *Carré* (région dorsale).
4. *Collet* (cou).
5. *Poitrine* (région sternale).

MOUTON

1. *Gigot* (avec *ou* sans « selle »), c'est-à-dire avec ou sans totalité du bassin et partie
    des lombes.
2. *Carré de*   { Côtelettes découvertes (côtes à nu).
   côtelettes.   Côtelettes secondes (plus grasses, toutes couvertes de muscles).
               Côtelettes couvertes (côtelettes premières avec « noix » de viande).
               Côtelettes de filet (sans côte *ou* « manche », région lombaire).
3. *Poitrine* (région sternale et partie des côtes).
4. *Collet* (cou).

PORC

1. *Jambon* (correspond à la cuisse de bœuf, au cuisseau de veau, avec cette diffé-
    rence que la région de la queue est laissée adhérente à la région des lombes).
2. *Samorie* (extrémité de la colonne vertébrale, région sacrée).......... } Rein
3. *Filet* (lombes et dos)....................................... } de porc.
4. *Echinée* (partie du dos et commencement du cou)..................
5. *Poitrine* (partie antérieure de la poitrine, côtes, fausses côtes, partie des muscles
    du ventre).

b) **Caractères généraux de la viande abattue.** — Si l'animal a été sacrifié en
état de *bonne santé*, après un temps de repos suffisant, et si la saignée a été
complète, les organes et la viande se présentent sans hémorragie, ni arborisations vasculaires, ni infiltrations de sérosité [1].

---

1. Il faut se garder de confondre certaines teintures de la muqueuse digestive dues à
l'alimentation (coloration rouge violacée due à la digestion du chou rouge chez les
porcs) et qui disparaissent après quelques heures de séjour dans l'eau, avec les congestions anormales indices de troubles digestifs graves.

La chair pantelante conserve sa contractilité pendant un temps variable, allant jusqu'à plusieurs heures. Par le refroidissement, le muscle se raffermit, perd de son humidité naturelle et donne au toucher une sensation spéciale.

Les muscles superficiels acquièrent un ton rouge vif d'autant moins accentué que les animaux sont plus jeunes [1].

Les régions musculaires sont exsangues ; les divers plans qui les constituent sont exempts de sérosité ; les ganglions qu'elles peuvent renfermer sont fermes, noyés dans la graisse et ne présentent sur la coupe aucune hémorragie, ni néoformation nodulaire.

Le muscle récemment incisé présente, chez les bovidés, une couleur rouge violacée qui, par contact à l'air et oxydation de la matière colorante du sang, passe très vite au rouge vif.

Le muscle non raffermi ne laisse sourdre aucune sérosité sur la coupe. Broyée encore chaude, la chair est capable d'absorber de grandes quantités d'eau. La viande *rassise* depuis quelques jours laisse écouler, sur la coupe, un suc musculaire abondant (« *jus* ») d'un rouge vif.

Lorsque le bétail a été engraissé à l'aide d'aliments très aqueux et quelque peu irritants tels que les drêches et les pulpes altérées (bœufs « sucriers »), la quantité de sérosité qui s'écoule des muscles peut être véritablement considérable. La viande est un peu dépréciée.

L'engraissement à l'aide d'un mélange de drêches de distillerie de grains et de détritus de cuisine des casernes et hôpitaux produit une viande riche en gras de couverture et d'une teinte jaune spéciale.

La graisse doit être ferme et *onctueuse* au toucher. Elle est toujours blanche, un peu rosée, ou plus ou moins jaunâtre suivant les races et les modes d'engraissement [2]. Les caractères de la graisse sont faciles à apprécier lorsque l'examen porte sur les amas rencontrés dans le bassin ou sur la « fente » [3].

Les os de la colonne vertébrale doivent présenter sur la section une coloration rouge vif rosée. Lorsque la fente a été pratiquée par des mains inexpérimentées, la section peut être irrégulière avec de nombreuses esquilles ; en outre, des taches de sang peuvent être rencontrées sur la coupe du rachis.

Les os longs ont une moelle blanche et ferme ; le doigt ne peut arriver à pénétrer dans le canal médullaire lorsque la moelle est complètement figée.

Les extrémités des os longs (partie épiphysaire) adhèrent intimement à la partie centrale (diaphyse), chez les animaux adultes. Par contre, lorsque l'animal n'a pas achevé sa croissance, les diverses régions d'un même os sont mal soudées. Les os sont moins blancs sur la coupe.

Les vaisseaux doivent être absolument vides de sang : la pression exercée sur le trajet des veines en ramenant les doigts qui compriment le vaisseau vers la section plus ou moins béante ne fait sourdre ni sang incoagulé, ni caillot constitué.

Le tissu cellulaire qui avoisine les vaisseaux et les ganglions et sépare les divers groupes musculaires, examiné principalement au niveau de l'aine et sous l'épaule, est blanc, sans hémorragie, ni infiltration de sérosité.

Les membranes séreuses qui tapissent la cavité abdominale et la cavité pec-

---

1. Les muscles superficiels des bovidés maigres et vieux présentent souvent une teinte spéciale d'un rouge vif intense.

2. Chez le mouton, la graisse intérieure doit être blanche et cassante. Les muscles ne sont jamais très infiltrés de graisse : en général, il n'existe ni marbré, ni persillé.

3. La « fente » n'est autre que la coupe médiane du rachis pratiquée dans le sens de la longueur. Elle est faite soit au couperet, soit à la scie.

torale, les surfaces des articulations et les parois du cœur sont lisses, brillantes, transparentes. On n'y rencontre ni hémorragie, ni injection généralisée, ni adhérence (trace de lésions anciennes ou récentes).

Les ganglions lymphatiques doivent présenter un volume normal, une teinte grisâtre à l'intérieur. Au toucher, la surface de la coupe doit être lisse et régulière ; le suc ganglionnaire qui s'en échappe est peu abondant, à peine visible.

Les organes internes ont des physionomies, des formes et des volumes qu'il importe de bien connaître.

Le foie des bovidés a une teinte rougeâtre ; le sang qui s'écoule des veines au moment de l'éviscération est rouge.

La surface du foie est lisse ; sur la coupe on n'observe aucune lésion constituée, ni dépôt hémorragique.

La rate ne doit avoir aucune bosselure, ni hypertrophie. Sur la coupe on ne doit voir aucune néoformation.

Les reins ou rognons, débarrassés de leur suif afin d'être facilement explorés, se présentent avec leur lobulation caractéristique. Leur surface est lisse. Sur la coupe, on ne doit voir aucune lésion constituée, ni aucune congestion [1].

V. — Qualités, catégories

Suivant le degré et le mode d'engraissement, l'âge, la race, la conformation générale, on distingue diverses qualités chez les animaux de boucherie et de charcuterie.

La division en 1ʳᵉ, 2ᵉ et 3ᵉ qualités est quelque peu arbitraire. S'il est difficile d'établir des lignes de démarcation bien nettes, il est néanmoins possible d'indiquer ce que peuvent être ces qualités envisagées au point de vue de leurs caractéristiques d'ensemble.

Les bovidés de *première qualité* ont la graisse de couverture épaisse et ferme répartie sur les régions du dos, des reins, de la croupe ; la graisse est abondante sur la fente, au niveau des espaces interépineux.

La graisse interne forme des amas considérables autour des reins. Il en est de même dans le bassin.

Les points d'attache du diaphragme sont couverts de masses adipeuses formant dentelures.

Dans le thorax, à la surface des côtes, on trouve des amas en grappes (« grappé » de poitrine).

Les muscles sont infiltrés de dépôts de graisse sous forme de veinures du « marbré » ou de fines arabesques du « persillé ».

Le grain de viande [2] est fin ; la chair est rouge vif et claire sur la coupe. Elle est riche en sérosité lorsqu'on l'examine après un certain temps de maturation.

Des « sortes » [3] de viande peuvent être établies pour traduire certains degrés d'engraissement, chez les animaux de 1ʳᵉ qualité.

1. Les viscères détachés doivent être placés à proximité de l'animal abattu, dans un ordre déterminé ; ils sont marqués chaque fois que cela est possible. On marque facilement, à la pointe du couteau, les foies, les « ratis » (mésentères chargés de graisse).....

2. Le *grain* de viande est apprécié en passant la pulpe du doigt sur la coupe transversale des muscles. Il est *fin* lorsque l'engraissement est tel que l'on perçoit une sensation douce et comme veloutée. Le boucher dit de la viande qu'elle « se coupe bien ».

3. Les bouchers distinguent trois « sortes » (1ʳᵉ, 2ᵉ, 3ᵉ) de viande pour indiquer trois variétés dans chaque qualité.

Les bovidés de *seconde qualité* ont moins de graisse extérieure et de suif. La graisse de couverture se dépose sur les côtes, le dos et les reins. Elle a peu d'épaisseur et présente des interruptions. Le rognon est entièrement couvert.

Le grain de viande est moins fin, parfois un peu rugueux.

La fibre musculaire apparaît parfois un peu pâle et comme sèche.

L'infiltration adipeuse des muscles est moins accusée.

Dans la *troisième qualité* sont compris les bovidés dépourvus de graisse de couverture, sans « persillé » ni « marbré », avec un peu de suif au bassin et le long de la colonne vertébrale.

La valeur alibile et gustative des divers morceaux chez un bœuf de qualité varie avec la région envisagée. On distingue généralement trois catégories de morceaux.

On range en *première catégorie* la viande du quartier de derrière (régions fessières et lombaires) et du dos : culotte, rumsteack, tranche grasse, tende de tranche, gîte à la noix, filet, faux filet et train de côtes. Ces régions musculaires sont épaisses, donnent beaucoup de suc (« jus »), ont peu de parties tendineuses, sont facilement infiltrées de graisse, notamment pour le faux filet et le train des côtes.

Ces régions sont utilisées pour préparer les rôtis, le pot-au-feu et les pièces braisées (culotte, gîte à la noix, partie de tende de tranche).

On fait entrer dans la *deuxième catégorie* une partie des quartiers de devant : paleron, plat de côtes, talon de collier, bavette d'aloyau. Ces régions servent au pot-au-feu.

Enfin, la *troisième catégorie* comprend les extrémités : tête, collier [1], surlonge, gîtes (devant et derrière), hampe et onglet (diaphragme et ses piliers), « pis de bœuf », poitrine.

La surlonge peut, à la rigueur, être admise dans la catégorie précédente. Elle constitue un morceau supérieur aux autres morceaux de 3° catégorie.

Les morceaux de cette dernière catégorie constituent d'excellents aliments, d'un rendement satisfaisant, à la condition qu'ils proviennent de bœufs de bonne qualité (« bonne seconde ») et d'un poids avoisinant 400 kilogrammes (« viande nette »). Il en est tout autrement lorsque les fournisseurs s'adressent à des bovidés pesant moins de 350 kilogrammes (viande nette), plus ou moins maigres. Dans ces conditions, le collier devient tout à fait désavantageux ; le pis de bœuf reste surtout riche en os et en tissus inassimilables.

L'idéal serait que l'on pût donner en pot-au-feu les morceaux de troisième catégorie et aussi quelques régions (riches en muscles) de la seconde catégorie, le tout provenant de sujets gras et non « fin-gras » [2].

VI. — Les caractères différentiels des viandes de bœuf de taureau et de vache

Les viandes de bœuf et de vache n'ont pas la même valeur marchande, elles diffèrent par plusieurs points : moindre volume des muscles chez la *vache*, fibre musculaire plus fine, graisse intérieure moins onctueuse au toucher.

L'existence de traces de mamelle dans la région de l'aine ne permet pas de faire erreur lorsqu'il s'agit de différencier les viandes en question. Même lorsque

1. Dans les bœufs de première qualité, on peut tailler des beefsteaks (1ʳᵉ catégorie) jusque dans certains muscles du collier, placés au voisinage de la surlonge.

2. Les animaux fin-gras donnent trop de graisse. Le rendement en viande cuite est faible, surtout pour les morceaux de poitrine.

la mamelle a été totalement détachée, on trouve un vide qui chez le bœuf correspond à un amas de graisse lobulée, avec ou sans trace de testicule atrophié [1].

La cuisse de *bœuf* se distingue par une forme spéciale qui tient le milieu entre la conformation de la cuisse du taureau aux masses musculaires en saillie et celle de la même région chez la vache dont les muscles sont toujours un peu émaciés.

La graisse mamelonnée amassée au niveau de l'aine, l'aspect des muscles sectionnés et mis à nu au moment de la fente longitudinale du bassin (ils dessinent une surface terminée en pointe du côté de la queue) [2], la section nette de la partie caverneuse de la verge et des muscles qui la rattachent à l'os du bassin sont caractéristiques de la viande de bœuf.

Il faut ajouter que chez les génisses qui n'ont jamais porté, la mamelle se trouve réduite à un amas de graisse d'une finesse spéciale qui ne peut être confondue avec la graisse lobée de la région inguinale du jeune bœuf, même lorsque cet amas a été l'objet d'incisions entrecoupées de manière à simuler une graisse agglomérée et comme frisée.

La viande de *taureau* se distingue surtout par le volume et l'épaisseur des plans musculaires. Les muscles de l'encolure et des membres sont en saillie ; les parties tendineuses et aponévrotiques sont plus développées que chez le bœuf. La graisse est parfois plus blanche.

Les os sont plus épais, rouge violacé sur la section ; leurs cassures sont moins régulières.

L'infiltration graisseuse des muscles des régions de choix se fait davantage en îlots ; on n'observe pas les fines arabesques du « persillé » des bœufs de 1re qualité. Le grain de viande est plus rugueux, « ruf », disent les bouchers ; la fibre musculaire sectionnée en travers présente une sorte de reflet irisé; elle paraît moins humide.

Sur la cuisse, on retrouve les traces de la section de la verge toujours plus volumineuse que chez le bœuf.

Un caractère précieux permettant de différencier les trois variétés de viandes dont nous nous occupons est basé sur l'aspect et les dimensions que revêt la coupe de l'os du bassin.

Celle-ci se présente suivant une surface étroite, allongée, un peu sinueuse et renflée à la partie antérieure sous forme de tubérosité. La largeur de cette surface est réduite chez la vache. La tubérosité antérieure est très volumineuse et arrondie chez le taureau, très réduite et aplatie chez la vache, et d'un volume intermédiaire chez le bœuf [3].

REMARQUE. — Les caractères qui permettent de distinguer les sexes sur la viande de *veau* sont de même ordre que ceux qui viennent d'être exposés. Il

---

1. Dans la castration par torsion (« bistournage »), le volume du testicule atrophié renseigne sur l'époque plus ou moins éloignée à laquelle remonte l'émasculation.

2. Cette surface a la forme d'un demi-cercle chez la vache.

3. Chez les animaux âgés, l'amincissement des tables et tubérosités osseuses va de pair avec l'atrophie des muscles.

Vers deux ou trois ans, les muscles sont rouges et épais; les os sont spongieux et tendres. La « fente » au niveau du bassin est très facile.

Lorsque l'animal est vieux, les muscles du faux filet diminuent d'épaisseur, les os sont durs ; le couperet attaque difficilement les apophyses épineuses des vertèbres au moment de la fente ; les corps vertébraux densifiés ont une cassure sèche ; le pubis est résistant et, parfois, pendant la fente, le couperet brise les os amincis au lieu de les séparer exactement au niveau de la symphyse du bassin.

faut savoir que la viande de veau mâle présente à peu près les mêmes qualités que celle du veau femelle. La distinction des sexes n'a donc qu'une importance très restreinte. La couleur blanche de la viande de veau disparaît avec l'âge ; elle fait place à une couleur rouge plus ou moins accusée quand l'animal vieillit. De même, la coloration bleuâtre des surfaces articulaires s'efface avec l'âge.

VII. — Caractères différentiels des viandes de cheval et de boeuf

La viande de *bœuf* a une couleur rouge clair, parfois rouge vif qui tranche sur la teinte très foncée, toujours plus ou moins « rouillée », « terre de Sienne », présentée par la viande de cheval. Toutefois il faut savoir que la viande de bœuf fatigué (viande « surmenée ») peut présenter une coloration noire ou rouge sombre très accusée capable de prêter à confusion ; la viande de cheval maigre et atteint de maladie fébrile peut revêtir une teinte rouge particulière qui fait dire aux bouchers qu'elle a un ton « animé ».

Les quartiers de derrière du *cheval* ont une forme arrondie très nette.

La résistance de la fibre musculaire est faible chez le cheval. Le muscle malaxé dans le creux de la main est facilement réduit en pulpe. Une telle friabilité de la viande est anormale chez le bœuf (cas de fièvre charbonneuse, de maladies aiguës graves, de viande fermentée.....).

Le « grain » de viande est plus grossier, sans infiltrations de graisse (« persillé »). La fibre musculaire est luisante sur la section ; elle forme une tache huileuse sur le papier buvard.

La graisse, riche en oléine, ne peut être confondue avec aucune autre [1].

Le muscle bouilli se rétracte beaucoup. Il fournit un bouillon toujours très pâle.

Des caractères précis sont tirés du squelette :

	CHEVAL	BOEUF
Scapulum (*palette*, os de l'épaule)	A la face externe de l'os, l'épine acromienne est très élevée au milieu, abaissée vers les extrémités ; elle divise la surface en deux loges de largeurs qui sont entre elles comme 1 est à 2.	Épine terminée par une arête élevée et prolongée en pointe, divisant la surface de l'os en deux fosses dont les largeurs sont entre elles comme 1 est à 3.
Cubitus et radius (os du gîte de devant).	Canal médullaire du radius traversé de fines aiguilles osseuses empêchant la pénétration du doigt. Le cubitus se termine au niveau du quart inférieur du radius. La moelle des os longs manque de consistance.	La paroi interne du canal médullaire du radius est lisse. Le cubitus est un os long avec canal médullaire. La moelle des os longs est dure et laisse difficilement pénétrer par le doigt.
Symphyse pubienne (os du bassin ou *quasi*).	La section de l'os du bassin est presque rectiligne.	La section du bassin est incurvée, comme brisée.
Carpe (genou).......	Comprend 8 os (ou 7) : 4 à la rangée supérieure, 3 ou 4 à la rangée inférieure.	Comprend 6 os : 4 à la rangée supérieure et 2 seulement à la rangée inférieure.
Côtes..............	Au nombre de 18.	13 seulement, plus larges.

1. Elle s'accumule sur le bord supérieur du cou, surtout chez le cheval entier.

Ajoutons que le foie de cheval n'a pas de vésicule biliaire, que la langue est élargie en spatule à l'extrémité libre, que la rate est en forme de faux et que les reins sont lisses (ils sont lobulés chez le bœuf).

VIII. — Caractères différentiels des viandes de porc et de veau

Le porc possède quatorze côtes; le veau n'en a que treize. La viande de porc a une couleur rosée, un peu gris blanchâtre. Des différences de coloration sont observées suivant la région considérée; les muscles des membres sont plus rouges.

La graisse est onctueuse, elle ne durcit pas comme celle du veau; elle semble fondre entre les doigts qui la malaxent.

Le « lard » (graisse de couverture) est plus ou moins abondant suivant le degré d'engraissement.

La « panne » (graisse de saindoux) tapisse la face interne du ventre.

La peau (« couenne ») est épaisse, parfois très dure (vieux « verrats »).

La confusion avec la viande de veau est difficile, hormis le cas où le porc a été dépouillé.

Le péroné accolé au côté interne de l'extrémité supérieure du tibia est rudimentaire chez le veau; chez le porc, il est très développé, aplati, et aussi long que le tibia.

La « fente » de l'os du bassin forme une ligne courbe chez le veau ; elle est presque droite chez le porc.

La surface du poumon de veau présente une sorte de damier dessiné par les travées de tissu conjonctif. Le quadrillé en question est moins net chez le porc. Insufflé, le poumon de veau offre une belle coloration rose pâle.

Les cœurs de porc et de veau se ressemblent ; toutefois, chez le porc, la graisse onctueuse qui tache les doigts se retrouve du côté des vaisseaux logés au fond des sillons.

Le foie de porc présente des lobules très bien délimités formant une sorte de « granité » spécial ; le foie de veau a une teinte rouge jaunâtre assez caractéristique.

Les reins de porc sont aplatis, plus ou moins pâles ; les reins de veau sont lobulés comme ceux de bœuf.

IX. — Caractères différentiels des viandes de chèvre et de mouton

Il est parfois difficile de distinguer [1] le mouton aux gigots allongés des races nomades algériennes, de la chèvre dont les membres sont également très grêles.

Le tableau suivant résume les principaux caractères différentiels tirés surtout de l'examen du squelette.

1. On trouve presque toujours, à la surface de la viande de chèvre, quelques poils détachés au cours de l'abatage et de l'habillage. Ce caractère empirique a une réelle valeur pratique.

	CHÈVRE	MOUTON
Vue d'ensemble.	Quartiers de derrière allongés du côté des gigots ; poitrine profonde : rachis tranchant ; viande plus foncée ; *grain* plus grossier.	Gigots plus rebondis, globuleux ; poitrine large : ensemble de l'animal moins anguleux : viande moins colorée : *grain* fin, avec parfois un peu de *persillé* dans la *noix* de côtelette.
Graisse.........	Accumulée, surtout autour des rognons : très ferme, très blanche (animaux jeunes), molle et diffluente, jaunâtre (animaux très âgés).	Répartie à l'extérieur (*couverture*) et à l'intérieur (*suif*).
Squelette.......	L'os de l'épaule porte une épine qui divise sa face externe : elle est droite et *tranchante* : la palpation permet de percevoir ce caractère sur l'animal abattu et préparé. Vertèbres cervicales formant un ensemble d'une certaine gracilité. La deuxième vertèbre cervicale (ou axis) possède une épine (apophyse épineuse) haute, mince, à bord libre tranchant se projetant d'un centimètre en avant au-dessus de l'ouverture du canal et dépassant le corps de l'os. Vertèbres lombaires (au nombre de 6) : apophyses transverses un peu *inclinées vers le sol* et terminées par un petit crochet antérieur. L'os du bassin (coxal) est allongé : la partie élargie (os de la croupe ou ilium) est peu développée : le rapport de la largeur à la longueur, comptée à partir du fond de la cavité articulaire, varie entre 0,47 et 0,48. La queue possède de 11 à 12 vertèbres : les apophyses transverses sont très manifestes sur les trois ou quatre premières vertèbres.	L'apophyse épineuse de la surface externe du scapulum présente un bord arrondi avec *tubérosité*. Vertèbres formant un cou relativement court. L'axis possède une épine réduite terminée par une lèvre raboteuse épaisse, qui va s'élargissant d'avant en arrière, ne dépassant pas le corps de la vertèbre. Apophyses transverses des sept vertèbres lombaires *relevées* à leur extrémité libre (terminée par un crochet antérieur au niveau des premières vertèbres seulement). L'os du bassin est moins allongé : l'os de la croupe est plus large : le rapport de la largeur à la longueur varie entre 0,62 et 0,76. La queue possède 16 à 24 vertèbres dont les apophyses transverses sont bien développées jusqu'à la huitième. Queue aplatie de dessus en dessous.

X. — LES VIANDES INSALUBRES

A. **Recherche des altérations des viandes.** — Quelque chose plaît à l'œil dans l'aspect général de la viande provenant d'un animal sain et de bonne qualité. Au contraire, les animaux fatigués ou atteints de maladies aiguës ont un aspect rougeâtre qui attire l'attention.

Lorsque le sacrifice a été effectué *in extremis*, on note une *ligne de saignée* irrégulière, des hémorragies et des congestions surtout marquées aux flancs et sous les épaules [1].

L'examen du *tissu conjonctif sous-cutané* permet de trouver des traces de contusions, meurtrissures, traumas divers.....

En cas de mort naturelle avec saignée effectuée à la période agonique ou simplement simulée, il convient de rechercher dans les organes et les diverses régions musculaires les stases sanguines et les infiltrations de sérosité rougeâtre. Celles-ci sont surtout visibles au niveau des parties déclives. Il ne faut pas oublier qu'elles peuvent manquer, notamment chez le porc [2].

La *plèvre* est souvent le siège de lésions plus ou moins étendues (tuberculose, pneumonie contagieuse du porc.....).

Une imbibition de la membrane séreuse coexistant avec des œdèmes plus ou moins rougeâtres provoqués par hypostase peuvent mettre sur la voie d'accidents ou de maladies graves ayant déterminé la mort naturelle ou provoqué le sacrifice d'urgence.

Il est à noter que les maladies du tube digestif ont un retentissement immédiat et très appréciable sur l'état des séreuses (péritoine, plèvre).

Le *muscle* doit être ferme lorsque l'animal est examiné douze à vingt-quatre heures après l'abatage. Toute viande qui n'est pas rigide dans un délai de douze heures après le sacrifice doit être suspecte. On se rend compte du degré de rigidité et de raffermissement de l'animal suspendu par les jarrets en lui imprimant des secousses pendant que la main est appliquée au niveau des reins.

L'état de l'atmosphère influe sur l'aspect des viandes.

Un temps humide retarde le raffermissement des muscles, surtout si l'animal manque de graisse. Un temps sec provoque une sorte d'assèchement du tissu conjonctif chez les animaux un peu hydroémiques ; les muscles apparaissent par transparence et sont d'autant plus rouges que le sujet est plus maigre.

Le muscle doit être examiné au point de vue des odeurs qu'il peut dégager sur la coupe au moment même de l'incision. Les muscles de la cuisse (« tende de tranche ») doivent être particulièrement explorés à cet effet.

A l'état normal, la chair ne crépite jamais sous les doigts. La crépitation traduit l'existence de quelque fermentation (muscles noirs et hémorragiques du charbon symptomatique ; fermentation *post mortem* observée chez les bovidés engraissés à l'aide d'aliments fermentés...) [3].

Le muscle peut contenir des parasites (trichines.....) qui parfois ne sont visibles qu'au microscope.

L'examen du *tissu osseux* fournit de précieuses indications. La congestion générale des os spongieux est observée dans le cas de saignée insuffisante.

L'état de la moelle des os longs donne des indications sur l'état général des sujets. Les animaux maigres en état de cachexie ont une moelle molle et rouge [4].

1. Les arborisations de la région de l'aine sont tellement accusées parfois que les bouchers disent de ces animaux malades qu'ils ont des injections de vaisseaux capillaires disposées en *toile d'araignée*.

2. Au sujet des caractères de la graisse, se reporter aux caractères indiqués à propos des viandes hydroémiques, ictériques.....

3. Il faut se garder de confondre cette crépitation d'origine microbienne avec celle qui est due au soufflage des viandes.

4 Les bouchers disent de ces animaux qu'ils « n'ont pas la moelle ».

Il importe d'attendre le refroidissement des animaux pour apprécier la consistance de la moelle.

Parfois des lésions graves (tuberculose, actinomycose.....) atteignent le tissu osseux. Les lésions relevées sont en général faciles à différencier.

Des troubles de la nutrition générale peuvent déterminer des déformations osseuses (rachitisme.....).

L'examen des *ganglions* met sur la voie d'un grand nombre d'altérations d'origine microbienne le plus souvent (tuberculose, rouget.....).

Le *sang* offre aussi, dans certains cas, des caractères anormaux qui permettent de faire des diagnostics précis (fièvre charbonneuse.....).

Quant aux divers *organes*, ils doivent être examinés avec soin. Leur inspection permet de trouver nombre de lésions variables (kystes parasitaires, néoformations tuberculeuses, tumeurs.....), les unes nettement apparentes, les autres discrètes.

B. **Principaux types de viandes insalubres**. — On distingue deux grands groupes de viandes insalubres : d'une part, les viandes qui proviennent d'*animaux malades*, et, d'autre part, celles qui, primitivement saines, se sont altérées par suite de *mauvaises conditions de conservation*.

a) Des *parasites* peuvent envahir le tissu musculaire et rendre la viande insalubre [1].

Les *cysticerques* (forme larvaire des ténias) sont rencontrés dans les muscles et les organes du porc (viande ladre) et des bovidés.

Le muscle de *porc ladre* présente de petites vésicules blanc grisâtre, molles, un peu tremblotantes, ovoïdes, allongées dans le sens de la longueur des fibres musculaires. Ces vésicules (« grains de ladre ») ont de 6 à 20 millimètres de large. Elles présentent une tache blanche qui correspond à la tête rentrée du parasite.

Après l'extraction du parasite de la logette du tissu fibreux qui l'abrite, la pression permet de faire saillir la tête que supporte une partie allongée ou cou. Un liquide clair et limpide remplit chaque vésicule. Celle-ci s'affaisse lorsqu'on l'incise.

Les vieux parasites peuvent être envahis par des dépôts de sels calcaires et former de petits amas durs au sein des muscles (ladrerie sèche). Les cysticerques se logent aussi sous la face interne de la plèvre (face interne des côtes), sur le cœur, dans le foie (porcelets).

Le cysticerque du porc ingéré cru ou après assainissement insuffisant peut donner à l'homme le tenia solium (ver solitaire, ténia armé).

Les viandes de bœuf et de veau peuvent renfermer la forme larvaire d'un autre ténia qui vit chez l'homme. Le cysticerque en question forme une petite vésicule moins apparente que le cysticerque du porc ; il a une tête sans crochet, ses dimensions sont moins grandes (5 à 8 millimètres de long sur 3 de large) ; au contact de l'air, le cysticerque « inerme » s'affaisse vite, même lorsqu'il n'est pas sectionné. La tête du parasite (dans chaque vésicule) apparaît sous forme de tache blanche, située dans la partie la plus renflée.

Le nombre de ces parasites est souvent très restreint chez les bovidés. On ne

1. Lorsqu'il n'existe pas plusieurs hôtes pour assurer l'évolution complète d'une même espèce *parasite*, la loi générale suivante ne fait jamais défaut : la forme *larvaire*, asexuée, vit chez un hôte provisoire, dans la profondeur des tissus ou des cavités du corps ; le parasite *adulte*, sexué, habite les organes, tels que le tube digestif, directement en communication avec le monde extérieur, de manière à permettre la dissémination facile des œufs ou des larves.

rencontre parfois que quelques vésicules après de nombreuses coupes, à l'inverse de ce qui se passe généralement chez le porc. Le siège de prédilection est représenté par les muscles profonds des mâchoires et le cœur.

Les viscères des divers animaux utilisés pour leur viande (bœuf, mouton, veau, porc.....) renferment fréquemment des *échinocoques*, c'est-à-dire la forme larvaire d'un ver parasite du chien [1].

Les kystes ou échinocoques se forment surtout à la périphérie des organes (foie, poumon.....) et leur donnent un aspect irrégulier et bosselé. Ponctionné, le kyste hydatique laisse échapper avec plus ou moins de violence de projection un liquide limpide. Une membrane tapisse la face interne de la cavité rendue ainsi béante.

Lorsque l'échinocoque a subi l'infiltration calcaire, il forme une masse granuleuse et jaunâtre qui rappelle l'aspect de certaines lésions de tuberculose [2].

Les *parasites microbiens* qui envahissent les animaux sont nombreux. Parmi les maladies qui rendent les viandes manifestement insalubres, il faut surtout retenir celles qui leur communiquent une certaine virulence ou un certain degré de toxicité.

La fièvre charbonneuse et la tuberculose, plusieurs maladies du veau, et certaines métrites, entérites, mammites, forment un ensemble d'affections qui rentrent dans ce cadre.

Le muscle des animaux sacrifiés en cours de *fièvre charbonneuse* présente des altérations dont l'aspect varie beaucoup suivant qu'on les examine sur des sujets sacrifiés tout à fait à l'agonie ou sur des animaux (bovidés, moutons) abattus au début de la maladie.

Sacrifiés *in extremis* et mal saignés, les animaux charbonneux fournissent une viande dont les muscles sont congestionnés, friables, de couleur jaunâtre et comme « saumonée ». Entre les plans musculaires, des dépôts de sérosité mélangée de sang peuvent être rencontrés ; les ganglions sont volumineux, gorgés de sérosité hémorragique, friables et entourés d'une zone de tissu cellulaire infiltré et plus ou moins ecchymosé.

Il s'en faut que de tels désordres musculaires soient observés lorsque l'animal a été saigné au début de la maladie. Le muscle peut avoir une coloration et une consistance normales ; les congestions, hémorragies et infiltrations peuvent être réduites à peu de chose. Bref, peu de caractères permettent d'attirer l'attention, en dehors de petites particularités observées surtout du côté des séreuses des grandes cavités (aspect plus ou moins terne dû à une sorte d'imbibition de la membrane, lividité, hémorragies discrètes.....).

La viande charbonneuse conservée pendant quelques jours, surtout en été, s'altère avec une rapidité remarquable ; les désordres rencontrés s'accentuent.

Parmi les caractères constamment observés, il faut ajouter l'incoagulabilité du sang, la tuméfaction et la friabilité de la rate, la teinte jaune feuille morte et

---

1. Les kystes hydatiques du foie chez l'homme seraient très rares si des règlements bien compris interdisaient d'une façon absolue aux chiens l'accès des abattoirs. L'infestation de l'homme est d'autant plus facile qu'il vit davantage en promiscuité avec les chiens porteurs du ténia correspondant (forme adulte).

2. Les poissons (de lacs) hébergent souvent la forme larvaire d'un parasite de l'homme, le *Bothriocéphale large*. Elle est rencontrée chez le brochet, la tanche, la lotte, la perche, la truite, l'ombre chevalier, la ferra.....

On rencontre quelquefois de petits cysticerques dans le foie du lapin ; il ne faut pas les confondre avec les tumeurs *coccidiennes* ou les *kystes d'échinocoques*. Les foies atteints seuls doivent être rejetés, hormis le cas d'amaigrissement et de cachexie.

la diminution de résistance du foie, les hémorragies multiples disséminées dans les poumons, les reins (urine sanglante), des lésions intestinales.....

La *tuberculose* des animaux sacrifiés en vue de la consommation revêt des aspects divers selon l'espèce envisagée, l'âge des animaux et l'ancienneté des lésions.

La connaissance de la topographie des ganglions est importante en matière de tuberculose.

Les ganglions lymphatiques (« glandes » des bouchers) existent dans les différentes parties du corps. Ils reçoivent la lymphe (sang blanc) provenant des vaisseaux lymphatiques répartis sous la forme de fins réseaux ou de capillaires.

Les vaisseaux lymphatiques nés sur les membres s'engagent dans les interstices musculaires ou restent superficiels, accompagnent surtout les veines et vont déverser leur contenu dans les ganglions superficiels ou profonds de la cuisse ou de l'épaule.

Les vaisseaux nés sur les côtés du jarret et de la jambe vont se jeter dans le *ganglion poplité* laissé adhérent à la « semelle » ou « gîte à la noix »[1].

Les vaisseaux d'une partie de la face antérieure de la cuisse, de la croupe, se dirigent vers le *ganglion du fuyant du flanc placé en avant de la cuisse*.

Les *ganglions du creux du flanc* reçoivent la lymphe des régions avoisinantes.

Les vaisseaux blancs qui naissent dans les régions profondes de la croupe et de la queue se rendent aux *ganglions* de le *fesse*, du *bassin*, des *lombes*.

Chez la vache, les ganglions situés en *arrière de la mamelle* collectent la lymphe provenant de cet organe.

Sous les lombes, un *réservoir* reçoit la lymphe des membres postérieurs et des viscères abdominaux[2].

Les vaisseaux lymphatiques de la face se rendent aux *ganglions* placés *en dessous de la langue;* ceux de la partie supérieure de la tête, de l'oreille et des régions voisines vont vers un *ganglion* très volumineux enveloppé par la *parotide*. Les vaisseaux qui partent des ganglions parotidiens vont aux *ganglions du pharynx* (deux groupes, l'un au-dessus, l'autre en arrière).

Les vaisseaux du cou[3] et ceux qui s'échappent des deux groupes pharyngiens se dirigent vers le thorax. Ils pénètrent dans la poitrine après avoir traversé le chapelet des *ganglions du bord antérieur de l'épaule*.

Les vaisseaux lymphatiques des membres antérieurs convergent vers les ganglions de la *face interne de l'épaule*.

Les ganglions de l'*entrée de la poitrine* reçoivent les vaisseaux des ganglions précédents (axillaires et préscapulaires).

Dans le thorax, on doit surtout explorer les ganglions des deux chaînes latérales cachés sous les muscles de la face interne du sternum. La *chaine sus-sternale* finit au *ganglion diaphragmatique* noyé dans un amas de graisse, au voisinage du muscle diaphragme.

De chaque côté du rachis, au niveau des vertèbres dorsales, une chaîne comprend les *ganglions intercostaux supérieurs* ou sous-dorsaux.

Chez le porc, les groupes de ganglions ne sont pas les mêmes ou sont moins apparents que chez le bœuf; le groupe situé en arrière du pharynx peut manquer parce que l'ouvrier charcutier le supprime ou le détruit en partie au moment où il détache l'œsophage et le pharynx.

---

1. « Noix » est ici synonyme de « glande » ou ganglion.
2. Les viscères (foie, intestin......) ont leurs ganglions lymphatiques attenants et faciles à explorer.
3. On trouve à la surface du cou des ganglions hématiques (hémorragiques sur la coupe) très petits qui dans des cas extrêmement rares peuvent être tuberculeux.

Un groupe important, celui des *ganglions du cou*, forme avec les précédents, lorsqu'ils sont tuberculeux, une sorte de « collier ».

Contrairement à ce qui est observé chez le bœuf, les ganglions ensevelis sous le muscle de la *face interne du sternum* n'apparaissent pas en l'absence de lésion tuberculeuse ou autre. On n'en voit pas non plus entre les côtes et en haut de la poitrine. Les *ganglions de l'aisselle* semblent manquer aussi.

Les lésions observées sur les *ganglions mésentériques* sont fréquentes.

Chez le veau, lorsque l'infection tuberculeuse est récente, les lésions ont une apparence homogène sur la coupe, une forme et une consistance qui rappellent les caractères des tumeurs ordinaires. A une période plus avancée, les lésions s'infiltrent de calcaire. Les ganglions sont surtout frappés. Les veaux gras de 1ʳᵉ qualité suralimentés en lait sont surtout atteints.

Les ganglions qui avoisinent l'intestin (ganglions mésentériques) présentent souvent des lésions tuberculeuses. Ceux de la deuxième portion de l'intestin grêle sont fréquemment envahis. Un ganglion volumineux, un peu dur et noueux, parsemé de granulations calcaires, indique une infection moins récente.

Les ganglions qui avoisinent le poumon (ganglions bronchiques, médiastinaux) sont fréquemment atteints. Leur tissu s'infiltre vite de calcaire.

Chez les bovidés adultes, les lésions tuberculeuses se rencontrent surtout dans les poumons sous forme de masses *arrondies, bosselées*, d'un volume variable atteignant facilement celui d'une pomme (d'où le nom de *pommelière* donnée autrefois à la maladie); des foyers ramollis sont souvent observés. Tous les organes peuvent être frappés.

Chez le porc, les lésions pulmonaires sont fréquentes. On trouve aussi souvent des lésions osseuses (vertèbres.....).

Les *maladies du veau* qui rendent les viandes nocives dans certains cas sont caractérisées par des signes divers. Il faut surtout se préoccuper de rechercher et d'éliminer de la consommation les veaux atteints d'*arthrites* (multiples le plus souvent), de *diarrhée* avec cachectisation plus ou moins marquée de tout l'organisme, d'*inflammation* de l'*ombilic*. Les veaux atteints d'*arthrites* peuvent être plus ou moins gras. Ils attirent l'attention par le volume anormal des articulations qui laissent écouler, en abondance parfois, un liquide synovial plus ou moins altéré (sang, pus.....) et montrent des dépôts de fibrine, des infiltrations.....

Les vaches sacrifiées après une parturition laborieuse souvent suivie d'*inflammation septique de la matrice*, les animaux atteints de *diarrhée aiguë ou chronique*, de *lésions suppurées* de la mamelle..... ont souvent fourni des viandes qui ont été le point de départ d'intoxications en masse.

Chez les vaches sacrifiées à la suite de parturition difficile, le bassin présente toujours des traces d'inflammation qui sont indélébiles et constituent la véritable signature de l'accident : congestion, hémorragies, infiltrations.....

D'autres affections, dont le rôle pathogène en matière d'intoxication alimentaire est moins bien établi, mais qui, le plus souvent, rendent les viandes insalubres en raison de la facilité avec laquelle elles s'altèrent et se putréfient, sont énumérées ci-après avec leurs caractères les plus faciles à noter :

Infection purulente, avec ou sans abcès apparents ; *peste porcine* (lésions aiguës se traduisant par des congestions : lésions du tube digestif, du poumon.....); *rouget du porc* (plaques hémorragiques à la peau, ganglions, rognons hémorragiques.....); *charbon symptomatique* (tumeurs dans les muscles des jeunes bovidés avec hémorragie considérable, fermentation donnant dégagement à des gaz abondants et crépitants sous les doigts, parfois même une odeur de beurre rance caractéristique.....).

Envisagées au point de vue des *altérations musculaires*, les viandes insalubres peuvent être classées en diverses catégories :

Les *viandes fermentées*, improprement appelées « fiévreuses », dégagent, au moment de la coupe, une odeur rappelant un peu celle de l'haleine des fébricitants. Elles sont caractérisées par une extraordinaire richesse en suc intramusculaire de réaction acide : on peut obtenir jusqu'à 25 à 30 0/0 de jus rosé sous l'influence de la pression mécanique. On note une mollesse excessive qui donne à la cuisse un aspect spécial : les masses musculaires de la face interne s'affaissent et débordent la ligne de section de l'os du bassin. Le muscle prend une teinte ocreuse, terne, qui, au contact de l'air, change rapidement et devient d'un rose vif tout à fait anormal.

Les altérations rencontrées sont celles de certaines viandes d'équarrissage. Les différences de ton qui existent entre les parties périphériques (liséré gris terne) et la partie centrale de certains muscles fraîchement incisés (muscles de la cuisse, de la face interne de l'épaule), les infiltrations de sérosité entre les plans musculaires, la lividité accusée des grandes séreuses qui sont comme imbibées de liquide et dépolies, constituent les signes d'une fermentation complexe, trouvant son origine, le plus souvent, dans les affections graves des organes digestifs.

Toutes ces altérations s'accentuent avec le temps, même lorsque les viandes sont maintenues à basse température. Elles sont toujours faciles à apprécier lorsque la mise en observation a été prolongée d'une période de douze à vingt-quatre heures.

Les *viandes putréfiées*, avec ou sans formation de gaz abondants au sein des muscles, présentent une série de caractères qui sont en partie l'exagération de ceux que nous venons de décrire. La note dominante est constituée par la friabilité extrême du muscle, la mauvaise odeur qu'il dégage, les tons gris et verdâtres qui s'établissent en divers points et la réaction alcaline du tissu musculaire.

Les viandes ainsi altérées donnent un bouillon louche, de saveur désagréable et de conservation difficile. Le rôtissage s'accompagne d'une odeur détestable, surtout au début de la cuisson [1].

Les *viandes fatiguées ou surmenées* forment un groupe de viandes insalubres dont l'aspect est absolument caractéristique et qui diffèrent tout à fait des précédentes quant à la nature et à l'origine des lésions. Le muscle se présente avec une couleur brune, quelquefois absolument noire ; la viande est collante, comme gommeuse au point qu'un fragment même assez lourd projeté contre une partie en élévation (mur ou plafond) y reste adhérent. Le muscle ne donne pas de suc, même sous forte pression mécanique. Il jouit de la propriété d'absorber beaucoup d'eau lorsqu'il est trituré et mélangé à ce liquide. On note en outre de la congestion du tissu cellulaire et de la graisse, des caillots sanguins plus ou moins diffluents dans les vaisseaux, une coloration noire des os spongieux. Le bouillon obtenu avec ces viandes est très acide et se conserve mal.

De telles viandes s'altèrent vite. Elles sont observées sur des animaux surmenés (course forcée, longues marches, parturition difficile....).

Les *viandes cachectiques* sont rencontrées surtout sur les sujets *amaigris* à la suite de maladies chroniques, simples ou compliquées.

La cachexie peut être observée sur des sujets qui n'ont pas épuisé leurs ressources adipeuses.

---

1. En aucun cas, la viande ainsi altérée ne doit être livrée à la consommation, même après « épluchage » des parties atteintes.

En dehors des viandes provenant d'animaux cachectisés sous l'influence de la vieillesse ou des privations, il existe des viandes provenant de sujets *cachectiques par maladie*. Deux cas sont rencontrés. On observe en effet, chez le mouton et chez les bovidés, la *cachexie sèche* et la *cachexie humide* ou hydroémie.

Dans la *cachexie sèche*, la graisse ne fait presque jamais défaut ; elle est sèche au toucher, comme farineuse, et s'écrase facilement sous les doigts ; elle a perdu son onctuosité normale. Chez le mouton, la graisse peut se présenter par îlots offrant les mêmes caractères de sécheresse, de blancheur de craie et de défaut d'onctuosité. Chez les bovidés qui souffrent d'hématurie (« pissement de sang »), les os sont blancs, plus friables, le sang est aqueux, peu coloré, le foie est parfois jaunâtre et friable avec de petits foyers hémorragiques, le muscle lavé est un peu humide et la graisse apparaît jaunâtre et sèche.

Dans la *cachexie humide* (affections chroniques, entérite, affections parasitaires, maladies microbiennes.....), on retrouve encore une certaine décoloration générale des muscles à laquelle se surajoute une abondante infiltration de sérosité entre les plans musculaires et jusque dans la masse des muscles. La viande donne l'impression d'un tissu mouillé et une sensation de froid humide. Le muscle est atrophié à un degré plus ou moins marqué, suivant la durée de la maladie et le degré de résistance des animaux. La graisse disparaît d'une façon presque complète, il ne reste qu'un tissu cellulaire gris ou jaunâtre, mou et diffluent, gorgé de sérosité. Les os longs (fémur, tibia, humérus, radius) renferment, au lieu d'une moelle figée, ferme et dense, une gelée sans consistance. Le sang est pauvre, peu coloré. Les muscles ne se raffermissent jamais après l'abatage (absence de rigidité cadavérique).

Il est une foule d'affections ou d'accidents qui rendent les viandes impropres à la consommation et qui ne peuvent rentrer dans le cadre des viandes fermentées, putréfiées, surmenées ou cachectiques.

Dans certains cas, le rejet de la consommation doit être prononcé parce que les viandes sont manifestement malsaines ; dans d'autres cas, il s'agit simplement de viandes défectueuses. Parmi les premières, il faut ranger les viandes provenant d'animaux sacrifiés pendant la période fébrile des maladies graves (pneumonie, pleurésie, infections diverses.....), à la suite d'accidents ou de traumatismes graves (fractures, plaies étendues, parturition pénible, météorisation), et qui généralement présentent les caractères généraux d'une saignée incomplète ou quasi nulle. Les viandes *saigneuses* sont riches en arborisations vasculaires du tissu cellulaire sous-cutané et des espaces intermusculaires. Leurs ganglions sont congestionnés, les muscles sont colorés : ils prennent une teinte plus ou moins foncée ; la fibre musculaire est terne ; des dépôts hémorragiques existent dans les faisceaux de fibres. Les reins sont plus ou moins gorgés de sang. La putréfaction envahit très vite les viandes saigneuses.

On doit encore ranger dans le cadre des viandes insalubres celles qui proviennent d'*animaux empoisonnés* par suite de troubles graves du fonctionnement des organes (urémie par suite de la suppression de la sécrétion de l'urine, ictère ou jaunisse à la suite des défectuosités dans le fonctionnement du foie.....). L'odeur urineuse rencontrée lorsqu'on vient d'inciser les muscles de la cuisse peut traduire un simple accident (rupture de la vessie, à la suite d'une obstruction calculeuse du canal de l'urèthre) ou une imprégnation profonde de l'organisme consécutive à une auto-intoxication urémique.

La coloration jaune verdâtre des tissus blancs (graisse, tissu cellulaire, os.....) indique une jaunisse plus ou moins accusée ; elle ne doit pas être confondue avec la coloration jaunâtre normale que revêt la graisse de certains animaux et qui s'efface assez rapidement après une exposition prolongée à l'action de la lumière solaire.

Lorsqu'il existe des affections graves caractérisées par l'évolution de *tumeurs*, de lésions des os (actinomycose), les viandes sont rejetées en totalité ou en partie de la consommation. Les signes extérieurs qui traduisent de telles altérations sont généralement très marqués et retiennent facilement l'attention.

b) Les types de *viandes insalubres* provenant d'animaux sains sont peu nombreux.

On reconnaît facilement celles qui sont *putréfiées* ou en *voie de putréfaction* (viandes à odeur de relent, viandes en voie de liquéfaction, viandes vertes). Lorsque la putréfaction est au début, l'odeur de relent est facilement captée par des traces de formol que l'on peut répandre dans l'atmosphère ambiante. Lorsque la putréfaction est prononcée, l'odeur dégagée est persistante, fade et des plus écœurantes. Sous l'influence de la putréfaction, la viande perd peu à peu sa réaction acide pour donner une réaction nettement alcaline.

Au nombre des altérations qui peuvent atteindre les viandes d'animaux sains, il faut encore signaler celles qui, sans présenter des caractères objectifs très nets, peuvent néanmoins aboutir à la formation de produits toxiques. Ces altérations d'ordre microbien peuvent être le point de départ d'*intoxications graves*. Elles peuvent être évitées, si l'on prend des soins de minutieuse propreté au cours des manipulations que l'on fait subir à la viande.

XI. — LES VIANDES DÉFECTUEUSES

A côté des viandes insalubres, il en est qui sont simplement *défectueuses*. Sont de ce nombre celles qui sont *répugnantes* par l'*odeur désagréable* qu'elles dégagent.

Certains médicaments (essence de térébenthine, alcool, éther, phénols, ammoniaque, assa fœtida, camphre, chloroforme, sulfure de potasse, soufre) ingérés communiquent à la viande des odeurs diverses très accusées, surtout au début de la cuisson, notamment par rôtissage.

Les mâles (boucs, porcs dont les testicules sont restés dans la cavité abdominales, vieux verrats.....), les vaches laissées longtemps sans être traitées avant l'abatage peuvent donner une viande défectueuse.

Les bœufs engraissés avec les résidus de fabrique d'absinthe fournissent une viande dont l'odeur est désagréable; une foule d'autres plantes possèdent les mêmes propriétés (ail, asphodèle, crucifères.....).

Les débris de poissons, les aliments fermentés ou putréfiés agissent de même. La présence de parasites (ascarides) dans l'intestin du veau communique une odeur éthérée à la viande.

L'éviscération tardive, avec ou sans troubles digestifs antérieurs (météorisation), peut avoir le même résultat.

Les viandes peuvent être répugnantes par suite de *colorations anormales* dues à diverses causes : jaunisse au début; engraissement spécial amenant une coloration jaune de la graisse ; dépôt de mélanine (pigment noir), dans le poumon (de veau), sur les enveloppes de la moelle épinière.

La *phosphorescence* des viandes par suite d'un contact accidentel avec quelque objet riche en microbes phosphorescents tel que le matériel des marchands de poissons, l'envahissement par des microbes divers (surface des viandes mal conservées en chambre froide), par les larves des mouches, les moisissures, contribuent avec bien d'autres causes à rendre les viandes répugnantes et non nocives.

Les viandes *insuffisamment alibiles* (extrême jeunesse, maigreur physiologique.....) rentrent aussi dans le cadre des viandes défectueuses.

Il convient de faire remarquer combien il est difficile de dire à quelle catégorie appartiennent certaines viandes dont les caractères d'insalubrité ne sont pas manifestes, bien que l'on soit tenté de voir en elles autre chose qu'une viande simplement défectueuse.

XII. — Les fraudes

Les fraudes auxquelles les fournisseurs peuvent avoir recours sont très nombreuses. Les principales sont données ci-après :

Sur l'*animal vivant*, on peut relever des traces de manœuvres frauduleuses pratiquées en vue de tromper sur l'âge des animaux. L'une des plus fréquentes consiste à supprimer les *sillons circulaires* dessinés sur la base des cornes des bovidés. Le boucher a intérêt à agir de la sorte lorsque les animaux sont vieux et que la dent ne donne plus d'indications bien précises sur l'âge. La corne ainsi truquée présente un aspect spécial. Elle a perdu son brillant naturel.

Lorsque certains bouchers achètent en foire des animaux dont l'état de santé laisse à désirer et leur inspire quelque inquiétude, ils tracent, parfois, aux ciseaux, une marque dite « de chasse » (convention indépendante des marques marchandes ordinaires), qui indique au personnel de l'abattoir la nécessité de procéder au *sacrifice d'urgence* [1].

Parfois les fournisseurs de l'armée réalisent intentionnellement une saignée incomplète, de manière à augmenter le poids de la viande. Ils abattent plusieurs animaux en série et ne font la saignée qu'après le dernier abatage.

Le personnel préposé à « l'habillage » des animaux de boucherie est souvent enclin à soustraire tout ou partie des lésions rencontrées sur l'*animal abattu*.

Le garçon boucher supprime les ganglions *tuberculeux* et notamment ceux du hile du poumon [2], de l'entrée de la poitrine, du médiastin, du diaphragme ; les lésions *échinococciques* (« boules d'eau ») des viscères, les abcès du foie.....

L'existence fréquente de lésions *tuberculeuses*, *à la surface de la plèvre* ou du péritoine chez les bovidés adultes, occasionne assez souvent la manœuvre déloyale suivante : le boucher incise la membrane séreuse à la périphérie des insertions du muscle du diaphragme, la décolle et l'arrache entièrement sur tout ou partie de la paroi atteinte. A première vue, il est assez facile de commettre une erreur d'inspection ; toutefois, si l'on examine avec minutie la surface de la paroi ainsi traitée, on s'aperçoit vite que le lisse et le brillant de la plèvre font défaut et que la décortication dont elle a été l'objet a laissé des

---

1. Les maladies du tube digestif, celles des organes de la reproduction et les affections microbiennes très graves constituent la cause la plus fréquente des abatages de cet ordre. Dans les quatre cinquièmes des cas d'intoxications par la viande, on trouve à l'origine un abatage opéré d'urgence.

2. Il est utile de savoir que des incisions exploratrices permettent de retrouver accollé à la bronche, dans le tissu du poumon (au niveau du lobe médian), un petit ganglion inconnu des bouchers.

traces (filaments de tissu fibreux.....). Il est indiqué dans ce cas de rechercher les ganglions profonds afin de voir s'ils ne sont pas atteints de tuberculose.

D'une manière générale, il convient de considérer comme suspecte toute viande qui a été l'objet d'un « *épluchage* », soit pour accident dont la nature échappe à la personne chargée de la réception des viandes, soit pour maladie avec localisation plus ou moins nette. On peut donner comme exemple le cas d'un bovidé atteint de charbon symptomatique dont on aurait éliminé les régions caractéristiques. Si une odeur anormale (odeur de beurre rance) peut être perçue au moment de la section des muscles et si les morceaux présentés sont mal préparés, il y a de fortes présomptions de fraude.

En vue de favoriser le « séchage » des viandes cachectiques et hydroémiques (viandes « mouillées »), les professionnels emploient les courants d'air, l'essuyage à l'aide de linges secs, etc. Dans ce cas, il convient de compléter l'examen en explorant les muscles fraîchement incisés; ceux-ci laissent aux doigts une sensation d'humidité très nette.

Une autre fraude d'un usage fréquent consiste *à substituer un organe sain à un organe malade ou défectueux*. Les agneaux jeunes et maigres sont quelquefois parés de la « toilette »[1] des agneaux gras. Dans ce cas, la comparaison que l'on peut établir entre le degré d'engraissement général du sujet et l'état de graisse de l'organe permet de rétablir la vérité.

Il arrive que l'on présente à l'inspection des animaux malades dont l'*adhérence du poumon n'est que simulée*. Le poumon tuberculeux a été détaché; on lui a substitué un poumon sain attaché à l'entrée de la poitrine à l'aide d'une petite cheville en bois placée dans la trachée. Celle-ci est habilement cachée; elle n'est visible que si l'on détache le poumon en incisant les tissus au niveau de l'adhérence simulée. La fraude est fréquente lorsque les professionnels savent que l'inspecteur n'opère pas en personne l'ablation du poumon.

Il convient aussi d'être mis en garde contre la fraude qui consiste à préparer pour l'armée des morceaux hors catégorie dits *« paillasses fourrées »*: le boucher fait glisser entre les plans musculaires des morceaux de dernier ordre, des fragments inutilisables de joue, de collier, de flanchet, et prépare, la compression aidant, une sorte de bloc de chair d'un prix de revient très faible.

La fraude qui consiste à surajouter aux morceaux débités des *os qui ne proviennent pas des viandes livrées* peut se produire. Pour l'éviter, il convient de toujours exiger que les os adhèrent naturellement aux viandes et de ne jamais accepter les viandes désossées, qu'elles soient *roulées* ou non.

Il arrive aussi que le boucher tente de fournir de la « bajoue » au lieu d'épaule. La fraude est facile à voir. L'os de l'épaule présente une arête sur la face externe; le maxillaire inférieur n'a pas d'épine semblable.

Parfois les *coupes sont pratiquées avec intention de tromper*[2]. Les coupes utilisées en boucherie sont généralement perpendiculaires ou parallèles à l'axe du corps ou à la direction des membres. Au moment où le boucher détache les aloyaux et les autres morceaux de première catégorie dont il conserve la propriété (fournitures par bêtes, demi-bêtes ou quartiers), il y a lieu de s'assurer que les coupes sont pratiquées dans les conditions normales.

Les morceaux débités ne doivent jamais être *repliés sur eux-mêmes*. Toute

---

1. Feuillet de la séreuse qui flotte dans l'abdomen et se charge de graisse.

2. Un collier coupé obliquement peut fournir un rendement en chair très réduit (10 0/0 en moins).

L'ablation du morceau dit « de saignée », faite trop largement, peut avoir le même effet.

coupe incomplète, avec lambeau servant en quelque sorte de charnière, permet
de supposer que les parties cachées des morceaux présentés ne sont pas partout irréprochables.

En vue de faire admettre des viandes de qualité inférieure, le boucher est
tenté de *mélanger quelques morceaux de qualité médiocre ou douteuse à d'autres
morceaux plus nombreux et de bonne qualité.* Cette fraude est facile à déjouer.
Un peu d'attention permet de reconnaître les morceaux provenant de plusieurs
animaux, lorsque l'engraissement diffère quelque peu.

Il convient de rappeler aussi que les animaux mâles sont quelquefois *émas-
culés peu de temps avant la vente pour la boucherie*[1]. Le cas se produit souvent
en ce qui concerne la viande de mouton. Les bouchers s'efforcent de réduire
ou de masquer, par de savantes manœuvres, les saillies musculaires que forment
les régions du cou et du garrot. L'examen attentif de l'ensemble de l'animal
ne permet pas de commettre une erreur. Autre signe facile à constater : les
moutons tardivement châtrés ont une verge volumineuse[2].

Quant aux fraudes qui portent sur la *nature même de la viande* (viande de
vache livrée pour de la viande de bœuf.....), elles ne sont possibles que dans
les fournitures en morceaux débités. Dans la plupart des cas, un examen attentif permet cependant de ne pas laisser frauder. L'erreur n'est pas possible lorsqu'il s'agit de viandes livrées par quartiers[3].

Des fraudes peuvent se produire par addition d'antiseptiques aux viandes
livrée.

Les *sulfites* et *bisulfites alcalins* jouissent de la propriété de conserver une coloration rouge plus ou moins vive aux viandes altérées par un début de fermentation microbienne. L'opération dite du « trempage », c'est-à-dire l'immersion
des viandes à conserver dans un bain antiseptique, ainsi que le saupoudrage
avec les *« sels de conserve »* sont absolument interdits. Lorsqu'on aura des raisons pour suspecter l'emploi d'antiseptiques, et notamment des bisulfites, on
fera procéder à la recherche de ces agents conservateurs par un laboratoire
outillé à cet effet. On devra toujours comparer l'état d'altération des parties superficielles largement exposées à celui des parties situées au fond des replis ou
anfractuosités formées par la rencontre des plans musculaires, le trempage ou
le saupoudrage agissant surtout en surface[4].

1. Les Marocains qui livrent des moutons au marché de Marnia agissent souvent
ainsi.

2. L'ablation des testicules, pratiquée frauduleusement après l'abatage de manière à
cacher le sexe, est facile à établir : le cordon testiculaire du bélier présente un aspect
caractéristique lorsque la section a été faite *post mortem*.

3. Voir les chapitres des caractères différentiels des diverses viandes.

4. En dehors de ces fraudes, il en existe d'autres qu'une bonne surveillance permet
de prévenir.

Elles portent sur les *substitutions* opérées dans les voitures transportant les viandes
de l'abattoir au corps de troupe (emploi de couvertures, de bâches pour cacher les
viandes,.....), l'usage de *fausses estampilles*, le *décalque* des marques officielles à l'aide
de papier à cigarette ou même de la peau de l'avant-bras et le transfert de l'estampille
décalquée sur une viande soustraite à la visite sanitaire.

NOTICE SUR LES CONDITIONS QUE DOIVENT REMPLIR LES DENRÉES D'ORDINAIRE AUTRES QUE LA VIANDE

Paris, le 29 mai 1908.

Aux termes de l'article 5 du décret du 22 avril 1905, les officiers gérants des ordinaires ont toute latitude pour déterminer la nature et la quantité des denrées à acheter en vue de la préparation des repas.

S'il est nécessaire de varier l'alimentation, cette variété ne saurait cependant être obtenue aux dépens de la qualité des mets et de la valeur nutritive des repas. En particulier, il y a lieu d'exclure les produits obtenus au moyen de manipulations et qui se prêtent à l'addition frauduleuse de matières altérées, nocives ou simplement dépourvues de valeur marchande dont la présence est généralement dissimulée à la vue par l'aspect même des produits, et au goût par un assaisonnement approprié.

Telles sont les préparations de charcuterie et de triperie connues sous les noms de saucisses, boudins, chipolatas, andouillettes, gras-double, etc., etc.

La consommation de ces produits ne pourra être admise que si leur préparation a eu lieu dans les cuisines régimentaires, ou encore lorsqu'ils proviendront des boucheries militaires où la qualité des matières premières et les procédés de préparation ne pourront être suspectés.

Sous cette réserve, les denrées d'ordinaire peuvent être achetées directement aux halles ou marchés, chez le producteur ou le fournisseur, ou bien leur fourniture peut faire l'objet de marchés d'une durée variable, mais toutefois au plus égale à une année.

Lorsque les commissions d'ordinaires ou les commandants d'unité procèdent par voie de marché, il leur est recommandé d'insérer dans leurs cahiers des charges l'obligation, pour les fournisseurs, de livrer des produits répondant aux conditions sommaires qui font l'objet des notices ci-après. En définissant ainsi avec précision la qualité des denrées à livrer, ils se réserveront, en cas d'inobservation de ces clauses de la part des fournisseurs, la possibilité de démontrer sans erreur possible les fraudes commises et d'en poursuivre la répression.

Sous réserve de l'exclusion visée ci-dessus, les notices n'ont aucun caractère limitatif. Elles concernent seulement les denrées les plus généralement usitées pour l'alimentation ; il y aurait lieu de s'en inspirer pour la fourniture de tous autres produits d'un usage moins fréquent ou moins répandu.

Il va sans dire également que les denrées visées dans les notices peuvent faire l'objet d'autant de marchés différents qu'il sera nécessaire.

. . . .

IX. — ŒUFS

Les œufs seront des œufs de poules, frais, d'un poids minimum de 55 grammes.

X. — LAPINS

Les lapins seront livrés entiers, en bon état d'engraissement. Une fois dépouillés, débarrassés des intestins, ils devront peser le poids minimum de 1^{kg},500. Le foie, les reins, le cœur et les poumons devront toujours être adhérents au moment de la livraison.

L'examen des animaux aura lieu en même temps que celui de la viande par le vétérinaire ou le médecin désigné à cet effet.

XI. — POISSONS

Les poissons seront de première fraîcheur, ils présenteront les caractères suivants : les ouïes de coloration rouge vif, les yeux brillants, odeur *sui generis* sans trace d'odeur de décomposition.

XII. — MORUE SALÉE

La morue devra provenir de poissons exempts de toute altération, elle devra être bien débarrassée de sel, d'une odeur franche.

XIII. — HARENGS SAURS

Les harengs saurs devront provenir de poissons fumés à l'état frais, ils devront être bien secs et exhaler une odeur franche.

XIV. — CONSERVES DE POISSON (SARDINES, THON)

Ces conserves devront être parfaitement stérilisées et ne contenir aucun germe revivifiable. Elles devront provenir de poissons parfaitement frais et avoir un aspect, un goût et une odeur agréables.

Les sardines devront toujours être entières, sauf la tête ; le thon sera en gros fragments et exempt de débris.

L'huile devra présenter les caractères de l'huile inscrite sur la boîte (Voir huile à manger).

L'étamage intérieur des boîtes devra être fait à l'*étain fin*.

XV. — LAIT

Le lait devra provenir de la traite complète de vaches saines et nourries d'une façon rationnelle ; il ne devra être ni écrémé, ni mouillé, ni contenir aucune substance étrangère (antiseptiques, etc.).

Il devra pouvoir supporter l'ébullition sans se coaguler.

Dans les localités où il fait défaut, le lait de vache sera remplacé par le lait de chèvre qui devra remplir des conditions similaires.

XVI. — FROMAGES

Les fromages seront de bonne qualité, en bon état de conservation et ne devront contenir aucune substance étrangère.

. . . .

XXI. — GRAISSE ALIMENTAIRE

La graisse alimentaire sera fabriquée exclusivement avec les graisses de porc, de bœuf, de veau, de mouton mélangées avec des huiles à manger (Voir ci-dessous).

Elle devra être exempte d'eau et de tout mélange avec d'autres matières grasses.

Son acidité, calculée en acide oléique, devra toujours être inférieure à 3 0/0.

XXII. — SAINDOUX

Le saindoux sera de la graisse de porc ; il devra être exempt d'eau, d'autres matières grasses et, en général, de toute matière étrangère.

Son acidité, calculée en acide oléique, devra toujours être inférieure à 1 0/0.

INSTRUCTION POUR L'APPLICATION DU DÉCRET DU 5 JUIN 1908 SUR LA RÉPRESSION DES FRAUDES DANS L'ARMÉE

Paris, le 12 juin 1908.

Le Sous-Secrétaire d'État à la guerre à MM. les Généraux gouverneurs militaires de Paris et de Lyon ; les Généraux commandant les corps d'armée

I

§ 1er. — CONSIDÉRATIONS GÉNÉRALES

Un décret en date du 5 juin 1908 a complété celui du 31 juillet 1906 rendu en exécution de la loi du 1er août 1905 sur la répression des fraudes dans la vente des marchandises et des falsifications des denrées alimentaires et des produits agricoles.

La recherche et la constatation des infractions à la loi appartenaient, d'après l'article 2 du décret du 31 juillet 1906, uniquement aux autorités civiles désignées audit article, c'est-à-dire aux commissaires de police, aux commissaires de la police spéciale des chemins de fer et des ports, aux agents des contributions indirectes et des douanes, aux inspecteurs des halles, foires, marchés et abattoirs. Les agents des octrois et les vétérinaires sanitaires pouvaient êtres aussi chargés de cette mission à la condition d'être individuellement désignés par les préfets.

Il résultait de l'ensemble de ces dispositions que l'autorité militaire ne pouvait poursuivre la répression des fraudes constatées dans les fournitures faites à l'armée qu'en ayant recours aux articles 430 et suivants du Code pénal, relatifs aux délits des fournisseurs et aux modes de preuve du droit commun. Si elle voulait employer les moyens d'action et la procédure établis par la loi du 1er août 1905 et le décret du 31 juillet 1906, elle ne pouvait le faire qu'en se faisant assister des agents ci-dessus désignés, qui avaient seuls qualité pour opérer les prélèvements sur les denrées suspectes.

Le décret en date du 5 juin 1908 a pour but de donner, aux représentants de l'administration de la guerre, des pouvoirs semblables à ceux des agents de l'autorité civile pour la recherche et la constatation de toutes les falsifications des denrées et boissons servant à l'alimentation de l'armée.

L'idée qui en a inspiré la rédaction a été de permettre un contrôle incessant de ces denrées et pouvant se poursuivre à toute époque et dans quelque endroit qu'elles se trouvent depuis leur présentation aux divers agents des services de l'armée.

<h2>§ 2. — FORME DU CONCOURS DES AUTORITÉS MILITAIRES
DANS LA RÉPRESSION DES FRAUDES</h2>

Le concours des autorités militaires dans la répression des fraudes est actuellement limité à la constatation de ces fraudes au moyen de prélèvements.

Elles n'ont pas le pouvoir de procéder à la saisie des denrées suspectes : elles doivent se borner à la formalité du prélèvement dans les conditions prescrites par le décret du 31 juillet 1906.

L'accomplissement de cette formalité est facultatif et laissé à l'appréciation des autorités militaires, sauf lorsque les produits paraissent *falsifiés, corrompus* ou *toxiques*. Dans ces différents cas, le décret précité du 31 juillet 1906 (art. 4) rend les prélèvements obligatoires.

<h2>§ 3. — DENRÉES SUR LESQUELLES S'EXERCE LE POUVOIR
DE RECHERCHE ET D'INVESTIGATION</h2>

Suivant l'article 3 du décret du 5 juin 1908, ce pouvoir porte :
1° Sur les marchandises au moment de leur présentation pour livraison ;
2° Sur les marchandises approvisionnées dans les magasins militaires ;
3° Sur les denrées et boissons consommées ou approvisionnées dans les cantines des corps de troupes, services et établissements militaires.

Il résulte de cette énumération que toutes les marchandises destinées à l'alimentation de l'armée peuvent faire l'objet des constatations prévues par la loi de 1905 à partir du moment où elles sont présentées pour être livrées et que le pouvoir de recherche des fraudes se maintient ensuite à toutes époques pour les marchandises livrées, soit lorsqu'elles sont distribuées pour la consommation, soit lorsqu'elles sont mises en réserve dans les magasins de l'Etat ou dans les locaux placés sous la surveillance de l'autorité militaire.

II. — ENUMÉRATION DES AUTORITÉS QUALIFIÉES POUR CONSTATER LES INFRACTIONS A LA LOI DU 1er AOUT 1905

§ 1er. — AUTORITÉS MILITAIRES

Ce sont, pour l'armée de terre, d'après l'article 2 du décret du 5 juin 1908 :
1° Les fonctionnaires du contrôle ;
2° Les fonctionnaires de l'intendance militaire ;
3° Les médecins militaires ;
4° Les vétérinaires militaires ;
5° Les officiers préposés aux approvisionnements ;
6° Les officiers préposés aux distributions de vivres.
Ces autorités militaires se répartissent en deux groupes.

PREMIER GROUPE : **Fonctionnaires du contrôle et de l'intendance militaire, médecins militaires, vétérinaires militaires.** — Dans ce groupe, l'ensemble du personnel de chacune des catégories reçoit la faculté de concourir à la répression des fraudes : tout fonctionnaire du contrôle, tout fonctionnaire de l'intendance militaire, tout médecin, tout vétérinaire, à quelque degré de la hiérarchie qu'il se trouve, quel que soit son grade, a qualité, quand il a devant lui une denrée suspecte ou une boisson qu'il juge falsifiée, pour procéder aux opérations de constatation autorisées par la loi du 1er août 1905 et le décret du 31 juillet 1906. Il n'a pas à se préoccuper de cette circonstance que la denrée a déjà pu être reçue administrativement, qu'elle a pu être soumise à des vérifications antérieures. Il lui suffira d'estimer qu'il y a, suivant lui, des présomptions suffisantes de fraude pour mettre en mouvement la loi de 1905 et employer les moyens de recherche établis par cette loi en vue de faire apparaître avec évidence la fraude et d'en obtenir la répression par la punition des fraudeurs. Il peut, évidemment, avant d'agir, s'entourer de tous les renseignements, procéder à toutes les investigations qu'il juge utiles auprès de ceux qui détiennent la denrée, mais, une fois sa conviction faite, il n'a pas l'obligation d'en référer à quelque autorité supérieure que ce soit et peut, sous réserve de l'application des prescriptions des décrets du 31 juillet 1906 et du 5 juin 1908, et à défaut de tout autre représentant de l'armée, qualifié à cet effet, faire les prélèvements prescrits.

DEUXIÈME GROUPE : **Officiers préposés aux approvisionnements et officiers préposés aux distributions de vivres.** — Il convient ici de préciser quels sont les officiers qui auront qualité pour concourir à l'application de la loi du 1er août 1905, parce qu'à la différence de ce qui se produit dans le groupe précédent, le décret du 5 juin 1908 n'investit pas du droit de participer à la procédure de répression des fraudes le corps des officiers, mais seulement un certain nombre d'officiers à raison des fonctions qu'ils remplissent en ce qui concerne spécialement l'alimentation.

1° *Officiers préposés aux approvisionnements.* — Les officiers visés par le décret du 5 juin 1908 sont les officiers d'administration gestionnaires (service des subsistances et service de santé). Ce sont eux qui, dans le service des subsistances, reçoivent les denrées et qui sont responsables de leur qualité et de leur quantité ; il est logique de leur conférer le pouvoir d'assurer la répression des fraudes.

Dans le service de santé, les denrées sont reçues par une commission composée dans chaque établissement du médecin-chef président, du pharmacien et de l'officier d'administration gestionnaire. Le médecin-chef et cet officier peuvent individuellement, malgré la réception prononcée par cette commission, procéder à des opérations de prélèvements, s'ils estiment qu'il y a, de la part du fournisseur, une fraude quelconque tombant sous l'application de la loi de 1905.

2° *Officiers préposés aux distributions de vivres.* — Ces officiers sont :

1° Les officiers qui reçoivent les vivres dits de l'ordinaire ;

2° Les officiers qui reçoivent les vivres autres que ceux de l'ordinaire, qu'ils soient fournis directement par l'État ou par un entrepreneur;

3° Les officiers d'approvisionnement.

§ 2. — Autorités civiles

Le droit de rechercher et de constater les infractions à la loi du 1er août 1905, en ce qui touche les denrées et les boissons servant à l'alimentation de l'armée, n'est pas exclusivement réservé aux autorités militaires. Les agents de l'ordre civil désignés à l'article 2 du décret du 31 juillet 1906 ont également qualité : cela résulte expressément de l'article 2 du décret du 5 juin 1908. Il s'ensuit que, si une fraude est soupçonnée sur une denrée quelconque à un moment où aucune des autorités militaires désignées dans le décret du 5 juin 1908 n'est présente, le chef de détachement, quel que soit son grade, devra recourir à celle des autorités qui a le pouvoir d'intervenir en application du décret du 31 juillet 1906 et qui devra agir dans les mêmes conditions que si la plainte émanait d'un particulier.

Un agent civil chargé par un magistrat de l'ordre judiciaire de constater le délit de fraude dans une caserne ou un établissement militaire ne saurait se voir refuser l'entrée de ladite caserne ou de l'établissement, s'il a adressé à l'autorité militaire la réquisition prévue par l'article 90 du Code de justice militaire.

III. — Étendue de la mission conférée aux fonctionnaires militaires
et aux officiers ci-dessus désignés

§ 1er. — Conditions nécessaires pour intervenir

Les fonctionnaires militaires et les officiers, investis du pouvoir de constater les infractions à la loi du 1er août 1905, doivent observer que ce pouvoir ne leur est accordé que sous les deux conditions suivantes :

Première condition : **Falsification des denrées alimentaires et des boissons.** — Le droit conféré aux autorités par le décret du 5 juin 1908 est exceptionnel, car, d'après ce décret, la recherche et la constatation des infractions à la loi du 1er août 1905 sont strictement limitées aux denrées et aux boissons servant à l'alimentation de l'armée de terre (hommes et chevaux).

Il s'ensuit que toute marchandise qui n'a pas cette destination, sans être soustraite au droit de vérification des autorités militaires, ne peut donner lieu à l'application du décret du 5 juin 1908. Dans le cas où des fraudes rentrant dans les prévisions de la loi du 1er août 1905 viendraient à être constatées, la répression ne pourrait en être poursuivie que d'après les règles de cette loi et du décret du 31 juillet 1906, les fonctionnaires militaires et les officiers n'ayant à intervenir que pour requérir l'assistance des agents de l'autorité civile.

Deuxième condition : **Constatation faite à l'occasion de l'exercice des fonctions.** — Le caractère du droit d'intervention des autorités militaires dans la répression des fraudes apparaît encore dans la disposition du décret de 1908, qui ne lui reconnaît qualité pour concourir à l'exécution de la loi du 1er août 1905 qu'à l'occasion de l'exercice de leurs fonctions. Cette prescription a pour objet de limiter leur concours pour la répression des fraudes aux constatations qu'ils peuvent faire dans l'exercice même des fonctions dont ils sont chargés à raison de l'emploi qu'ils occupent, soit dans les corps de troupes, soit dans les divers services.

Ce principe posé, il y a lieu de préciser pour chaque catégorie de fonctionnaires militaires et d'officiers les circonstances dans lesquelles elle pourra agir.

1° *Fonctionnaires du contrôle.* — Les fonctionnaires du contrôle auront qualité pour prêter leur concours à l'exécution de la loi du 1er août 1905, lorsqu'ils seront en cours d'une des missions de contrôle qu'ils sont appelés à faire en exécution de l'article 26 de la loi du 16 mars 1882 et de l'article 7 du décret du 28 octobre de la même année.

2° *Fonctionnaires de l'intendance.* — Les fonctionnaires de l'intendance interviennent dans l'alimentation des hommes et des chevaux de l'armée, soit par la constitution d'approvisionnements de denrées et leur distribution aux troupes sur l'ordre du commandement, soit au moyen de la vérification des comptes relatifs aux ordinaires qu'ils exercent par délégation du commandement.

En raison de ces attributions normales, ils sont en fonctions dans toutes les circonstances où ils peuvent être amenés à constater l'état des denrées destinées aux troupes, et ils ont qualité pour opérer des prélèvements en tous lieux, soit dans les magasins de l'État, soit dans ceux des entrepreneurs ou fournisseurs, soit enfin dans les locaux du casernement affectés au service des ordinaires.

3° *Médecins militaires.* — Le droit de constatation et de vérification des médecins militaires s'exerce naturellement dans les infirmeries régimentaires, dans les infirmeries-hôpitaux ou dans les hôpitaux militaires et s'étendra à toutes les denrées et à toutes les boissons qui pourront être livrées aux malades ou qui auront été mises à leur disposition.

Lorsqu'ils sont appelés par la commission des ordinaires, en application de l'article 35 du décret du 22 avril 1905, à donner leur avis sur la qualité de denrées qui font naître des doutes, les médecins militaires pourront se prévaloir du décret du 5 juin 1908 et procéder à des prélèvements s'ils estiment personnellement que la denrée est de celles qui justifient l'application de la loi de 1905.

Si, dans les visites qu'en vertu du même article 35 ils sont tenus de faire dans les locaux de distribution et dans les cuisines pour examiner la qualité des denrées et notamment de la viande, ils constatent une fraude, ils ont encore, sans aucun doute, la possibilité d'opérer sur ces denrées les prélèvements destinés à attester la fraude commise.

Les médecins militaires pourront faire les prélèvements prescrits toutes les fois qu'ils se trouveront en présence d'une denrée livrée directement aux corps de troupes par un fournisseur quelconque.

Si la denrée provient des magasins de l'État, le médecin, qui n'aura pas la possibilité d'appeler le fournisseur, devra se borner à rendre compte au chef de corps. Il appartiendra à ce dernier d'aviser immédiatement le service qui aura fait la livraison.

4º *Vétérinaires militaires.* — Le décret du 14 mars 1896 dispose, dans son article 1er, que le service vétérinaire de l'armée a pour objet, entre autres choses, la visite des animaux de boucherie et l'examen des viandes destinées aux troupes en station. Les vétérinaires qui se trouveront, soit dans les abattoirs, soit dans les casernes ou les établissements militaires, soit dans les rassemblements de troupes de quelque importance qu'ils soient, auront à se préoccuper de l'application de la loi de 1905 et sont par suite autorisés à faire sur les viandes soumises à leur examen les prélèvements qu'ils jugeraient nécessaires en se conformant aux prescriptions légales.

L'inspection des fourrages affectés à l'alimentation peut révéler, lorsque les vétérinaires y prennent part dans les conditions prévues par les règlements, des fraudes de nature à livrer aux chevaux et bêtes de somme des aliments avariés ou de qualité nuisible ; les vétérinaires militaires ne devront pas hésiter, dans ce cas, à se considérer comme dans l'exercice de leurs fonctions et à agir en conséquence.

5º *Officiers préposés aux approvisionnements.* — Les officiers préposés aux approvisionnements reçoivent les denrées qualitativement et quantitativement : c'est au moment de la réception qu'ils doivent faire leurs vérifications. Ils n'auront pas alors à examiner seulement si les conditions du marché de fournitures ont été suffisamment exécutées par les fournisseurs et si toutes les clauses du contrat sont accomplies ; ils devront aussi, par une inspection sérieuse des produits présentés, chercher à se convaincre qu'ils ne sont point falsifiés. S'ils ont la conviction que les denrées proposées à la réception tombent sous le coup de la loi du 1er août 1905, leur pouvoir ne se borne pas au refus de ces denrées. La fraude ne constitue plus seulement un acte d'inexécution du contrat, mais un fait délictueux. Ils sont chargés de contribuer à la répression du délit : ils devront donc se mettre en mesure d'effectuer les prélèvements destinés à permettre, s'il y a lieu, l'ouverture de l'action pénale.

Lorsque l'officier d'administration gestionnaire découvrira ou lorsqu'on lui aura signalé l'existence d'une fraude dans les denrées déjà reçues et approvisionnées dans les magasins militaires, il devra immédiatement s'assurer que ces denrées sont de celles dont le fournisseur peut être retrouvé. Dans ce cas, il aura à faire les prélèvements, celui-ci dûment convoqué. Les denrées peuvent être de celles pour lesquelles la recherche du fournisseur est devenue impossible. Il est évident qu'alors aucun prélèvement ne doit être effectué. Mais l'officier gestionnaire devra à l'avenir surveiller avec la plus grande rigueur les livraisons des denrées de même nature pour pouvoir, lors de la réception, les soumettre à la formalité du prélèvement, s'il constate la présence des mêmes indices de fraude.

6º *Officiers préposés aux distributions de vivres.* — a) *Vivres de l'ordinaire.* — Les officiers préposés à la distribution des vivres de l'ordinaire doivent, lorsque les denrées leur sont présentées, rechercher avant tout si elles ne sont pas falsifiées, si elles ne sont ni corrompues ni toxiques, si, en un mot, elles ne sont pas viciées par une des fraudes tombant sous l'application de la loi de 1905. Ils devront se persuader qu'en ne procédant pas à une vérification aussi scrupuleuse que possible, ils engagent leur responsabilité et manquent à un des devoirs qui leur sont maintenant imposés par la réglementation militaire s'ils ne concourentpas à la répression des fraudes de nature à nuire à la santé des hommes. Ils sont donc tenus, quand ils supposent qu'une denrée qu'ils ont à recevoir a été l'objet d'une fraude, de ne pas oublier de faire sur elle les prélèvements prescrits et que même ces prélèvements sont obligatoires pour eux, s'il y a falsification, corruption ou toxicité.

b) *Autres vivres.* — L'officier de distribution représentant le conseil d'administration exercera son pouvoir de vérification dans les mêmes conditions que celui qui est préposé à la distribution des vivres de l'ordinaire. Si la denrée, qui lui paraît suspecte, a été livrée directement par un entrepreneur, il a, sans attendre la décision de la commission constituée pour juger les contestations qui peuvent s'élever entre lui et l'entrepreneur (décrets du 20 octobre 1892 sur le service intérieur), le pouvoir ou le devoir, suivant la distinction déjà faite pour les officiers chargés de la distribution des vivres de l'ordinaire, de procéder lui-même au prélèvement, l'entrepreneur dûment convoqué.

Dans le cas où la denrée provient d'un magasin militaire, il devra arrêter la distribution et informer l'officier d'administration gestionnaire qui a fait la livraison, afin que celui-ci procède aux prélèvements, si cela est possible, ou tout au moins surveille à l'avenir les livraisons de la denrée au sujet de laquelle des doutes ont pu naître.

§ 2. — DROIT DE PROCÉDER AUX PRÉLÈVEMENTS MÊME APRÈS REFUS DES DENRÉES

Lorsque les officiers, qui sont chargés de recevoir les denrées servant à l'alimentation des troupes et à celle des chevaux, constatent que ces denrées tombent sous le coup de l'application de la loi du 1er août 1905, ils peuvent encore, après les avoir refusées, procéder aux prélèvements, et c'est même pour eux une obligation, ainsi que cela a été dit plus haut, lorsqu'ils soupçonnent les denrées présentées d'être falsifiées, corrompues ou toxiques. Le fournisseur ne saurait se soustraire à l'exercice de ce droit ou de cette obligation en proposant de retirer la marchandise qu'il a présentée à la réception, car la responsabilité qu'il encourt dans cette circonstance est indépendante de celle qui résulte pour lui de l'inexécution des conditions de son marché.

Il est donc indispensable pour les officiers de se pénétrer, dans la circonstance, de leurs droits et de leurs obligations et de se convaincre qu'eux seuls ont le pouvoir de décider si un prélèvement doit être opéré après refus d'une denrée et qu'ensuite dans certains cas, quelles que soient les offres des fournisseurs, ils sont, en vertu des décrets des 31 juillet 1906 et 5 juin 1908, obligés d'opérer ce prélèvement.

§ 3. — NATURE DES FRAUDES

On ne peut faire les prélèvements, opérations préliminaires de l'action répressive organisée par la loi du 1er août 1905 et le décret du 31 juillet 1906, que lorsque la fraude porte :

1º Sur la nature, les quantités substantielles, la composition et la teneur en principes utiles (loi du 1er août 1905, art. 1er) ;

2º Sur l'espèce ou l'origine des denrées quand, d'après la convention ou les usages, la désignation de l'espèce ou de l'origine faussement attribuée doit être considérée comme la cause principale de la fourniture (loi du 1er août 1905, art. 1er) ;

3° Sur la quantité des choses livrées ou sur leur identité par la livraison d'une denrée autre que la chose déterminée qui a fait l'objet du contrat (loi du 1er août 1905, art. 1er);

4° Sur la falsification des denrées, leur corruption ou leur caractère toxique (loi du 1er août 1905, art. 3).

§ 4. — PRESCRIPTION DU DÉLIT DE FRAUDE

Le délit de fraude, comme tous les délits qui ne sont pas continus, se prescrit par trois ans, conformément aux dispositions de l'article 638 du Code d'instruction criminelle.

Au moment de la réception des denrées, achetées directement aux commerçants ou industriels par les corps de troupes, ou livrées par des entrepreneurs, on n'aura pas à se préoccuper de cette prescription triennale, puisque l'action publique pourra être mise en mouvement immédiatement après l'accomplissement du délit.

Il n'en sera pas de même pour la constatation des fraudes sur les denrées approvisionnées dans les magasins de l'État, soit que ces denrées y soient restées, soit qu'elles aient été livrées à la consommation des corps de troupes. Les fonctionnaires du contrôle ou de l'intendance militaire qui, dans leurs inspections ou leurs vérifications, remarqueraient des denrées suspectes, auront à se renseigner sur la date à laquelle elles ont été livrées. Si cette date est antérieure à trois années, aucun prélèvement ne devra être fait : il serait inutile, l'action pénale étant prescrite.

La même recommandation est faite à l'officier d'administration gestionnaire qui, en cours de distribution aux corps de troupes, découvrirait une fraude de nature à être réprimée en application de la loi du 1er août 1905.

Mais, dans ces derniers cas, il n'en sera pas moins fait une enquête à l'effet de connaître quelles autorités ont été négligentes et de permettre au ministre d'exclure des fournisseurs indélicats.

IV. — OPÉRATIONS DE PRÉLÈVEMENTS

§ 1er. — NÉCESSITÉ DE LA PRÉSENCE DU FOURNISSEUR OU DE SON REPRÉSENTANT

Les opérations de prélèvement doivent, d'après l'article 3 du décret du 5 juin 1908, être effectuées en présence du fournisseur ou de son représentant, ou lui dûment appelé.

Le fournisseur ou son représentant doivent donc, préalablement à toute opération, être convoqués. La convocation indiquera le jour et l'heure auxquels les prélèvements seront faits. Elle sera remise personnellement au fournisseur ou à son représentant accrédité. Si cette remise personnelle est impossible, à cause de l'éloignement de la résidence de l'une ou l'autre de ces deux personnes, la convocation sera adressée par lettre recommandée, le récépissé délivré par la poste devant servir de justification.

Si les intéressés n'ont pas répondu ou s'ils n'ont pas demandé un ajournement à très courte échéance pour cas de force majeure, il sera passé outre et les prélèvements seront effectués.

Aucune convocation préalable n'est à faire, et il peut être procédé séance tenante aux prélèvements, si, au moment où l'utilité de ces prélèvements apparaît aux autorités désignées par le décret du 5 juin 1908, le fournisseur ou son représentant sont présents dans l'établissement militaire (caserne ou magasin). S'ils ne sont pas présents, ils peuvent être d'ailleurs immédiatement convoqués. Il suffit que cette convocation soit faite utilement, c'est-à-dire qu'ils soient « dûment appelés ».

Les développements insérés dans les paragraphes 2 et 3 qui précèdent sont uniquement destinés à faire connaître les moyens qu'il y a lieu d'employer pour appeler le fournisseur ou son représentant, dans le cas ou ceux-ci se trouvent hors de l'établissement militaire et qu'il s'agit de denrées déjà livrées.

§ 2. — ÉCHANTILLONS

Les opérations mêmes du prélèvement comportent sur chaque denrée ou boisson la prise de quatre échantillons.

Un de ces échantillons est destiné au laboratoire pour analyse, les trois autres sont éventuellement destinés aux experts.

Les échantillons prélevés doivent remplir les conditions fixées par l'arrêté du ministre de l'Agriculture en date du 1er août 1906, en ce qui concerne les liquides, les matières grasses, pâteuses ou semi-fluides, les matières à prélever en bocaux, les produits solides ou en poudre, et les conserves.

Les prélèvements doivent être effectués de telle sorte que les quatre échantillons soient autant que possible identiques (décret du 31 juillet 1906, art. 7).

Bien que chaque prélèvement comporte la prise de quatre échantillons, on devra laisser un cinquième échantillon entre les mains de l'intéressé lorsque celui-ci en fera la demande. Cet échantillon ne devra être revêtu d'aucun cachet, d'aucune marque susceptible de lui donner un caractère officiel. Cependant, pour les laits, on ajoutera une pastille de bichromate de potasse, ainsi qu'il est dit dans l'arrêté du 1er août 1906.

§ 3. — LIEU DE PRÉLÈVEMENTS

Les prélèvements ne peuvent, en principe, avoir lieu que dans les établissements militaires (casernes et magasins). Toutefois, seront assimilés à ces établissements les locaux dans lesquels les entrepreneurs procèdent à la fabrication des produits destinés à l'armée ou détiennent en magasin les matières premières servant à cette fabrication. Il en sera de même des locaux où sont tenus en réserve les fourrages que les fournisseurs doivent livrer aux corps de troupes.

Exception à cette règle est faite pour les achats qui sont effectués directement chez le fournisseur.

§ 4. — MISE SOUS SCELLÉS DES ÉCHANTILLONS

Tout échantillon prélevé est mis sous scellés (décret du 31 juillet 1906, art. 8). Ces scellés sont appliqués sur une étiquette composée de deux parties pouvant se séparer et être ultérieurement rapprochées (décret du 31 juillet 1906, art. 8).

1° Un talon qui ne sera enlevé que par le chimiste au laboratoire après vérification du scellé. Il ne doit porter que les indications suivantes : nature du produit, dénomination sous laquelle il est vendu, date du prélèvement et numéro sous lequel les échantillons sont enregistrés au moment de leur réception par le service administratif (décret du 31 juillet 1906, art. 8) ;

2° Un volant qui porte ces mêmes mentions, mais où sont inscrits, en outre, les noms et adresse du propriétaire ou détenteur de la marchandise (décret du 31 juillet 1906, art. 8).

Ce volant est signé par l'auteur du procès-verbal (décret du 31 juillet 1906, art. 8).

Toutes ces formalités, prescrites par le décret du 31 juillet 1906, doivent être scrupuleusement observées.

§ 5. — Valeur des prélèvements

Aussitôt après avoir scellé les échantillons, le fonctionnaire militaire ou l'officier, s'il est en présence du fournisseur ou de son représentant, doit le mettre en demeure de déclarer la valeur des échantillons prélevés (décret du 31 juillet 1906, art. 9).

Le procès-verbal devra mentionner cette mise en demeure et la réponse qui a été faite (décret du 31 juillet 1906, art. 9).

On remettra au fournisseur ou à son représentant un récépissé détaché d'un livre à souche et où il sera fait mention de la valeur déclarée. Toutefois, dans le cas où cette déclaration comportera une majoration évidente de la valeur réelle, il y aura lieu de le mentionner au procès-verbal et sur le récépissé.

§ 6. — Procès-verbal

Séance tenante, il doit être procédé à la rédaction d'un procès-verbal dans les conditions prescrites par l'article 6 du décret du 31 juillet 1906.

L'attention des fonctionnaires militaires et des officiers qui auront à verbaliser est tout spécialement attirée sur la rédaction de ce procès-verbal. Il est indispensable qu'il contienne toutes les indications à exiger par le décret ; l'importance de ce document ne doit pas être un seul instant méconnue, car c'est lui qui servira de fondement à l'ouverture de l'action pénale et, par suite, à la répression de la fraude.

Des modèles de procès-verbaux passe-partout, identiques à ceux qui ont été adoptés par le ministère de l'Agriculture, seront fournis et déposés dans chaque établissement militaire ainsi que les étiquettes devant être fixées aux échantillons.

§ 7. — Envoi du procès-verbal et des échantillons a la préfecture

Le procès-verbal et les échantillons doivent être envoyés dans les vingt-quatre heures à la préfecture par le service pour le compte duquel a eu lieu le prélèvement.

Les échantillons seront expédiés dans de petites caisses ; l'emballage devra être fait au moyen de paille, foin, copeaux, fuseau de bois ou de papier, de façon à éviter la rupture des vases en cours de route. La fermeture des caisses sera assurée en scellant au moyen d'une ficelle les pitons placés de chaque côté du couvercle.

Le fonctionnaire militaire et l'officier qui ont verbalisé doivent veiller à ce que l'envoi soit fait dans le délai de vingt-quatre heures prescrit par le décret du 31 juillet 1906.

Avis de cet envoi devra être donné au commandant de corps d'armée ou au gouverneur militaire de Paris.

§ 8. — Communication des études faites par les laboratoires au ministère de la guerre

Lorsque les commandants de corps d'armée ou le gouverneur militaire de Paris auront été, conformément aux prescriptions des articles 5 et 6 du décret du 5 juin 1908, avisés par le préfet des conclusions contenues dans le rapport du laboratoire chargé de l'analyse, ils auront à en donner dans les vingt-quatre heures communication au ministère de la Guerre, sous le timbre du Sous-Secrétaire d'État.

§ 9. — Prises d'essai

Les chefs de corps ou de détachement devront fréquemment faire, et à titre de contrôle, sur les denrées et boissons dont ils disposent, des prises d'essai destinées à les renseigner sur la qualité desdites denrées et boissons.

Ces prises d'essai sont adressées au laboratoire du corps d'armée qui leur fera connaître dans le plus bref délai le résultat de son analyse.

Cet examen a uniquement pour but d'éclairer les autorités militaires sur l'opportunité qu'il peut y avoir de procéder aux prélèvements dont il est parlé dans la présente instruction et ne saurait entraîner aucune sanction pénale.

En conséquence, les prises d'essai auront nécessairement lieu en dehors de toute intervention des fournisseurs.

Il est entendu que les prélèvements réguliers peuvent être opérés, s'il y a lieu, sans cet examen préalable.

<table>
<tr><td>

· CORPS D'ARMÉE
ou
GOUVERNEMENT MILITAIRE
DE PARIS *ou* DE LYON [1]
—
Place de

</td><td>

MINISTÈRE DE LA GUERRE
—

RÉPRESSION DES FRAUDES
(Loi du 1ᵉʳ août 1905, décrets
des 31 juillet 1906 et 5 juin 1908.)

</td><td>

MODÈLE Nº 1

Format du papier :
Hauteur....... 0ᵐ.315
Largeur....... 0ᵐ,205

</td></tr>
</table>

Procès-verbal de prélèvement d'échantillons

Nº d'enregistrement [6] :

Nous, soussigné [2]
agissant en vertu des pouvoirs à nous conférés par le décret du 5 juin 1908, avons, en procédant à la réception (ou à la vérification) des marchandises livrées (ou approvisionnées) à [3]

Nº du prélèvement :

par [4]   prélevé quatre échantillons identiques de [5]

Pour prélever ces quatre échantillons identiques, nous avons procédé ainsi qu'il suit en présence de M.   , fournisseur (ou de M.   , préposé, représentant le fournisseur) [7].

Ces échantillons ont été ensuite renfermés dans [8]   et scellés immédiatement avec les étiquettes indicatives portant toutes le nº [9] que   a signé avec nous.

M.   nous a formulé les observations qui suivent :

Nous avons ensuite délivré au fournisseur, M.   , un bon de remboursement de   , montant de la valeur déclarée [10] par lui des quatre échantillons susvisés et portant le nº

En foi de quoi nous avons dressé le présent procès-verbal que M.   a signé avec nous, après que lecture lui en a été faite, pour être transmis à M. le préfet de

A   le   (date et heure en toutes lettres).

Le fournisseur ou le préposé [11],

L'officier verbalisateur [12].

---

1. Biffer les mots inutiles, suivant le cas.
2. Nom, prénoms, qualité de l'officier ou du fonctionnaire militaire verbalisateur.
3. Indiquer exactement le lieu et le corps ou établissement destinataire.
4. Nom, prénoms, profession, domicile du fournisseur.
5. Il est indispensable de mentionner au procès-verbal les circonstances du prélèvement, notamment en ce qui concerne l'importance du lot de marchandise échantillonné, la nature des récipients ou des emballages, les marques dont ils sont revêtus, les conditions dans lesquelles les marchandises sont livrées ou approvisionnées.
6. A remplir par la préfecture.
7. Si le fournisseur ou le préposé ne sont pas présents, indiquer comment ils ont été convoqués.
8. Nature des emballages.
9. Numéros du prélèvement relaté en tête du procès-verbal.
10. Dans les cas où cette déclaration comporterait une majoration évidente de la valeur réelle, il y aurait lieu de mentionner au procès-verbal, ainsi que sur le récépissé, cette dernière estimation.
11. Dans le cas où le fournisseur ou le préposé refuserait de signer, constater le refus au procès-verbal.
12. *Ou* le fonctionnaire militaire verbalisateur.

CORPS D'ARMÉE

ou

GOUVERNEMENT MILITAIRE DE PARIS

ou DE LYON [1]

—

Place de

———

Prélèvement d'échantillons

(Loi du 1er août 1905, décrets
du 31 juillet 1905 et du
5 juin 1908.)

N°   [2].

Objet du prélèvement :

Nom du fournisseur :

Valeur déclarée :   fr.

Date du prélèvement :

MODÈLE N° 2

Format du papier :
Hauteur....... 0m,16
Largeur....... 0m,24

CORPS D'ARMÉE

ou

GOUVERNEMENT MILITAIRE DE PARIS

ou DE LYON [1]

———

RÉCÉPISSÉ

———

N°   [2].

———

Prélèvement d'échantillons

(Loi du 1er août 1905
décrets du 31 juillet et du 5 juin 1908.)

———

Je, soussigné, ai prélevé le
quatre échantillons de
d'une valeur déclarée de
Nom du fournisseur :

A   , le   19   .

L'Officier verbalisateur [3],

---

1. Biffer les mots inutiles, suivant le cas.
2. Numéro du prélèvement.

1. Biffer les mots inutiles, suivant le cas.
2. Numéro du prélèvement.
3. *Ou* le fonctionnaire militaire verbalisateur.

• CORPS D'ARMÉE
ou
GOUVERNEMENT MILITAIRE
DE PARIS *ou* DE LYON [1]
—

Place de

MODÈLE N° 3

Format du papier :
Hauteur....... 0^m,095
Largeur....... 0^m,17
(Papier fort ou parcheminé)

MINISTÈRE DE LA GUERRE

—

Dénomination :

Date du prélèvement :
Numéro d'enregistrement de la préfecture :

• CORPS D'ARMÉE
—

Place de

RÉPRESSION DES FRAUDES

—

MINISTÈRE DE LA GUERRE

—

Numéro d'inscription du service administratif :
Échantillon prélevé le
 sous le numéro
Nature du produit :
 Dénomination sous laquelle il est livré :

Nom du fournisseur :
Domicile :
Lieu où le prélèvement a été opéré :

L'Officier
(*ou* le fonctionnaire militaire verbalisateur) [1],

1. Biffer les mots inutiles, suivant le cas.

CIRCULAIRE DU 23 AOUT 1908 SUR LES PRESCRIPTIONS RELATIVES
A L'HYGIÈNE DE LA VIANDE

Les prescriptions ci-après seront portées à la connaissance des hommes de troupe. Elles seront reproduites sur des pancartes placées dans les cuisines, réfectoires et infirmeries.

En raison des conséquences que le défaut de propreté peut avoir sur la santé des soldats, il est rigoureusement prescrit d'observer les recommandations suivantes :

1° La chaleur et les buées des cantines sont défavorables à la bonne conservation des viandes. On doit éviter, surtout en été, de conserver la viande fraîche, même pendant un cours laps de temps, dans des locaux mal ventilés ;

2° Les viandes, aliment éminemment altérable, ne doivent jamais être exposées aux souillures accidentelles.

Les aliments malpropres portent avec eux, jusque dans l'intestin, des germes susceptibles de passer dans la circulation ou de se multiplier sur place. Il ne suffit pas de faire bien cuire les viandes pour être assuré de la destruction des microbes dont elles auraient pu être souillées. Il faut encore éviter de les polluer après la cuisson.

Les viandes peuvent devenir dangereuses, même lorsqu'elles proviennent d'animaux sains ; crues ou cuites, elles constituent un milieu favorable à la culture des microbes.

La plus stricte propreté en matière de boucherie et de cuisine est donc le meilleur moyen de prévenir bien des troubles digestifs ;

3° Les personnes qui ont eu la fièvre typhoïde ou d'autres affections similaires (intoxications paratyphiques) ne doivent pas être employées aux cuisines, en raison de ce fait que l'intestin peut conserver, pendant longtemps, les germes de ces maladies.

Il convient aussi de savoir que les agents microbiens en question peuvent exister dans les selles des personnes bien portantes vivant dans l'entourage des malades atteints de ces affections ;

4° Les personnes préposées aux soins à donner aux viandes doivent observer individuellement les règles de la plus stricte propreté. Leurs vêtements doivent toujours être bien blancs. Elles doivent utiliser, le plus souvent possible, les lavabos mis à leur disposition ;

5° Les viandes destinées à la fabrication des saucisses devront être hachées et préparées immédiatement avant leur utilisation. Il est dangereux de conserver à la cuisine des hachis de viande, si l'on ne dispose pas de chambres froides ou de glacières bien agencées ;

6° Les viandes sont d'autant plus profitables à l'économie qu'elles sont mieux broyées et mieux insalivées. C'est pourquoi il importe de manger lentement ;

7° Les mains qui touchent aux viandes et en général aux aliments doivent être soigneusement lavées.

INSTRUCTION SUR LA FOURNITURE, LE CONTROLE ET L'INSPECTION DE LA VIANDE PÉNDANT LES DÉPLACEMENTS, MARCHES ET MANŒUVRES

Paris, le 24 août 1908.

ARTICLE PREMIER. — *Organisation du service*. — Pendant les déplacements, les marches et les manœuvres, les corps de troupes sont pourvus de viande fraîche suivant les moyens ci-après :

1° Par les soins de l'intendance militaire, en bétail sur pied ou en viande abattue ;

2° Par achats directs de bétail sur pied ou de viande abattue, effectués par les officiers d'approvisionnement ou les commandants de détachements.

Ravitaillement par les soins de l'intendance. — Les troupeaux des services de l'intendance, organisés spécialement pour les besoins des manœuvres, sont constitués par marchés, par achats directs ou par achats effectués par les commissions de réception du service territorial de ravitaillement.

Dans les fournitures par marchés ou par achats directs, la réception du bétail est effectuée par un officier d'administration des subsistances, assisté par le vétérinaire militaire chargé du service sanitaire.

Lorsque le service territorial livre à l'intendance le bétail sur pied, la réception est assurée, après examen des experts, par les commissions des centres de ravitaillement.

Les gestionnaires des troupeaux livrent aux corps de troupes dans les centres de distribution, conformément aux ordres du commandant, soit du bétail sur pied, soit de la viande abattue.

Achats directs d'animaux sur pied ou de viande abattue, effectués par les officiers d'approvisionnement ou les commandants de détachements. — Les achats sont effectués par les officiers d'approvisionnement ou les commandants de détachements, assistés par les vétérinaires ou les médecins des corps, sauf en cas d'épizootie où les achats de bétail sur pied sont exclusivement assurés par le service de l'intendance.

Les détachements de faible importance, lorsqu'ils doivent s'approvisionner directement, achètent de la viande abattue qui est examinée par un vétérinaire ou un médecin et, à défaut, par un officier désigné à cet effet; ce dernier se fait seconder, s'il le juge utile, par un militaire du détachement, de la profession de boucher, charcutier ou cuisinier.

Les achats de viande abattue doivent, dans tous les cas, être effectués dans le commerce local. Ils pourront être faits en demi-bêtes, quartiers ou morceaux débités, conformément aux prescriptions de l'instruction ministérielle du 22 avril 1908.

Dans tous les cas, il est interdit aux corps de troupes de traiter, pour la durée des manœuvres, avec un fournisseur unique qui se chargerait de leur amener le bétail ou la viande à proximité de leurs cantonnements.

ART. 2. — *Examen des animaux sur pied*. — Le vétérinaire ou le médecin s'assure de l'état de santé des animaux, et écarte tous ceux qui sont malades ou fatigués.

Il examine ensuite l'âge des animaux, leur sexe, leur état d'embonpoint, et élimine ceux qui ne réunissent pas toutes les conditions exigées par l'instruction ministérielle du 22 avril précitée.

Les bœufs et les vaches ne doivent pas être âgés de moins de trois ans et de plus de dix ans ; ils doivent être parfaitement sains et bien en chair.

L'état de la dentition chez les bovidés indique assez exactement leur âge. On constate que, de deux à trois ans, se fait le remplacement des premières mitoyennes, de trois à quatre ans celui des secondes mitoyennes.

De neuf à dix ans, il y a nivellement complet des pinces, concavité des mitoyennes ; la mâchoire est au net et les dents commencent à s'écarter.

L'état d'embonpoint des animaux est apprécié par l'exploration méthodique des maniements, dont les principaux à examiner sont les suivants :

Les « abords » ou « cimier » placés de chaque côté de la base de la queue, dans le repli cutané qui unit celle-ci à la pointe de la fesse, doivent être bien développés et fermes. Ils forment, chez les animaux bien gras, des masses en saillie faciles à prendre entre le pouce et les autres doigts.

La « côte », explorée au niveau de la courbure des dernières côtes, doit donner la sensation d'une peau bien souple et mobile sur un plan adipeux plus ou moins épais et moelleux.

Ces deux maniements sont l'indice de dépôts de graisse de couverture.

La « brague » ou « cordon » qui siège dans la région du périnée, entre les cuisses, doit être considérable ; elle déborde ou remplit la main qui la soupèse.

« L'œillet » ou « hampe », placé dans le repli du flanc, doit être bien garni, tendre le bas du repli qui s'étend de la partie latérale du ventre à la cuisse, donner à la main qui la soulève une sensation très nette de pesanteur, et s'étendre sur 20 ou 25 centimètres en longueur et 10 à 15 en hauteur.

L'œillet indique au plus haut degré l'existence de la graisse intérieure.

Le « travers » ou « aloyau » est d'autant plus épais que l'animal est mieux en chair. Il est constitué par les plans musculaires et la graisse de la région lombaire. Il doit être épais, résistant, difficile à saisir.

Art. 3. — *Marquage des animaux sur pied.* — Les animaux achetés doivent être marqués au fer rouge ou, de préférence, à l'aide du procédé de plombage à l'oreille en donnant à la rondelle en zinc ou tout autre objet métallique un numéro d'ordre.

Toute bête doit porter, au moment de l'achat, une marque apposée par le fournisseur, qui devra être inscrite sur le registre de visite.

Ce document devra mentionner, si le fournisseur le demande, les marques spéciales qui auraient été apposées sur l'animal par le vendeur de celui-ci.

Ces formalités sont indispensables, afin de permettre à l'administration militaire de retrouver le vendeur, pour l'application éventuelle des nullités de vente prévues par les lois des 21 juillet 1881 et 31 juillet 1895.

Art. 4. — *Marquage des animaux refusés.* — Les animaux refusés comme dangereux pour la consommation sont marqués sur le côté gauche de la croupe, au niveau de la naissance de la queue, de la lettre « R » apposée au fer rouge ; les animaux sains et refusés seulement comme non conformes au cahier des charges ne sont pas marqués.

Art. 5. — *Examen des animaux après abat.* — L'abatage, la saignée et l'habillage ayant été faits avec soin, les animaux sont examinés, sur le lieu de l'abat, la peau restant adhérente au sommet de la tête et les poumons à la trachée ; les autres organes thoraciques et abdominaux sont placés à proximité.

Le vétérinaire ou le médecin s'assure de l'identité des animaux, par la reconnaissance de la marque appliquée avant l'abatage.

Il procède ensuite à l'examen de la salubrité de la viande, par une inspection minutieuse des abats, des séreuses et des grandes cavités, des chaînes et groupes ganglionnaires, etc., et se livre à toutes les investigations susceptibles de l'éclairer.

Il se rend compte de la qualité et du degré d'embonpoint, en observant l'état des dépôts graisseux, du grain et de la consistance de la viande.

ART. 6. — *Dispositions relatives aux animaux atteints de tuberculose.* — Lorsque le vétérinaire ou le médecin constate la présence de la tuberculose, il se conforme à l'instruction du 27 mai 1906 relative à la saisie des viandes provenant d'animaux atteints de la tuberculose (*B. O.*, P. R., p. 690) [1].

ART. 7. — *Estampillage de la viande.* — Les viandes des animaux reconnus propres à la consommation et abattus par les soins du service de l'intendance, immédiatement après leur examen, sont estampillées, à l'aide d'un timbre-rouleau à dates, par le vétérinaire chargé du service sanitaire.

1. Instruction du 27 mai 1906 relative à la saisie des viandes provenant d'animaux atteints de tuberculose :

« Lorsque les vétérinaires militaires constatent la tuberculose sur des animaux livrés vivants à l'armée et abattus en dehors d'un établissement placé sous la surveillance d'un vétérinaire civil (usines de fabrication de viande de conserve, boucheries militaires, manœuvres), ils se conforment aux dispositions ci-après :

« Quelle que soit l'étendue des lésions, ils établissent un procès-verbal d'estimation et de saisie, comportant les renseignements suivants :

« *a*) Nom et adresse du propriétaire ;

« *b*) Signalement complet de l'animal (marque du propriétaire, qui est généralement appliquée sur la corne et sur le côté droit de l'encolure) ;

« *c*) Nature de la maladie (localisée ou généralisée) ;

« *d*) Valeur de l'animal (poids de la viande nette et prix d'adjudication au kilogramme, valeur du cuir).

« Si la saisie n'est que partielle, on fait connaître, en plus des renseignements donnés au paragraphe *d*, les parties rejetées de la consommation, et le poids de la viande acceptée, ainsi que sa valeur. On indiquera, en outre, si le cuir est acheté avec la viande ou s'il reste au propriétaire.

« Ce procès-verbal (unique pour l'estimation et la saisie) est établi en double. L'un des exemplaires est remis au propriétaire de l'animal, l'autre est adressé immédiatement par le commandant d'armes ou du cantonnement au préfet du département dans lequel le propriétaire est domicilié.

« La saisie totale a lieu :

« 1° Quand les lésions tuberculeuses, même peu importantes, sont accompagnées de maigreur ;

« 2° Quand les lésions tuberculeuses existent dans les muscles, dans les ganglions intra-musculaires ou les os ;

« 3° Quand il y a tuberculose miliaire aiguë, ou qu'il existe des éruptions miliaires de tous les parenchymes et notamment de la rate ;

« 4° Quand il existe des lésions tuberculeuses importantes à la fois sur les organes des cavités thoracique et abdominale.

« La saisie est partielle :

« 1° Quand la tuberculose est localisée soit à la cavité thoracique, soit à la cavité abdominale ;

« 2° Quand les lésions tuberculeuses, bien qu'existant à la fois dans la cavité thoracique et la cavité abdominale, sont peu étendues.

« Dans ce cas, la saisie ne porte que sur les portions de viande (parois costales ou abdominale) qui sont directement en contact avec les parties malades de la plèvre ou du péritoine.

« Lorsque les vétérinaires militaires, opérant comme inspecteurs dans les conditions susindiquées (usines de fabrication de viande de conserve, boucheries militaires, manœuvres), auront saisi des viandes tuberculeuses, ils les feront dénaturer et enfouir. Les frais de cette opération incomberont au corps ou à l'établissement auquel l'animal était destiné. »

La marque est apposée sur chaque demi-bête, suivant une ligne joignant la pointe de la fesse à l'articulation de l'épaule; chaque quartier est marqué extérieurement sur toute la longueur.

ART. 8. — *Réception, distribution et conservation de la viande, à l'intérieur des corps de troupes ou détachements.* — Les gestionnaires des troupeaux livrent la viande estampillée aux officiers d'approvisionnement des corps et aux détachements, dans des centres de distribution fixés à l'avance.

Au moment de l'arrivée de la viande dans les cantonnements, celle-ci doit, dans toutes les circonstances, être l'objet d'un nouvel examen par les vétérinaires, les médecins ou l'officier désigné dans les détachements, en raison des conditions souvent défectueuses du transport ou des circonstances atmosphériques qui peuvent en modifier la salubrité. En outre, dans le cas où elle devra subir un nouveau transport, elle sera l'objet d'un nouvel examen avant sa remise aux unités.

Lorsqu'une viande est reconnue impropre à la consommation, les chefs de corps ou de détachements adresseront d'urgence un rapport circonstancié au sous-intendant militaire chargé de la vérification des comptes de ce corps, ou au sous-intendant militaire de la division en manœuvres, pour l'établissement d'un procès-verbal de pertes et avaries.

Si, au moment du débit, la reconnaissance était faite d'altérations non apparentes (traumatisme, abcès profond), un rapport circonstancié et un procès-verbal de pertes et avaries seraient établis dans les mêmes conditions.

ART. 9. — *Registre de visite.* — Les officiers d'administration gestionnaires des troupeaux de ravitaillement, les corps de troupes et les commandants de détachements ouvriront un registre de visite conforme au modèle indiqué ci-après.

Ces registres tenus par les gestionnaires des troupeaux, les officiers d'approvisionnement des corps et les commandants de détachements, seront présentés aux vétérinaires ou médecins chargés de l'inspection sanitaire, qui devront y inscrire le résultat de leur examen.

Dans les détachements qui ne pourront faire inspecter la viande par un vétérinaire ou un médecin, ce registre, ouvert seulement pour la partie relative à la viande abattue, sera tenu et émargé par l'officier désigné pour assurer cet examen.

Modèle.

—

Art. 9 de l'instruction
du 24 août 1908.

Contexture du registre de visite à tracer au fur et à mesure des besoins
par les corps ou les services intéressés.

• CORPS D'ARMÉE

Corps
ou
service.

REGISTRE DE VISITE

*des animaux sur pied et de la viande abattue, présentés à l'examen
des vétérinaires ou médecins chargés de l'inspection des viandes.*

Ou *bien*, pour les détachements (à défaut de vétérinaire ou médecins) :

REGISTRE DE VISITE

*de la viande abattue, tenu et émargé par l'officier chargé
de l'examen de la viande.*

Le présent registre, contenant   feuillets a été coté et paraphé par
nous, Sous-Intendant militaire.

A   , le   19   .

N° 34.

DATE	BÉTAIL SUR PIED				VIANDE ABATTUE		BÉTAIL-SUR PIED OU VIANDE ABATTUE		
	NOMS des fournisseurs	NATURE DES ANIMAUX		MARQUES diverses	DÉSIGNATION de la nature de la viande	NATURE des distributions — Quartiers ou morceaux débités	AVIS		ÉMARGEMENT
		Bœufs	Vaches			INDICATION de la role et autres renseignements signalétiques	de l'officier chargé de la réception	du vétérinaire ou médecin	

INSTRUCTION RELATIVE A L'ENSEIGNEMENT A DONNER AU PERSONNEL MILITAIRE CHARGÉ DE L'EXAMEN ET DE LA RÉCEPTION DES ANIMAUX ET DES VIANDES DE BOUCHERIE.

Paris, le 6 novembre 1908.

Il sera institué dans l'armée un enseignement technique qui sera donné à tout le personnel militaire appelé à participer, à quelque titre que ce soit, à l'examen et à la réception des viandes destinées à l'alimentation des troupes.

Cet enseignement comprendra deux degrés : l'enseignement de garnison et l'enseignement régimentaire.

ENSEIGNEMENT DE GARNISON

L'enseignement de garnison sera créé dans toutes les places où le service d'inspection vétérinaire est assuré dans les abattoirs publics ; il sera placé sous la haute direction des commandants d'armes et sera suivi par les médecins et vétérinaires militaires, les officiers d'approvisionnement des corps de troupes, les officiers d'administration du service des subsistances et les officiers d'administration du service de santé.

Les lieutenants d'infanterie effectuant, dans les escadrons du train, le stage pour être officier d'approvisionnement, devront également recevoir cet enseignement pendant leur stage.

L'enseignement aura un caractère essentiellement pratique ; il ne sera suivi que par un petit nombre d'officiers à la fois ; il sera donné aux abattoirs mêmes, soit par le vétérinaire sanitaire inspecteur de l'abattoir lorsque son concours pourra être obtenu, soit par un vétérinaire militaire, soit dans certains cas, à défaut de vétérinaire, par un médecin militaire de la garnison.

Lorsque l'enseignement sera donné par les soins du service d'inspection de l'abattoir, il y aura intérêt à ce que les leçons pratiques soient faites les jours principaux d'abat et aux heures où le travail de l'abattoir pourra les rendre aussi fructueuses que possible.

Dans les autres cas, ces leçons seront données à l'occasion du service journalier d'inspection et de contrôle des viandes destinées à la troupe.

Les généraux commandant les corps d'armée désigneront chaque année, sur la proposition des directeurs du service de santé et des vétérinaires des ressorts, pour chaque garnison, les médecins et les vétérinaires qui seront chargés de cet enseignement. Ils porteront leurs noms à la connaissance des commandants d'armes.

Dans chaque garnison, les commandants d'armes arrêteront les dispositions de détail relatives à cet enseignement, après s'être concertés avec les autorités municipales, tant pour l'accès dans les abattoirs que pour la désignation éventuelle des vétérinaires civils inspecteurs des abattoirs qui peuvent être chargés de l'enseignement.

En ce qui concerne la place de Paris, l'enseignement de garnison fera l'objet de dispositions spéciales qui seront arrêtées par le gouverneur après entente avec la préfecture de police.

ENSEIGNEMENT RÉGIMENTAIRE

L'enseignement régimentaire sera institué dans tous les corps de troupes ou détachements de la force d'au moins un bataillon ; il sera applicable à tous les officiers susceptibles de prendre part aux réceptions de viandes ; il aura lieu dans les boucheries régimentaires au moment de la réception journalière de la fourniture et sera donné en principe par les vétérinaires militaires chefs de service et, à défaut, par les médecins militaires.

Il ne comprend que des notions sommaires sur les caractères différentiels des viandes, leur nature, leurs caractères distinctifs suivant la qualité, sur la coupe des animaux de boucherie, sur la différenciation des morceaux des diverses catégories, et enfin sur les mesures à employer pour prévenir ou déjouer les fraudes. Il comporte quatre à six séances au plus.

Pour que cet enseignement porte ses fruits, il est nécessaire que les chefs de corps en règlent à l'avance l'organisation de telle sorte *qu'il reste dans un domaine exclusivement pratique*, qu'il ne soit donné à la fois qu'à un nombre d'officiers limité, en se guidant d'après les circonstances locales et les conditions du service et qu'il ne dépasse pas le but à atteindre.

Ces leçons de choses seront complétées par quelques séances aux abattoirs, à l'occasion du service d'inspection assuré dans ces établissements par les vétérinaires ou médecins militaires des corps de troupes.

Dans les détachements qui ne comportent ni médecins ni vétérinaires militaires, le chef de détachement fera appel, autant que possible, au concours du vétérinaire sanitaire inspecteur de l'abattoir après entente, avec l'autorité municipale, pour faire donner l'enseignement nécessaire au personnel sous ses ordres. Dans ce cas, l'enseignement régimentaire pourra avoir lieu exclusivement aux abattoirs publics.

DISPOSITIONS RELATIVES AUX ÉCOLES MILITAIRES

Dans les écoles militaires d'officiers et de sous-officiers élèves officiers (Saint-Cyr, Saint-Maixent, Saumur, Fontainebleau, Versailles), l'enseignement relatif à la connaissance de la viande fraîche comprendra toutes les matières qui font l'objet de l'enseignement dit de garnison ; il sera donné par les soins du vétérinaire chef du service de l'école.

L'enseignement sera donné par groupe d'élèves ne dépassant pas 20 à 25 ; il comportera quatre à six séances qui auront lieu aux abattoirs de la localité, après entente avec les autorités municipales et, si c'est possible, dans les locaux de la boucherie de l'école, au moment de la livraison quotidienne de la viande fraîche, si la fourniture est assez importante pour offrir les matériaux d'étude suffisants ; dans le cas contraire, il sera fait appel au service d'inspection d'un corps de troupes de la garnison, après entente avec le commandant d'armes.

Pour compléter cet enseignement au point de vue pratique, les commandants d'école pourront s'entendre avec le service d'inspection sanitaire de la préfecture de police de Paris pour obtenir l'envoi périodique et en temps opportun des matériaux d'étude qui seraient utiles, tels que des échantillons de viandes insalubres ou défectueuses.

L'enseignement pratique sera confirmé par deux ou trois leçons faites par le vétérinaire chef de service à l'amphithéâtre, leçons qui, étant rattachées au cours d'hygiène militaire, donneront lieu, par suite, à interrogations et à notes d'examens de fin d'année.

Des dispositions spéciales seront prises en ce qui concerne l'enseignement technique et pratique spécial à donner, relativement à la connaissance de la viande fraîche, aux stagiaires de l'intendance, aux élèves de l'École d'application du service de santé et de l'École d'administration de Vincennes.

MATIÈRES DU PROGRAMME DE L'ENSEIGNEMENT DE GARNISON

(Leçons pratiques données aux abattoirs)

1. — Mode d'examen des animaux de boucherie sur pied.
   Caractères généraux de l'âge des animaux.
   Degré d'engraissement. Rendement.
   État de santé et de maladie. Hygiène des animaux en marche.
   Installation, alimentation, soins à leur donner.
2. — Installations des abattoirs.
   Mode d'abatage et d'habillage des animaux.
3. — Caractères différentiels des viandes saines.
   Détermination de la qualité des viandes.
   Bœuf, taureau, vache, mouton, cheval, porc.
4. — Coupe des animaux de boucherie.
   Des différentes catégories de viandes.
   Rendement des viandes en os, graisse et muscles.
   Principaux caractères des viandes insalubres. Motifs de saisie.
5. — Conditions de la fourniture prévue par le cahier des charges.
   Mode d'examen de la distribution.
   Des fraudes : moyen de les prévenir et de les déjouer.
6. — Hygiène des viandes : manipulation, préparation, conservation, altération.

CIRCULAIRE RELATIVE A LA CONSTATATION DES FRAUDES
EN MATIÈRE DE VIANDES

Paris, le 5 mars 1909.

L'attention du Sous-Secrétaire d'État a été appelée sur l'intérêt qu'il y aurait à ce que l'arrêté ministériel du 1er août 1906, relatif au prélèvement des échantillons sur les denrées alimentaires et produits agricoles suspects de fraude ou de falsification, fût complété, en ce qui concerne les viandes fraîches, de manière à préciser la marche à suivre pour la constatation des fraudes et la rédaction des procès-verbaux de prélèvement.

En attendant que des prescriptions soient arrêtées à ce sujet par le Département de l'agriculture, de qui émane l'arrêté ministériel du 1er août 1906 susvisé, et qui étudie actuellement les mesures à prendre pour les prélèvements qui, en raison de la nature de la denrée, présentent des difficultés particulières, le

Sous-Secrétaire d'État estime que, quand il s'agit de viandes jugées corrompues ou en état de putréfaction, aucun prélèvement ne peut être utilement opéré, vu la nature de la denrée.

Il est à remarquer que, d'après la jurisprudence, la procédure spéciale de prélèvement de denrées, telle qu'elle a été établie par le décret du 31 juillet 1906, rendu en application de la loi du 1er août 1905, n'est pas exigible à peine de nullité dans tous les cas. C'est ainsi que le tribunal de la Seine a admis que toutes les fois que la fraude est certaine, c'est-à-dire qu'il y a délit certain constaté par un procès-verbal de flagrant délit, il n'est pas nécessaire qu'il y ait prélèvements de denrées dans les conditions étroitement précisées par le décret du 31 juillet 1906 (affaire Gauthier, 18 février 1907). Cette doctrine a été consacrée par un arrêt de la Cour de cassation (28 février 1908. V. *Gazette du palais*, 24 mars 1908).

Mais pour que le flagrant délit soit utilement constaté et puisse servir de base à des poursuites judiciaires, il faut que le procès-verbal qui le constate fasse au moins foi jusqu'à preuve du contraire, c'est-à-dire émane d'un officier de police judiciaire (membre du parquet, juge de paix, maire, commissaire de police, officier ou sous-officier de gendarmerie, gendarme, garde champêtre). Il importe donc que les officiers qui constatent que la viande livrée est avariée ou corrompue fassent appel à un des agents précités, pour dresser un procès-verbal de constatation. Pour donner plus de force à ce dernier, il serait d'ailleurs bon qu'il fût fait en présence d'un vétérinaire ou, à défaut, d'un médecin. Le procès-verbal serait ensuite envoyé au procureur de la République, avec une plainte émanant du chef de corps ou de service.

Le Sous-Secrétaire d'État
au ministère de la Guerre,
Henry CHÉRON.

RÉDACTION DES CAHIERS DES CHARGES
(FOURNITURES DE VIANDES DES GRANDES ADMINISTRATIONS)

Les cahiers des charges dressés par les grandes administrations sont souvent incomplets, disent Villain et Bascou. Il importe en effet d'indiquer le degré de qualité exigible, prévoir la proportion de viande de vache, de taureau, fixer au besoin le poids minimum des animaux et exclure les sujets trop âgés. L'indication du poids minimum est reclamée par les cuisiniers des établissements hospitaliers, des collèges, ... parce que les animaux bien en chair seuls permettent de présenter des portions de belle apparence. A cet égard, la viande de taureau est très recherchée. Elle est d'ailleurs très recommandable.

Il convient de bien définir les pièces de choix : aloyau, gigot (avec ou sans selle), langue (avec os sans le cornet, c'est-à-dire le larynx, le pharynx, et une partie de la trachée).

Villain et Bascou recommandent d'exclure de la langue le cornet ; il faut, disent-ils, sectionner la langue à 5 ou 6 centimètres en avant de l'épiglotte.

On doit mentionner que seules les expertises faites par un vétérinaire inspecteur des viandes sont valables, en cas de contestations entre le fournisseur et l'Administration.

On doit connaître les poids moyens des principaux morceaux de viande chez le bœuf de bonne qualité, si l'on veut être à même de faire respecter l'application des cahiers des charges. Villain et Bascou donnent les poids moyens suivants pour un bœuf de 360 kilogrammes : crosse, 1^{kg},200 ; jambe, 5,8 ; tende de tranche, 13,5 ; semelle, 11,5 ; tranche grasse, 9,5 ; culotte, 4 ; aloyau, 22; train de côtes, 12,2 ; bavette, 8 ; plats de côtes, 7,8 ; pis de bœuf, 24 ; surlonge, 4 ; onglet, 1,5 ; queue, 1,5 ; rognon de graisse et rognon de chair, 6 ; paleron, 31,5 ; collier, 1,2 ; joue, 5,5.

Nous donnons en annexe quelques extraits de cahiers des charges appliqués à l'heure actuelle sous le contrôle du service vétérinaire sanitaire de Paris.

MAISON DÉPARTEMENTALE DE NANTERRE

(ADJUDICATION DU 19 NOVEMBRE 1908)

. . . .

ART. 2. — L'adjudicataire sera tenu de fournir chaque jour la totalité de la viande nécessaire à la consommation de la Maison de Nanterre, consommation qui est présumée pouvoir s'élever par mois à :

1° 8.700 kilogrammes de bœuf, vache ou jeune taureau pour la préparation du bouillon gras ;
2° 830 kilogrammes de bœuf...................... ⎰ pour la préparation
3° 1.000 kilogrames de veau...................... ⎱ des rôtis.
4° 750 kilogrammes de mouton......................
5° 80 kilogrammes de côtes de veau et de mouton...... pour
6° 20 kilogrammes de viande de bœuf (moitié rumsteak les malades.
  et moitié faux-filet)......................

7° 750 kilogrammes de mouton pour la préparation des ragoûts.

8° 300 kilogrammes de collier et de poitrine de veau (par moitié de chaque catégorie) pour la préparation des ragoûts de veau.

Art. 3. — Soit que la consommation se trouve inférieure à l'évaluation ci-dessus, soit qu'elle l'excède, l'adjudicataire ne pourra prétendre à aucune augmentation sur le prix du kilogramme de viande, ni à aucune indemnité.

Art. 4. — La viande à fournir pour la préparation du bouillon gras devra se composer exclusivement de morceaux entiers et complets de bœuf, de vache ou de jeune taureau, soit de colliers avec exclusion de plats de joues et de sur-longes, et pesant au moins 12 kilogrammes, soit de poitrine d'un poids minimum de 18 kilogrammes. Tous les morceaux de poids inférieur à ceux qui viennent d'être spécifiés, ainsi que les bas morceaux et les os détachés, seront formellement exclus. — Les appoints de livraison ne devront être fournis qu'en collier et poitrine.

Le collier de veau comprendra toute la région ayant pour base les vertèbres cervicales.

La poitrine de veau comprendra toute la région sternale, les cartilages de prolongement compris entre ces dernières et la ligne blanche.

Les livraisons de collier et de poitrine de veau se composeront de morceaux entiers et complets.

Art. 5. — La viande à fournir pour la préparation des rôtis et ragoûts sera composée ainsi qu'il suit :

Bœuf : la cuisse seule sera admise. Elle sera livrée sans jambe ; celle-ci sera séparée à son joint naturel par une coupe franche conforme aux usages de la boucherie.

Dans le cas où la cuisse serait livrée raccourcie, la somme totale du *poids de ses os ne sera pas supérieure au cinquième du poids de la pièce fournie.*

Exemple : Une cuisse de 50 kilogrammes devra fournir 40 kilogrammes de viande. Le quasi sera débarrassé de sa graisse et la graisse, dite de « panoufle » ou graisse de flanc, ne pourra faire partie de la livraison.

Veau : 50 0/0 d'épaule et 50 0/0 de cuisseau ;

Mouton : l'épaule seule sera admise.

Les côtelettes de veau et de mouton destinées aux malades devront être prises dans le filet.

La viande de mouton pour la préparation des ragoûts ne sera composée que de poitrine et de collet, 50 0/0 de chaque espèce.

Art. 6. — Au cas où la viande crue de bœuf, vache ou jeune taureau, mise en marmite à raison de 225 grammes par ration, ne donnerait pas, après cuisson et désossage, la portion réglementaire de 125 grammes, l'adjudicataire devra fournir le complément à ses frais[1].

. . . .

Art. 8. — La viande sera de première qualité, deuxième sorte.

Elle sera livrée et pesée en présence du directeur ou de son délégué.

. . . .

Art. 10. — En cas de contestation entre l'agent de l'Administration et l'adjudicataire relativement au rejet de tout ou partie d'une fourniture de viande, la marchandise refusée sera soumise à l'appréciation du chef du service vétérinaire sanitaire à la préfecture de police ou de son délégué.

---

1. Rendement en viande cuite de 55 0/0.

La décision de cet expert sera définitive et sans appel.

Elle fera l'objet d'un procès-verbal qui sera immédiatement notifié à l'entrepreneur.

Les frais de vacation auxquels cette expertise donnera lieu seront à la charge de l'adjudicataire, lorsque tout ou partie de la fourniture aura été déclaré non recevable.

Mais. en attendant la décision à intervenir, l'entrepreneur sera tenu d'assurer le service et de procéder au remplacement des morceaux refusés.

L'Administration se réserve la faculté de soumettre la viande fournie, aussi souvent qu'elle le jugera convenable, à l'examen d'un vétérinaire sanitaire qui pourra, s'il y a lieu, rejeter la livraison et exiger son remplacement immédiat.

ART. 11. — Le préfet de police pourra faire procéder à une nouvelle adjudication á la folle enchère de l'adjudicataire, s'il laisse manquer son service à l'heure indiquée, ou s'il fournit de la viande de mauvaise qualité ou en quantité insuffisante.

Dans ces différents cas, il sera immédiatement pourvu aux besoins du service à ses frais.

MAISON DE RETRAITE DE VILLERS-COTTERETS (AISNE)

ADJUDICATION DU 19 NOVEMBRE 1908

. . . .

ART. 2. — L'adjudicataire sera tenu de fournir chaque jour la totalité de la viande nécessaire à la Maison de retraite, consommation qui est présumée s'élever par mois à :

1° 1.500 kilogrammes de bœuf, vache ou jeune taureau pour la préparation du bouillon gras ;

2° 1.580 kilogrammes de veau..... } pour la préparation des ragoûts et rôtis.
3° 1.580 kilogrammes de mouton.. }

ART. 3. — Soit que la consommation se trouve inférieure à l'évaluation ci-dessus, soit qu'elle l'excède, l'adjudicataire ne pourra prétendre à aucune augmentation sur le prix du kilogramme de viande, ni à aucune indemnité.

ART. 4. — La viande à fournir pour la préparation du bouillon gras se composera : de pis de bœuf, de palerons et de colliers (à l'exception des plats de joues, des surlonges et de l'extrême pointe de la panoufle dite « œillet ») provenant de bœuf, de vache ou de jeune taureau d'un poids minimum de 300 kilogrammes de viande nette. Le pis de bœuf sera d'un poids minimum de 18 kilogrammes.

ART. 5. — La viande à fournir pour la préparation des rôtis et ragoûts sera composée ainsi qu'il suit :

Veau : 50 0/0 d'épaule et 50 0/0 de cuisseau ;

Mouton : la bête entière moins les gigots et les côtes.

L'adjudicataire sera tenu, après avoir fait la livraison dans l'établissement des morceaux entiers de veau et de mouton, de procéder à leur découpage en rations individuelles.

ART. 6. — Au cas où la viande crue de bœuf, vache ou jeune taureau, mise en marmite à raison de 225 grammes par ration, ne donnerait pas, après cuisson et désossage, la portion réglementaire de 125 grammes, l'adjudicataire devra fournir le complément à ses frais.

. . . .

Art. 8. — La viande, qui devra avoir été abattue la veille, ou au plus tôt l'avant-veille de sa livraison, sera de première qualité, deuxième sorte : elle sera livrée et pesée en présence du directeur ou de son représentant. La livraison en sera faite la veille du jour de la consommation, avant midi, de manière qu'en cas de difficultés lors de sa réception, l'Administration puisse avoir le temps de les faire lever, ou de se pourvoir ailleurs dans la journée.

L'entrepreneur se conformera à cet effet aux prescriptions du directeur.

. . . .

Art. 10. — Sur la demande du directeur, l'adjudicataire sera tenu de fournir pour le service des infirmeries, aux prix portés dans le procès-verbal d'adjudication, du bœuf, du mouton et du veau de même qualité que ci-dessus, et en quantité suffisante pour assurer l'exécution des prescriptions médicales. Il sera tenu en outre de livrer aux employés de l'établissement, à leurs frais et à leur choix, la viande de bœuf, de mouton ou de veau (également de première qualité), qui sera nécessaire à leur consommation particulière.

Les prix de ces fournitures seront fixés par l'Administration : ils seront inférieurs de 25 0/0 environ aux prix moyens du commerce à Villers-Cotterets.

La quantité de viande à livrer dans ces conditions auxdits employés peut être évaluée approximativement à 250 kilogrammes par mois.

ANCIEN CAHIER DES CHARGES DE L'ASSISTANCE PUBLIQUE DE PARIS

(D'APRÈS VILLAIN ET BASCOU)

. . . .

Art. 13. — La viande de bœuf (lots 1, 2 et 7) sera de 2ᵉ qualité, 1ʳᵉ sorte ; celle de veau et de mouton, de 1ʳᵉ qualité, 2ᵉ sorte. Pour les autres lots, la viande de bœuf sera de 3ᵉ qualité, 1ʳᵉ sorte ; celle de veau et de mouton, de 2ᵉ qualité, 1ʳᵉ sorte.

La viande de bœuf, de veau et de mouton sera bien saignée, livrée froide et sans issues.

La viande que le dépeçage ferait connaître atteinte d'avaries, suite de coups, dépôts et autres lésions non apparentes à la surface, et qui ne serait conséquemment pas susceptible de faire un bon service, sera refusée.

Les bœufs seront de l'âge de trois ans au moins et leur poids sera de 250 kilogrammes au moins, après qu'ils auront été abattus et mis à la cheville, et ce non compris les issues, le suif, la tête, les joues, les rognons avec la graisse qui les entoure [1] et la dégraisse, qui ne devront pas entrer dans les fournitures.

Les bœufs d'un poids inférieur à 250 kilogrammes pourront néanmoins être reçus s'ils sont de seconde qualité.

1. Récemment il a été établi qu'un fournisseur d'une grande administration avait pu, pendant plusieurs années, grâce à l'insuffisance du contrôle exercé, fournir des aloyaux avec le rognon de chair et de graisse au lieu de l'aloyau tel que le commerce de la boucherie le comprend, c'est-à-dire sans le suif de rognon, ni le rognon.

La viande provenant de taureaux ou d'anciens taureaux coupés[1], ainsi que celles provenant de bélier ou de brebis, seront également exclues des fournitures.

Les moutons seront de l'âge de deux à trois ans et du poids, au moins, de 18 kilogrammes.

Les veaux seront de l'âge de deux à trois mois et du poids de 50 kilogrammes au moins. Ils seront livrés sans la toilette.

L'Administration se réserve la faculté de rendre, en déduction du poids de la viande livrée, si elle le juge convenable, les rognons ainsi que toutes les graisses inutiles à son service.

Les bœufs seront livrés par demi-bœuf et l'appoint en un seul morceau.

Les veaux divisés en deux parties ni issues et les moutons entiers seront livrés sans abats.

Pour les 1er, 2e et 7e lots, les livraisons se composeront des morceaux ci-après désignés suivant les demandes journalières faites par les directeurs des établissements :

En bœuf : d'aloyaux et de cuisses ;

Les *aloyaux* devront être livrés *sans bavette* et coupés à la tête du filet et *à deux côtes ;*

En veau : des cuisseaux, des quartiers de derrière entiers et des carrés de côtelettes ;

En mouton : de gigots, du quartier de derrière entier et des carrés de côtelettes ;

Les *gigots* seront livrés *sans selle ;* les *carrés de côtelettes* comprendront les douze premières côtes et seront *coupés à 22 centimètres.*

Pour le 6e lot, les livraisons de bœuf destiné aux pensionnaires en chambre seront composées exclusivement de quartiers comprenant la cuisse et l'aloyau réunis. Les quartiers seront détachés entre la 3e et la 4e côte.

Les bestiaux seront soumis, douze heures après l'abatage, à un nouvel examen destiné à constater si la qualité rentre exactement dans les conditions stipulées à l'article 13 et s'il y a lieu d'en prononcer définitivement la réception ou le rejet.

Ils seront mis à la cheville et les épaules levées en présence du directeur de la boucherie centrale, afin d'en faciliter la réception.

CAHIER DES CHARGES DE L'ECOLE DÉPARTEMENTALE THÉOPHILE-ROUSSEL A MONTESSON (Seine-et-Oise)

Le boucher s'engage à fournir à la préfecture de la Seine, du 1er janvier au 31 décembre 1908, la quantité de viande nécessaire à cet établissement évaluée à 10.000 kilogrammes environ, et déclare, en outre, se soumettre pour cette fourniture aux clauses et conditions suivantes :

1° La viande sera de 1re qualité et proviendra d'animaux fraîchement abattus ; elle devra être bien saignée et sans issues.

Elle sera livrée froide et désossée : le régisseur aura le droit de rendre chaque jour au fournisseur les graisses et tissus cellulaires qui auront été enlevés par

---

1. Emasculation tardive, faite en vue de faire croire à une castration ordinaire.

le chef cuisinier au service de la veille ; les graisses et tissus rendus seront déduits de la pesée du jour ou remplacés, poids pour poids, par de la viande sans os.

Les os n'entreront, dans chaque livraison, que dans la proportion du cinquième du poids total ; les services de ragoût de mouton et de ragoût de veau seront exceptés.

A l'effet de vérifier si cette proportion existe, le régisseur-économe fera peser séparément les os ; si leur poids dépasse le cinquième, le fournisseur sera tenu de remplacer l'excédent par une quantité égale de viande sans os.

La viande de taureau sera rigoureusement exclue.

La fourniture comprend :

a) Bœuf (pot-au-feu): poitrine, paleron, macreuse (dégraissé, désossé et un cinquième d'os);

b) Ragoût de mouton : poitrine, hautes côtes, bas de carrés (pas de tolérance du cinquième d'os pour les ragoûts);

c) Ragoût de veau : poitrine, bas de carrés.

2° Le fournisseur sera responsable de la conservation de la viande livrée jusqu'à sa mise à la cuisson. Les morceaux reçus qui viendraient à se détériorer seront à la charge du fournisseur qui devra les remplacer.

La livraison de chaque jour se fera aux heures fixées par le régisseur suivant les exigences du service.

Il sera loisible à l'Administration de l'école de faire vérifier par des inspecteurs de la boucherie, à des époques indéterminées, la nature et la qualité de la viande ; les frais seront à la charge du fournisseur, si les résultats de l'analyse ne lui sont pas favorables.

La quantité et la qualité de la viande seront reconnues par le régisseur économe ou son délégué, et, au besoin, par le directeur de l'école, qui restera seul juge de la réception.

Si le fournisseur laisse manquer son service, en tout ou en partie, soit en ne livrant pas exactement, soit en n'apportant pas la qualité ou la quantité convenues, le directeur de l'école devra pourvoir au besoin du service par des achats de gré à gré. Dans ce cas, le soumissionnaire supportera la différence en plus qu'il pourrait y avoir entre le prix des acquisitions réalisées et celui du présent marché ; il ne pourra rien réclamer pour la différence en moins.

3° Pour la durée du présent marché, le boucher s'engage à faire la fourniture au prix de 1 fr. 03 le kilogramme de viande de bœuf, de mouton et de veau.

Pour la perception des droits d'enregistrement, la valeur approximative de ce marché est fixée à 10.000 francs, sans préjudice des sommes qui pourraient être réclamées au soumissionnaire par l'Administration de l'enregistrement, même après l'expiration du marché, pour les sommes qu'il aurait touchées et qui dépasseraient l'évaluation ci-dessus.

4° Le cautionnement en numéraire de 400 francs déposé à la Caisse des Dépôts et Consignations à l'appui du marché de 1906 restera consigné à ladite caisse en garantie de la pleine et entière exécution du présent marché, valable du 1er janvier au 31 décembre 1908. Ce cautionnement ne sera restitué qu'après l'expiration du marché, sur la production d'un certificat signé du directeur de l'école Théophile-Roussel attestant que les clauses et conditions ont été exactement remplies.

Le boucher s'engage en outre à payer les droits de timbre, d'enregistrement et d'expédition de pièces concernant le présent marché et à en faire préalablement le dépôt à la caisse du régisseur de l'école.

DISPOSITIONS LÉGALES RELATIVES A L'INSPECTION
DES VIANDES EN FRANCE

Les dispositions applicables à toute la France sont celles du *Code pénal* (art. 433, 471, 15° ; 477, 4°), de la *loi du* 21 *juin* 1898 sur la police rurale concernant les personnes, les animaux et les récoltes, et de la *loi du* 1ᵉʳ *août* 1905 sur la répression des fraudes dans la vente des marchandises et des falsifications des denrées alimentaires et des produits agricoles.

« *Code pénal* [1]. — ART. 433. — Quoique le service n'ait pas manqué, si, par négligence, les livraisons et les travaux ont été retardés, ou s'il y a eu fraude sur la nature, la qualité ou la quantité des travaux ou main-d'œuvre ou des choses fournies, les coupables seront punis d'un emprisonnement de six mois au moins et de cinq ans au plus, et d'une amende qui ne pourra excéder le quart des dommages-intérêts, ni être moindre de 100 francs. Dans les divers cas prévus, la poursuite ne pourra être faite que sur la dénonciation du Gouvernement.

« ART. 477. — Seront saisis et confisqués :... 4° les comestibles éventés, corrompus ou nuisibles ; ces comestibles seront détruits. »

L'enfouissement d'aliments, par mesure de police, avant jugement, est régulier lorsque les gens de l'art appelés par le commissaire de police ont reconnu l'état de corruption nuisible (Cass., 14 décembre 1832). Il en est de même pour l'enfouissement d'une viande insalubre (Cass., 18 octobre 1827) ; on ne peut invoquer

---

1. Le *Code de justice militaire* pour l'armée de terre (loi du 9 juin 1857) prescrit :
« ART. 265. — ... La peine de réclusion est également prononcée contre tout militaire, tout administrateur ou comptable militaire, qui, dans un but coupable, distribue ou fait distribuer des *viandes provenant d'animaux atteints de maladies contagieuses ou des matières, substances, denrées ou liquides corrompus ou gâtés.*
« S'il existe des circonstances atténuantes, la peine de réclusion sera réduite à celle de l'emprisonnement d'un an à cinq ans, avec destitution, si le coupable est officier. »
Le *Code de justice militaire* pour les armées de mer (art. 358) est à peu près semblablement libellé.

que la mesure a enlevé le moyen de faire la preuve contraire aux énonciations du procès-verbal (Cass., 12 novembre 1842).

« ART. 471. — Seront punis d'amende, depuis 1 franc jusqu'à 5 francs inclusivement:

« ... 15° Ceux qui auront contrevenu aux règlements légalement faits par l'autorité administrative, et ceux qui ne se seront pas conformés aux règlements ou arrêtés publiés par l'autorité municipale... »

LOI DU 5 AVRIL 1884 CONCERNANT L'ORGANISATION MUNICIPALE

ART. 88. — Le maire nomme à tous les emplois communaux pour lesquels les lois, décrets et ordonnances actuellement en vigueur ne fixent pas un droit spécial de nomination...

ART. 91. — Le maire est chargé, sous la surveillance de l'Administration supérieure, de la police municipale.

ART. 97. — La police municipale a pour objet d'assurer le bon ordre, la sûreté et la salubrité publiques. Elle comprend notamment : 5° l'inspection sur la *fidélité du débit* des denrées qui se vendent au poids ou à la mesure et la *salubrité des comestibles* exposés en vente.

ART. 99. — Les pouvoirs qui appartiennent au maire, en vertu de l'article 91, ne font pas obstacle au droit du préfet de prendre pour toutes les communes du département ou plusieurs d'entre elles, et dans tous les cas où il n'y aurait pas été pourvu par les autorités municipales, toutes mesures relatives au maintien de la salubrité, de la sûreté et de la tranquillité publiques.

Ce droit ne pourra être exercé par le préfet à l'égard d'une seule commune qu'après une mise en demeure au maire restée sans résultat.

LOI DU 1er AOUT 1905 SUR LA RÉPRESSION DES FRAUDES DANS LA VENTE DES MARCHANDISES ET DES FALSIFICATIONS DES DENRÉES ALIMENTAIRES ET DES PRODUITS AGRICOLES.

Le Sénat et la Chambre des députés ont adopté,

Le Président de la République promulgue la loi dont la teneur suit :

ARTICLE PREMIER. — Quiconque aura trompé ou tenté de tromper le contractant :

Soit sur la nature, les qualités substantielles, la composition et la teneur en principes utiles de toutes marchandises ;

Soit sur leur espèce ou leur origine lorsque, d'après la convention ou les usages, la désignation de l'espèce ou de l'origine faussement attribuées aux marchandises devra être considérée comme la cause principale de la vente ;

Soit sur la quantité des choses livrées ou sur leur identité par la livraison d'une marchandise autre que la chose déterminée qui a fait l'objet du contrat ;

Sera puni de l'emprisonnement, pendant trois mois au moins, un an au plus, et d'une amende de 100 francs au moins, de 5.000 francs au plus, ou de l'une de ces deux peines seulement.

Art. 2. — L'emprisonnement pourra être porté à deux ans, si le délit ou la tentative de délit prévus par l'article précédent ont été commis :

Soit à l'aide de poids, mesures et autres instruments faux ou inexacts ;

Soit à l'aide de manœuvres ou procédés tendant à fausser les opérations de l'analyse ou du dosage, du pesage ou du mesurage, ou bien à modifier frauduleusement la composition, le poids ou le volume des marchandises, même avant ces opérations ;

Soit enfin à l'aide d'indications frauduleuses tendant à faire croire à une opération antérieure et exacte.

Art. 3. — Seront punis des peines portées par l'article 1er de la présente loi :

1º Ceux qui falsifieront des denrées servant à l'alimentation de l'homme ou des animaux, des substances médicamenteuses, des boissons et des produits agricoles ou naturels destinés à être vendus ;

2º Ceux qui exposeront, mettront en vente ou vendront des denrées servant à l'alimentation de l'homme ou des animaux, des boissons et des produits agricoles ou naturels, qu'ils sauront être *falsifiés* ou *corrompus* ou *toxiques* ;

3º Ceux qui exposeront, mettront en vente ou vendront des substances médicamenteuses falsifiées ;

4º Ceux qui exposeront, mettront en vente ou vendront, sous forme indiquant leur destination, des produits propres à effectuer la falsification des denrées servant à l'alimentation de l'homme ou des animaux, des boissons et des produits agricoles ou naturels et ceux qui auront provoqué à leur emploi par le moyen de brochures, circulaires, prospectus, affiches, annonces ou instructions quelconques.

Si la substance falsifiée ou corrompue est nuisible à la santé de l'homme ou des animaux ou si elle est toxique, de même si la substance médicamenteuse falsifiée est nuisible à la santé de l'homme ou des animaux, l'emprisonnement devra être appliqué. Il sera de trois mois à deux ans, et l'amende de 500 francs à 10.000 francs.

Ces peines seront applicables même au cas où la falsification nuisible serait connue de l'acheteur ou du consommateur.

Les dispositions du présent article ne sont pas applicables aux fruits frais et légumes frais fermentés ou corrompus.

Art. 4. — Seront punis d'une amende de 50 francs à 3.000 francs et d'un emprisonnement de six jours au moins et de trois mois au plus, ou de l'une de ces deux peines seulement :

Ceux qui, *sans motifs légitimes, seront trouvés détenteurs dans leurs magasins, boutiques, ateliers, maisons ou voitures servant à leur commerce ainsi que dans les entrepôts, abattoirs et leurs dépendances* et dans les gares ou dans les halles, foires et marchés :

Soit de poids ou mesures faux ou autres appareils inexacts servant au pesage ou au mesurage des marchandises ;

Soit *de denrées servant à l'alimentation de l'homme ou des animaux, de boissons, de produits agricoles ou naturels qu'ils savaient être falsifiés, corrompus ou toxiques ;*

Soit de substances médicamenteuses falsifiées ;

Soit de produits, sous forme indiquant leur destination, propres à effectuer la falsification des denrées servant à l'alimentation de l'homme ou des animaux ou des produits agricoles ou naturels.

Si la substance alimentaire falsifiée ou corrompue est nuisible à la santé de l'homme ou des animaux ou si elle est toxique, de même si la substance médicamenteuse falsifiée est nuisible à la santé de l'homme ou des animaux, l'emprisonnement devra être appliqué.

Il sera de trois mois à un an et l'amende de 100 francs à 5.000 francs.

Les dispositions du présent article ne sont pas applicables aux fruits frais et légumes frais fermentés ou corrompus.

ART. 5. — Sera considéré comme étant en état de récidive légale quiconque ayant été condamné par application de la présente loi ou par application des lois sur les fraudes dans la vente :

1° Des engrais (loi du 4 février 1888) :

2° Des vins, cidres et poirés (loi des 14 août 1889, 11 juillet 1891, 24 juillet 1894, 6 avril 1897).

3° Des sérums thérapeutiques (loi du 25 avril 1895) ;

4° Des beurres (loi du 16 avril 1897) ;

5° De la saccharine (articles 49 et 53 de la loi du 30 mars 1902) ;

6° Des sucres (loi du 28 janvier 1903, article 7 ; loi du 31 mars 1903, article 32) ;

Aura, dans les cinq ans qui suivront la date à laquelle cette condamnation sera devenue définitive, commis un nouveau délit tombant sous l'application de la présente loi ou des lois susvisées.

Au cas de récidive, les peines d'emprisonnement et d'affichage devront être appliquées.

ART. 6. — Les objets dont les vente, usage ou détention constituent le délit, s'ils appartiennent encore au vendeur ou détenteur, seront confisqués ; les poids et autres instruments de pesage, mesurage ou dosage, faux ou inexacts, devront être aussi confisqués et, de plus, seront brisés.

Si les objets confisqués sont utilisables, le tribunal pourra les mettre à la disposition de l'Administration, pour être attribués aux établissements d'assistance publique.

S'ils sont inutilisables ou nuisibles, les objets seront détruits ou répandus aux frais du condamné.

Le tribunal pourra ordonner que la destruction ou effusion aura lieu devant l'établissement ou le domicile du condamné.

ART. 7. — Le tribunal pourra ordonner, dans tous les cas, que le jugement de condamnation sera publié intégralement ou par extraits dans les journaux qu'il désignera et affiché dans les lieux qu'il indiquera, notamment aux portes du domicile, des magasins, usines et ateliers du condamné, le tout aux frais du condamné, sans toutefois que les frais de cette publication puissent dépasser le maximum de l'amende encourue.

Lorsque l'affichage sera ordonné, le tribunal fixera les dimensions de l'affiche et les caractères typographiques qui devront être employés pour son impression.

En ce cas et dans tous les autres cas où les tribunaux sont autorisés à ordonner l'affichage de leur jugement à titre de pénalité pour la répression des fraudes, ils devront fixer le temps pendant lequel cet affichage devra être maintenu sans que la durée en puisse excéder sept jours.

Au cas de suppression, de dissimulation ou de lacération totale ou partielle des affiches ordonnées par le jugement de condamnation, il sera procédé de nouveau à l'exécution intégrale des dispositions du jugement relatives à l'affichage.

Lorsque la suppression, la dissimulation ou la lacération totale ou partielle aura été opérée volontairement par le condamné, à son instigation ou par ses ordres, elle entraînera contre celui-ci l'application d'une peine d'amende de 50 francs à 1.000 francs.

La récidive de suppression, de dissimulation ou de lacération volontaire d'affiches par le condamné, à son instigation ou par ses ordres, sera punie d'un emprisonnement de six jours à un mois, et d'une amende de 100 francs à 2.000 francs.

Lorsque l'affichage aura été ordonné à la porte des magasins du condamné, l'exécution du jugement ne pourra être entravée par la vente du fonds de commerce réalisée postérieurement à la première décision qui a ordonné l'affichage.

Art. 8. — Toute poursuite exercée en vertu de la présente loi devra être continuée et terminée en vertu des mêmes textes.

L'article 463 du Code pénal sera applicable, même au cas de récidive, aux délits prévus par la présente loi.

Le tribunal, en cas de circonstances atténuantes, pourra ne pas ordonner l'affichage et ne pas appliquer l'emprisonnement.

Le sursis à l'exécution des peines d'amende édictées par la présente loi ne pourra être prononcé en vertu de la loi du 26 mars 1891.

Art. 9. — Les amendes prononcées en vertu de la présente loi seront réparties d'après les règles tracées à l'article 11 de la loi de finances du 26 décembre 1890, modifiée par l'article 45 de la loi de finances du 29 avril 1893 et par l'article 83 de la loi de finances du 13 avril 1898.

Les délinquants condamnés aux dépens auront à acquitter, de ce chef, en dehors des frais ordinaires et au profit des communes, les frais d'expertise engagés par ces dernières lorsqu'elles auront pris l'initiative de déceler la fraude et d'en saisir la justice (laboratoires municipaux).

La commission départementale peut, sur la proposition du préfet, accorder aux communes qui auront organisé une police municipale alimentaire des subventions prélevées sur le reliquat disponible du fonds commun.

Art. 10. — En cas d'action pour tromperie ou tentative de tromperie sur l'origine des marchandises, des denrées alimentaires ou des produits agricoles et naturels, le magistrat instructeur ou les tribunaux pourront ordonner la production des registres et documents des diverses administrations et notamment celles des contributions indirectes et des entrepreneurs de transports.

Art. 11. — Il sera statué par des règlements d'administration publique sur les mesures à prendre pour assurer l'exécution de la présente loi, notamment en ce qui concerne :

1° La vente, la mise en vente, l'exposition et la détention des denrées, boissons, substances et produits qui donneront lieu à l'application de la présente loi ;

2° Les inscriptions et marques indiquant soit la composition, soit l'origine des marchandises, soit les appellations régionales et de crus particuliers que les acheteurs pourront exiger sur les factures, sur les emballages ou sur les produits eux-mêmes, à titre de garantie de la part des vendeurs, ainsi que les indications extérieures ou apparentes nécessaires pour assurer la loyauté de la vente et de la mise en vente ;

3° Les formalités prescrites pour opérer des prélèvements d'échantillons et procéder contradictoirement aux expertises sur les marchandises suspectes ;

4° Le choix des méthodes d'analyses destinées à établir la composition, les éléments constitutifs et la teneur en principes utiles des produits ou à reconnaître leur falsification ;

5° Les autorités qualifiées pour rechercher et constater les infractions à la présente loi, ainsi que les pouvoirs qui leur seront conférés pour recueillir les éléments d'information auprès des diverses administrations publiques et des concessionnaires des transports.

Art. 12. — Toutes les expertises nécessitées par l'application de la présente loi seront contradictoires, et le prix des échantillons reconnus bons sera remboursé d'après leur valeur le jour du prélèvement.

Art. 13. — Les infractions aux prescriptions des règlements d'administration publique, pris en vertu de l'article précédent, seront punies d'une amende de 16 francs à 50 francs.

Au cas de récidive dans l'année de la condamnation, l'amende sera de 50 francs à 500 francs.

Au cas de nouvelle infraction constatée dans l'année qui suivra la deuxième condamnation, l'amende sera de 500 francs à 1.000 francs, et un emprisonnement de six à quinze jours pourra être prononcé.

Art. 14. — *L'article* 423, le *paragraphe 2 de l'article 477 du Code pénal*, la *loi du 27 mars* 1851 tendant à la répression plus efficace de certaines fraudes dans la vente des marchandises, la loi des 5 et 9 mai 1855 sur la répression des fraudes dans la vente des boissons sont abrogées.

Néanmoins les incapacités électorales édictées par la loi du 24 janvier 1889 continueront à être appliquées comme conséquence des peines prononcées en vertu de la présente loi.

Art. 15. — Les pénalités de la présente loi et ses dispositions en ce qui concerne l'affichage et les infractions aux règlements d'administration publique rendus pour son exécution sont applicables aux lois spéciales concernant la répression des fraudes dans le commerce des engrais, des vins, cidres et poirés, des sérums thérapeutiques, du beurre et la fabrication de la margarine. Elles sont substituées aux pénalités et dispositions de l'article 423 du Code pénal et de la loi du 27 mars 1851, dans tous les cas où des lois postérieures renvoient aux textes des dites lois, notamment dans les :

Article 1er de la loi du 28 juillet 1824 sur altération de noms ou suppositions de noms sur les produits fabriqués ;

Articles 1 et 2 de la loi du 4 février 1888 concernant la répression des fraudes dans le commerce des engrais ;

Articles 7 de la loi du 14 août 1889, 2 de la loi du 11 juillet 1894, relatives aux fraudes commises dans la vente des vins ;

Article 3 de la loi du 25 avril 1895 relative à la vente de sérums thérapeutiques ;

Article 3 de la loi du 6 avril 1897 concernant les vins, cidres et poirés ;

Articles 17, 19 et 20 de la loi du 16 avril 1897 concernant la répression de la fraude dans le commerce du beurre et la fabrication de la margarine.

La pénalité d'affichage est rendue applicable aux infractions prévues et punies par les articles 40 et 53 de la loi de finances du 30 mars 1902, 7 de la loi du 28 janvier 1903, 32 de la loi de finances du 31 mars 1903 et par les articles 2 et 3 de la loi du 18 juillet 1904.

Art. 16. — La présente loi est applicable à l'Algérie et aux colonies.

La présente loi, délibérée et adoptée par le Sénat et par la Chambre des députés, sera exécutée comme loi de l'État.

LOI DU 5 AOUT 1908 MODIFIANT L'ARTICLE 11 DE LA LOI DU 1er AOUT 1905

Article premier. — Le 3e paragraphe de l'article 11 de la loi du 1er août 1905 concernant aussi : « 2° les inscriptions et marques... », est complété ainsi qu'il suit :

« La définition et la dénomination des boissons, denrées et produits conformément aux usages commerciaux, les traitements licites dont ils pourront être l'objet en vue de leur bonne fabrication ou de leur conservation, *les caractères qui les rendent impropres à la consommation...* »

LOI DU 21 JUIN 1898 SUR LE CODE RURAL

CHAPITRE II

DE LA SALUBRITÉ PUBLIQUE

Première section. — *Police sanitaire*

Art. 27. — La chair des animaux morts d'une maladie quelle qu'elle soit ne peut être vendue et livrée à la consommation.

. . . .

Deuxième section. — *Police sanitaire des animaux*

Art. 42. — La chair des animaux morts de maladies contagieuses quelles qu'elles soient, ou abattus comme atteints de la peste bovine, de la morve ou du farcin, des maladies charbonneuses, du rouget et de la rage, ne peut être livrée à la consommation.

. . . .

. . . .

Art. 43. — Lorsque les animaux ont dû être abattus comme atteints de péripneumonie contagieuse, de tuberculose et de pneumo-entérite infectieuse, la chair ne pourra être livrée à la consommation qu'en vertu d'une autorisation spéciale du maire, sur l'avis conforme, écrit et motivé, délivré par le vétérinaire sanitaire.

Toutefois les poumons et autres viscères de ces animaux devront être détruits ou enfouis, en observant les précautions ordonnées par l'article précédent.

. . . .

Le règlement prévu par l'article 33 spécifiera les cas dans lesquels la chair des animaux atteints des maladies ci-dessus pourra être livrée à la consommation.

Art. 43. — La chair des animaux abattus comme ayant été en contact avec des animaux atteints de la peste bovine ne peut être livrée à la consommation que sur l'avis du vétérinaire sanitaire; dans tous les cas, leurs peaux, abats et issues ne peuvent être enlevés du lieu de l'abatage qu'après avoir été désinfectés dans les conditions prescrites par le règlement d'administration publique.

DÉCRET DU 6 OCTOBRE 1904

CHAPITRE II

MESURES SPÉCIALES A CHACUNE DES MALADIES CONTAGIEUSES

Première section. — *Rage*

Art. 13. — Lorsqu'un animal enragé a mordu des animaux herbivores ou des animaux de l'espèce porcine, le maire prend un arrêté pour mettre ces animaux sous la surveillance du vétérinaire sanitaire pendant une durée de trois mois.

Ces animaux sont marqués, et il est interdit au propriétaire de s'en dessaisir avant l'expiration de ce délai.

Toutefois, pendant les huit jours qui suivent celui de la morsure, ils peuvent être abattus pour la boucherie. L'abatage a lieu sur place, sous la surveillance du vétérinaire sanitaire, ou dans un abattoir public surveillé par un vétérinaire. Dans ce dernier cas, les animaux sont marqués au feu et le vétérinaire sanitaire délivre un laissez-passer visé par le maire à qui il est rapporté dans les cinq jours de sa date avec un certificat délivré par l'inspecteur de l'abattoir attestant que les animaux ont été abattus.

. . . .

Troisième section. — *Péripneumonie contagieuse*
(espèce bovine)

Art. 32. — La chair des animaux abattus comme atteints de péripneumonie ne peut être livrée à la consommation qu'en vertu d'une autorisation du maire, sur l'avis conforme du vétérinaire sanitaire, et quand cette chair aura été reconnue propre à l'alimentation.

L'utilisation des peaux demeure permise après désinfection.

. . . .

Cinquième section. — *Tuberculose dans l'espèce bovine*

Art. 47. — Les viandes provenant d'animaux tuberculeux sont saisies et exclues de la consommation, soit en totalité, soit en partie, selon les cas déterminés par arrêtés ministériels.

Onzième section. — *Fièvre charbonneuse ou sang de rate*
(espèces chevaline, asine, bovine, ovine et caprine)

Art. 78. — Il est interdit de hâter par effusion du sang la mort des animaux malades.

Remarque. — Contrairement aux dispositions de l'article 43, dernier paragraphe (loi du 21 juin 1898), le règlement du 6 octobre 1904 n'a pas prévu les cas dans lesquels la chair des animaux atteints de péripneumonie et de pneumo-entérite pourra être livrée à la consommation.

LOI DU 8 JANVIER 1905 SUR LES ABATTOIRS PUBLICS

ARTICLE PREMIER. — Les communes soumises ou non à l'octroi, mais possédant un abattoir public, auront le droit de taxer au maximum à 2 centimes par kilogramme de viande nette les viandes de toute nature abattues dans l'établissement.

Il pourra être perçu par ces communes une taxe de 1 centime au maximum par kilogramme de viande nette, sur les viandes dites à la main ou foraines, pour frais de visite ou de poinçonnage ; mais, en aucun cas, cette taxe ne pourra dépasser celle résultant de l'application du paragraphe précédent.

ART. 2. — La mise en activité de tout abattoir légalement établi dans une commune pour son compte ou pour le compte d'un syndicat de communes, suivant les dispositions de la loi du 25 mars 1890, entraînera de plein droit la suppression des tueries et triperies particulières situées dans un périmètre déterminé par arrêté préfectoral.

Le périmètre pourra comprendre soit tout le territoire de la commune dans laquelle l'abattoir sera établi, soit une partie de ce territoire seulement, soit plusieurs communes ou fractions de communes.

Toutefois l'extension du périmètre au delà des limites d'une commune sera subordonnée à une entente entre les conseils municipaux intéressés, sur l'établissement ou l'usage commun de l'abattoir.

ART. 3. — Si le périmètre doit s'étendre sur le territoire de départements différents, chaque préfet déterminera, après entente entre les conseils municipaux, la fraction du périmètre correspondant à son département.

ART. 4. — Le périmètre primitivement fixé pourra être étendu ultérieurement. Il sera procédé, dans ce cas, comme en matière d'abattoir.

ART. 5. — Dans les communes dépourvues d'un abattoir communal ou intercommunal, et dans les fractions de communes situées en dehors du périmètre fixé d'après l'article 2, une taxe de 1 centime au plus par kilogramme de viande nette qui y sera abattue pourra être établie pour droit de visite et de poinçonnage.

La même taxe pourra être établie pour des viandes importées du dehors ou abattues hors de la commune.

ART. 6. — Si un abattoir intercommunal était établi dans l'intérieur du rayon d'un octroi, le tarif de cet octroi devra, s'il y a lieu, être préalablement revisé, de manière que les viandes soient imposées au poids net.

ART. 7. — A partir de la promulgation de la présente loi, l'ordonnance du 15 avril 1838 et le décret du 1er août 1864 seront abrogés en ce qu'ils ont de contraire à la présente loi, sauf pour la Ville de Paris.

ART. 8. — Les communes qui, conformément à l'article 6 du décret du 1er août 1864, ont été régulièrement autorisées à percevoir un droit d'abatage supérieur à 2 centimes, pourront continuer à percevoir ce droit dans les termes des décrets d'autorisation.

ART. 9. — Un règlement d'administration publique pourvoira à l'exécution de la présente loi.

DÉCRET DU 24 AOUT 1908

Le Président de la République française,

Sur le rapport du ministre de l'Agriculture et du président du Conseil, ministre de l'Intérieur,

Vu la loi du 8 janvier 1905, relative aux abattoirs et notamment son article 9, aux termes duquel un règlement d'administration publique doit pourvoir à son exécution ;

Le Conseil d'État entendu,

Décrète :

ARTICLE PREMIER. — Les animaux amenés à l'abattoir doivent être abattus au plus tard le lendemain de leur entrée ; la viande, les abats et les issues provenant desdits animaux ne peuvent être laissés à l'abattoir que pendant la journée au cours de laquelle a lieu l'abatage et durant celle qui suit.

Toutefois les communes peuvent permettre aux intéressés d'y laisser les animaux, ainsi que les viandes, les abats et les issues, après l'expiration de ces délais, et, dans ce cas, elles sont autorisées à percevoir un droit d'abri.

Une redevance peut également être exigée pour tous locaux ou installations spéciales qui seraient mis à la disposition des intéressés pour d'autres opérations que celles de l'abatage proprement dit et celle du lavage à l'eau froide des abats et issues.

ART. 2. — La fourniture de l'eau froide, la désinfection des locaux, ainsi que les soins généraux de propreté incombent aux communes.

Toutefois, le lavage des emplacements d'abatage, des vêtements de travail et appareils employés doit être effectué par les intéressés.

ART. 3. — Les agents des services sanitaires de l'État ou des départements ont libre accès dans les abattoirs pendant les heures d'ouverture.

ART. 4. — Le ministre de l'Agriculture et le président du Conseil, ministre de l'Intérieur, sont chargés, chacun en ce qui le concerne, de l'exécution du présent décret, qui sera publié au *Journal officiel* et inséré au *Bulletin des lois*.

LOI DU 12 JANVIER 1909 AYANT POUR BUT DE COMBATTRE LES ÉPIZOOTIES ET LES MALADIES CONTAGIEUSES DES ANIMAUX

ARTICLE PREMIER. — Le service des épizooties et maladies contagieuses, prévues par l'article 62 du titre III du Code rural, devra être organisé dans chaque département dans le délai d'un an à partir de la promulgation de la présente loi.

Le chef de ce service a pour fonction : ... 4° de contrôler les services d'inspection des foires et marchés aux chevaux et aux bestiaux, des abattoirs publics et privés, des clos d'équarrissage, ainsi que les services d'inspection des viandes.

CIRCULAIRE MINISTÉRIELLE DU 25 JUILLET 1908 SUR L'INSPECTION DES TUERIES PARTICULIÈRES ET DES VIANDES DE BOUCHERIE. — MODÈLE D'ARRÊTÉ.

Paris, le 25 juillet 1908.

Le Ministre de l'Agriculture à Messieurs les Préfets des départements.

La loi du 21 juin 1898 sur le Code rural édicte dans son article 63 que les « communes dans lesquelles il existe... des abattoirs... sont tenues de préposer, à leurs frais, et *sauf à se rembourser par une taxe sur les animaux amenés*, un ou plusieurs vétérinaires pour l'inspection sanitaire des animaux qui y sont conduits. Cette dépense est obligatoire pour la commune.

Ainsi que le fait remarquer la circulaire ministérielle du 6 octobre 1904 (interprétation confirmée par un arrêt de la Cour de cassation) par le terme général d'*abattoirs*, le législateur a visé à la fois les abattoirs publics et les abattoirs privés, plus communément désignés sous le nom de *tueries particulières*. Il s'ensuit que l'inspection sanitaire doit être organisée dans tout endroit où l'on abat des animaux en vue de la consommation publique.

Cette inspection sanitaire, dont la nécessité et l'importance ne sauraient échapper à personne, remplit un double but. Elle contribue à la prophylaxie des maladies contagieuses de nos animaux domestiques en permettant de découvrir nombre de foyers contagieux restés ignorés du vivant de l'animal ; elle donne complète satisfaction à l'hygiène publique, en prévenant la mise en vente des viandes impropres à la consommation publique que l'autorité municipale a le devoir d'assurer en vertu des pouvoirs que lui confère l'article 27 de la loi municipale du 5 avril 1884.

Des incidents récents, sur lesquels je crois inutile d'insister, ont démontré l'impérieuse nécessité d'assurer partout et en tout temps l'application stricte des prescriptions édictées, d'autant plus que l'organisation et le fonctionnement du service d'inspection ne seront pas une charge pour les budgets communaux, les dépenses occasionnées pouvant être récupérées par les taxes légales prévues à cet effet. En conséquence, je vous invite, d'une façon très pressante, à prescrire, partout où il y aura lieu, l'organisation des services communaux d'inspection sanitaire des tueries particulières et des viandes destinées à la consommation publique, que ces viandes proviennent d'animaux sacrifiés sur le territoire de la commune ou qu'elles soient introduites dans la commune (viandes foraines).

Dans ce but, vous prendrez un arrêté réglementaire visant toutes les communes de votre département. En notifiant cet arrêté aux municipalités, vous leur adresserez les instructions nécessaires pour les inviter à prendre, sans retard, un arrêté portant création et organisation du service d'inspection sanitaire des tueries particulières et des viandes destinées à la consommation publique. Vous trouverez ci-joint le modèle type de l'arrêté préfectoral et de l'arrêté municipal à prendre pour assurer le fonctionnement de ces services ainsi que les modèles de carnet à souche et de registre de saisies.

Les divers articles de l'arrêté ne prêtent pas à des considérations spéciales relativement à leur application ; il appartiendra au vétérinaire délégué de vous fournir tous renseignements techniques utiles susceptibles de légitimer des variantes dans les dispositions édictées. Toutefois j'appelle votre attention sur les articles 2 et 8 de l'arrêté préfectoral, 5 et 12 de l'arrêté municipal. Pourvu qu'elles n'excèdent pas le maximum de 0 fr. 01 par kilogramme de viande nette fixé par la loi du 8 janvier 1905, les municipalités ont le droit de fixer comme elles l'entendent la quotité de la taxe à percevoir, soit par kilogramme de viande nette, soit par tête d'animal abattu. Vous devrez examiner avec soin tous les arrêtés municipaux qui seront pris et toujours tenir la main à ce que la taxe fixée soit aussi uniforme que possible et qu'elle soit établie de telle façon que son produit puisse couvrir les frais d'une inspection sanitaire constante et efficace. Il devra toujours être adjoint un préposé surveillant au vétérinaire inspecteur, lorsque celui-ci ne pourra pas à lui seul assurer en tout temps la visite de tous les animaux abattus.

En terminant, je crois utile que vous appeliez tout particulièrement l'attention de MM. les maires des communes, qui, par leur importance, devraient rationnellement posséder des abattoirs publics, sur les avantages de toute sorte que les municipalités, le public, les bouchers et charcutiers eux-mêmes trouveraient dans la création d'établissements de ce genre. Leur existence facilite et simplifie le service d'inspection, le rend plus efficace, fait disparaître les foyers multiples d'insalubrité que sont les tueries et donne aux bouchers et charcutiers des satisfactions qu'ils sont les premiers à reconnaître et à apprécier au fur et à mesure que l'usage les met à même de les constater. L'installation et l'exploitation d'abattoirs publics adaptés aux besoins locaux n'entraînent pas à de grands frais; ceux-ci sont, d'ailleurs, entièrement gagés par les ressources que procurent les taxes d'inspection et de poinçonnage prévues par l'article 1er de la loi du 8 janvier 1905.

Je vous prie de vouloir bien m'accuser réception de la présente circulaire.

Le Ministre de l'Agriculture,

J. RUAU.

MODÈLE D'ARRÊTÉ PRÉFECTORAL

CONCERNANT L'INSPECTION SANITAIRE DES TUERIES PARTICULIÈRES ET DES VIANDES DESTINÉES A LA CONSOMMATION PUBLIQUE

Nous, préfet d

Vu la loi du 21 juin 1898;

Vu le décret du 6 octobre 1904 portant règlement d'administration publique pour l'exécution de ladite loi et les instructions ministérielles du 1er novembre 1904 et du 25 juillet 1908;

Vu la loi du 5 avril 1884;

Vu la loi du 8 janvier 1905;

Vu les décrets des 15 octobre 1810, 3 mai 1886 et l'ordonnance du 15 avril 1838;

Vu l'avis du Conseil départemental d'hygiène en date du   ;

Vu le rapport du vétérinaire délégué chef du service des épizooties;

Considérant qu'il est indispensable, aussi bien dans l'intérêt de l'hygiène et de la santé publique, que dans le but de prévenir l'invasion et la propagation des épizooties, de faire procéder à l'inspection sanitaire des tueries particulières et des viandes destinées à la consommation publique;

Arrêtons :

ARTICLE PREMIER. — Les tueries particulières doivent, conformément aux dispositions de l'article 63 de la loi du 21 juin 1898, être placées sous la surveillance permanente d'un vétérinaire. A cet effet, MM. les Maires des communes où existent de ces établissements prendront sans retard, s'ils ne l'ont déjà fait, un arrêté portant création, organisation et réglementation du service d'inspection sanitaire des tueries particulières ainsi que des viandes destinées à être livrées à la consommation publique, soit sur place, soit dans d'autres communes. Cet arrêté désignera le vétérinaire chargé de cette inspection, et qui sera agréé par nous. Il pourra lui être adjoint un surveillant qui devra posséder des connaissances suffisantes pour se rendre compte de l'état sanitaire des animaux et de la salubrité des viandes.

ART. 2. — Le vétérinaire-inspecteur sera astreint à effectuer dans les tueries particulières, boucheries, charcuteries, triperies et autres lieux de dépôt de viandes, des visites dont le minimum sera fixé par l'arrêté municipal réglementaire. En dehors de ces visites, la surveillance sera exercée par le préposé surveillant.

Cet agent aura pour mission d'examiner les animaux sur pied et après l'abatage. Toutes les fois qu'il constatera l'état anormal des viscères ou de la viande et que des contestations s'élèveront entre lui et les intéressés, il devra immédiatement en aviser l'autorité municipale. Celle-ci préviendra immédiatement le vétérinaire-inspecteur, qui devra se transporter d'urgence à l'établissement pour statuer sur le cas en litige.

Le vétérinaire-inspecteur et le préposé surveillant, pour l'accomplissement de leurs fonctions, auront libre accès à toute heure dans les tueries et pendant les heures légales dans les boucheries, charcuteries, triperies.

ART. 3. — Afin de permettre le fonctionnement du service d'inspection, toute personne qui voudra sacrifier un animal en vue de la consommation publique devra au préalable en faire la déclaration à la mairie. Cette déclaration, qui indiquera l'heure de l'abatage, devra être faite dans les délais fixés par l'arrêté municipal organisant le service d'inspection. Cette déclaration sera effectuée au moyen d'une feuille détachée d'un carnet à souche, qui sera fourni aux intéressés par la mairie.

Toutefois, en cas d'abatage d'urgence (celui dont la nécessité est rendue immédiate par un accident), le propriétaire sera dispensé de la déclaration préalable si les circonstances l'exigent ; mais il n'en devra pas moins prévenir l'autorité, et la viande ne pourra être livrée à la consommation qu'après la visite par le vétérinaire-inspecteur.

ART. 4. — Les viandes destinées à la consommation publique devront être marquées d'une estampille portant en suscription le nom de la commune et la mention « Inspection vétérinaire », ainsi que tout autre signe particulier ou distinctif jugé utile par l'autorité municipale sur la demande du vétérinaire-inspecteur. Afin de faciliter le contrôle, on se servira d'une estampille à roulette qu'on appliquera de façon que les morceaux dépecés conservent trace de l'estampille.

ART. 5. — Les viandes ou organes reconnus impropres à la consommation seront saisis et dénaturés de manière à les rendre inconsommables. Lorsque la décision du vétérinaire-inspecteur sera contestée par le propriétaire ou le vétérinaire appelé par lui, le vétérinaire départemental sera appelé en qualité d'arbitre pour décider en dernier ressort, si l'intéressé y consent. Dans le cas contraire, les règles du droit commun seront applicables.

Art. 6. — Toute saisie effectuée sera consignée sur un registre spécial avec la date de l'abatage, le signalement de l'animal, le nom du propriétaire, les nom, prénoms et domicile du vendeur, le motif de la saisie, la désignation des parties saisies, leur poids, leur valeur et tous renseignements nécessaires pour l'établissement, au besoin, des procès-verbaux de saisie et d'estimation en vue des indemnités accordées dans le cas de saisie de viande pour cause de tuberculose.

Art. 7. — Lorsqu'une maladie contagieuse, qu'elle motive ou non une saisie, sera constatée par le vétérinaire-inspecteur, déclaration en sera immédiatement faite aux autorités intéressées dans les formes et délais prescrits par la loi du 21 juin 1898 (art. 31) et le décret du 6 octobre 1904 (art. 1er et 101). Cette déclaration indiquera la nature de la maladie, la provenance de l'animal, le nom et le domicile du vendeur.

Art. 8. — Pour couvrir les dépenses résultant de l'organisation et du fonctionnement du service d'inspection sanitaire des tueries particulières et des viandes foraines, il sera perçu une taxe dont la quotité, fixée par délibération du conseil municipal, ne pourra pas dépasser 0 fr. 10 par kilogramme de viande nette.

En ce qui concerne les animaux sacrifiés dans une tuerie particulière, la taxe au kilogramme de viande nette pourra être remplacée par une taxe à la tête, sous la réserve que la somme perçue pour un animal ne soit pas supérieure à celle que produirait la taxe au kilogramme de viande nette.

Pour ces animaux, les taxes seront fixées :

Par taureau, bœuf ;

Par vache ;

Par veau, âgé de moins de quatre mois ;

Par mouton ;

Par chèvre ;

Par porc ;

Par cheval, âne ou mulet.

Le produit de ces différentes taxes sera versé dans la caisse municipale, comme toutes les autres recettes communales.

Art. 9. — Les tueries particulières étant classées parmi les établissements dangereux, insalubres ou incommodes de deuxième classe, leur ouverture ne peut avoir lieu qu'après autorisation préalable, conformément aux dispositions générales visant les établissements classés.

Les propriétaires de tueries particulières non autorisées devront, dans le délai de   , à partir de la publication du présent arrêté, se pourvoir de l'autorisation prescrite. Passé ce délai, les tueries dont les propriétaires ne se seront pas conformés à la législation en vigueur seront fermées d'office.

Art. 10. — Il est rappelé qu'en vertu de l'article 2 de la loi du 8 janvier 1905, dans les communes possédant un abattoir public, les tueries et triperies particulières situées dans le périmètre fixé par l'arrêté préfectoral d'autorisation sont de plein droit supprimées.

Art. 11. — Toute contravention aux dispositions qui précèdent seront constatées par des procès-verbaux et déférées aux tribunaux compétents.

Art. 12. — MM. les sous-préfets, maires, vétérinaire délégué, vétérinaires sanitaires, commissaires de police et gardes champêtres sont chargés, chacun en ce qui le concerne, de l'exécution du présent arrêté qui sera publié, affiché et inséré au *Recueil des Actes administratifs* du département.

Fait à   , le   Le Préfet,

MODÈLE D'ARRÊTÉ A PRENDRE PAR LES MAIRES

POUR ORGANISER, DANS LEUR COMMUNE, L'INSPECTION SANITAIRE DES TUERIES PARTICULIÈRES ET DES VIANDES DESTINÉES A LA CONSOMMATION PUBLIQUE.

Le maire de la commune de
Vu l'article 63 de la loi du 21 juin 1898;
Vu les articles 99, 100 et 101 du décret du 6 octobre 1904;
Vu les articles 91, 94 et 97 de la loi du 5 avril 1884;
Vu la loi du 8 janvier 1905;
Vu l'arrêté préfectoral du   réglementant l'inspection sanitaire des tueries particulières et des viandes destinées à la consommation publique;
Vu la délibération du conseil municipal en date du   qui fixe la quotité de la taxe à percevoir pour couvrir les frais de cette surveillance;
Arrête :

ARTICLE PREMIER. — Il est institué dans la commune de
un service d'inspection sanitaire des tueries particulières et des viandes destinées à la consommation publique.

Ce service est assuré par un vétérinaire municipal nommé par nous, agréé par M. le préfet et assermenté. Un préposé-surveillant lui est adjoint pour l'assister, sous contrôle, dans son service d'inspection des tueries et des viandes.

ART. 2. — Aucun animal ne pourra être abattu, dans les tueries particulières de la commune de   , sans avoir été préalablement visité par le service d'inspection, et la viande provenant de cet animal ne pourra être mise en vente sans avoir été estampillée par ce service.

ART. 3. — Tout boucher, charcutier ou autre marchand de viande, tout particulier qui voudra sacrifier sur le territoire de la commune de
un animal en vue de la consommation publique devra, au préalable, en faire la déclaration au préposé-surveillant, au moins
heures avant l'abatage.

Sauf circonstances exceptionnelles, cette déclaration d'abatage ne sera reçue que de   heures du matin à   heures du soir du 1er novembre au 31 mars et de   heures du matin à   heures du soir du 1er avril au 31 octobre.

Cette déclaration mentionnera le nombre et l'espèce des animaux à abattre ainsi que l'heure de leur abatage. Elle sera extraite d'un carnet à souche fourni par la commune.

ART. 4. — Après l'abatage et l'habillage des animaux, aucune partie de la bête, aucun organe ou partie d'organe, aucun viscère ne pourra être enlevé avant l'inspection. Il est également interdit d'enlever la plèvre et le péritoine et de leur faire subir aucun grattage.

ART. 5. — Le vétérinaire-inspecteur sera tenu de visiter les tueries particulières, boucheries, charcuteries, triperies et autres lieux de dépôt de viandes au moins   fois par   , autant que possible les jours d'abatage.

A chacune de ces visites, le vétérinaire-inspecteur signera la déclaration d'abatage en y consignant, s'il y a lieu, les observations qu'il aura faites.

En l'absence du vétérinaire-inspecteur, il sera procédé à la visite des animaux et des viandes par le préposé-surveillant. Toutes les fois que ce dernier aura des doutes sur la santé de l'animal ou sur la salubrité de la viande, que des contestations surgiront entre lui et les bouchers, il devra nous en aviser afin que le vétérinaire-inspecteur, appelé d'urgence, vienne sans retard visiter l'animal ou la viande et statuer sur la décision à prendre.

Art. 6. — Les viandes provenant d'animaux sacrifiés en dehors du territoire de la commune de   (viandes foraines), ne pourront être introduites, en vue de leur vente, sur le territoire de la commune de   que si elles sont accompagnées d'un certificat d'origine et de salubrité, délivré par un vétérinaire qui aura assisté à l'abatage de l'animal. Elles devront, en outre, être marquées d'une estampille dont le timbre sera reproduit sur le certificat d'origine et de salubrité.

Seront dispensés de la production du certificat d'origine et de salubrité :

1° Les abats et issues ;

2° Les viandes foraines même dépecées, provenant d'animaux sacrifiés dans un abattoir public ou dans une tuerie particulière régulièrement inspectés, si chaque morceau porte l'estampille du service d'inspection de l'abattoir ou de la tuerie ;

3° Les viandes présentées au moins par quartiers, le poumon adhérent au quartier de devant, les rognons au quartier de derrière, la plèvre et le péritoine étant gardés intacts.

Art. 7. — Aucune viande foraine ou abats comestibles ne pourront être mis en vente dans la commune de   sans avoir été visités et estampillés par le service d'inspection de la commune.

Art. 8. — Les viandes reconnues bonnes pour la consommation seront marquées à l'aide d'une estampille à roulettes portant le nom de la commune et la mention « Inspection sanitaire ».

Cette estampille sera appliquée sur chaque côté de l'animal, tout le long de la colonne vertébrale, et sur toute la longueur des membres. Si cela est jugé utile, elle sera aussi appliquée chez les grands animaux sur les flancs et les côtés.

Art. 9. — Toute partie d'animal reconnue impropre à la consommation sera saisie et dénaturée, aux frais du propriétaire. Toute saisie sera consignée sur le registre spécial avec toutes les mentions nécessaires, conformément aux dispositions de l'article 6 de l'arrêté préfectoral du

Un duplicata du procès-verbal de saisie pourra être délivré aux intéressés pour valoir ce que de droit.

Art. 10. — En cas de contestations entre le vétérinaire-inspecteur et le boucher ou charcutier, le vétérinaire départemental ou un vétérinaire-inspecteur d'abattoir public sera appelé en qualité d'arbitre pour statuer en dernier ressort, si l'intéressé y consent. Dans le cas contraire, un expert, nommé par décision judiciaire, tranchera le différend.

Les frais de l'arbitrage seront à la charge de la partie qui succombera.

Art. 11. — Qu'il y ait ou non saisie de viande, la constatation sur un animal vivant ou abattu d'une des maladies contagieuses énumérées dans la loi doit faire l'objet d'une déclaration immédiate à la mairie, avec la désignation du nom du propriétaire et l'indication du lieu de provenance de l'animal. Il sera statué conformément aux prescriptions de l'article 31 de la loi du 21 juin 1898 et des articles 1er et 101 du décret du 6 octobre 1904.

Art. 12. — Pour couvrir les frais d'inspection, il sera perçu une taxe fixée à   par kilogramme de viande nette.

Pour les animaux sacrifiés dans les tueries particulières, la taxe au kilogramme est remplacée par une taxe :

de   par tête de bœuf, taureau.
      —   —   vache.
      —   —   veau âgé de moins de quatre mois.
      —   —   mouton.
      —   —   chèvre.
      —   —   porc.
      —   —   cheval, âne ou mulet.

ART. 13. — Toutes infractions aux dispositions du présent arrêté seront poursuivies conformément aux lois.

ART. 14. — Le vétérinaire sanitaire, le préposé surveillant et le garde champêtre sont chargés, chacun en ce qui le concerne, de l'exécution du présent arrêté qui sera publié et affiché.

Fait à   , le

Le Maire,

MODÈLE DU REGISTRE

COMMUNE D ....

Inspection Sanitaire des Tueries et des Viandes

Saisi le... 190   au préjudice de

M. ....

demeurant à ....

comme impropre à la consommation pour cause de [1] ....

....

....

du poids de ....

provenant de [2] ....

M... nous a déclaré avoir acquis

l'animal le .... 190........ de M. ....

demeurant à ....

La viande et les organes saisis ont été dénaturés avant d'être livrés au clos d'équarrissage (*ou*) enfouis.

RENSEIGNEMENTS COMPLÉMENTAIRES
DANS LE CAS DE CONSTATATION DE TUBERCULOSE

Siège et caractères des lésions constatées : ....

....

....

Poids total de la viande nette...

Poids de la viande saisie ....

Prix du kilogr. de viande nette..

NOTA

Dans le cas de saisie de viande pour cause de tuberculose, il doit être dressé par le vétérinaire-inspecteur, en double exemplaire, un procès-verbal de saisie et d'estimation conformément aux dispositions 5 et 6 de l'arrêté ministériel du 4 juillet 1905. L'un des exemplaires est remis à l'intéressé, l'autre est remis au maire qui, après l'avoir visé, l'envoie à la préfecture.

1. Motif de la saisie et désignation des parties saisies.
2. Espèce et signalement de l'animal.

DE SAISIES

COMMUNE D..

Inspection Sanitaire des Tueries et des Viandes

Le Vétérinaire-Inspecteur soussigné informe M. le Maire que ce jour 190   ,
il a saisi au préjudice de M..
demeurant à ....
comme impropre à la consommation pour cause de[1] ....
....
....
du poids de ....
provenant de[2] ....
que M.. nous a déclaré avoir acquis
de M.. demeurant
à ....

La viande et les organes saisis ont été dénaturés avant d'être livrés au clos d'équarrissage (*ou*) enfouis.

.... le........................ 190....... .

Le Vétérinaire-Inspecteur,

NOTA

En vertu des prescriptions édictées par les articles 1er et 101 du décret du 6 octobre 1904, avis de la constatation de la..
(maladie contagieuse inscrite dans la loi du 21 juin 1898) doit être adressé par le maire à M. le préfet du département ainsi qu'à M. le maire de la commune d'où provient l'animal atteint.

1. Motif de la saisie et désignation des parties saisies.
2. Espèce et signalement de l'animal.

CIRCULAIRE MINISTÉRIELLE DU 15 FÉVRIER 1909. — TUBERCULOSE RÉGLEMENTATION DES SAISIES DE VIANDES

Paris, le 15 février 1900.

Le Ministre de l'Agriculture à Monsieur le Préfet d

Les saisies de viande provenant d'animaux atteints de tuberculose sont actuellement réglementées par l'arrêté du 28 septembre 1896. Cet arrêté a dû être remanié par suite des conceptions scientifiques actuelles et des quelques difficultés rencontrées dans son application ; je vous adresse en conséquence le nouveau texte qui a été arrêté par le Comité consultatif des épizooties.

Les grandes lignes des dispositions anciennes se retrouvent dans le nouveau texte, qui s'efforce de mieux définir et de préciser les conditions des saisies à effectuer, sans entrer toutefois dans l'examen des divers cas particuliers. La diversité des aspects des lésions tuberculeuses, la multiplicité des modes de leur groupement, rendent presque impossible la codification de la procédure applicable à chaque cas, et il a paru préférable d'apporter à l'inspecteur des règles et des principes généraux de saisie utilisables en toutes conditions.

En ce qui concerne l'article premier du nouvel arrêté, j'attire tout spécialement votre attention sur la suppression de la maigreur comme élément d'appréciation de l'opportunité d'une saisie totale. L'insalubrité d'une viande tuberculeuse est fonction non de son état de graisse, mais de l'étendue, de l'âge et du mode d'extension des lésions tuberculeuses qu'elle présente. L'origine, spécifique ou non, de la maigreur d'un sujet porteur de lésions tuberculeuses limitées reste difficile à établir, tandis qu'il est incontesté que les viandes vraiment maigres doivent être retirées de la consommation, qu'elles proviennent ou non d'animaux tuberculeux.

Les lésions de tuberculose musculaire et des ganglions intermusculaires ne sont plus retenues, comme motifs d'une saisie totale, qu'autant qu'elles ne sont pas étroitement limitées à une seule région anatomique.

Des précisions sont apportées concernant la saisie totale dans le cas où des lésions miliaires sont constatées sur deux parenchymes au moins, sur deux séreuses à la fois, ou bien encore sur un parenchyme et une séreuse, toutes formes d'association qui témoignent d'une extension alarmante de l'infection. De même font l'objet d'une saisie totale les viandes d'animaux porteurs de lésions caséeuses ou en voie de ramollissement qui, dans les conditions prévues, ne sont pas moins suspectes que celles des sujets porteurs de lésions miliaires.

En ce qui concerne la saisie partielle, les principes de l'ancienne réglementation sont respectés, mais les dénominations imprécises scientifiquement de « lésions importantes » ou « peu importantes », qui figuraient dans l'ancien texte, font place dans la rédaction nouvelle aux expressions classiques de « lésions caséeuses, calcifiées, fibreuses », qui ne prêtent à aucune erreur d'interprétation.

Ont été également mieux précisés les organes et régions sur lesquels doivent porter les saisies partielles. Cette modification des formules anciennes est légitimée par les divergences constatées dans l'interprétation du texte abrogé. Dorénavant la saisie des organes et régions incriminés sera totale, sans qu'en *aucun cas*, sauf celui prévu à l'article 2, le moindre épluchage puisse être toléré.

L'article 2, renouvelé de l'ancien texte, avec des précisions nouvelles, mérite une mention toute particulière. Jusqu'ici les intéressés n'ont que très exceptionnellement profité des avantages offerts par cet article, nos abattoirs étant généralement dépourvus des appareils, peu coûteux cependant, nécessaires à la stérilisation des viandes.

Je vous invite à signaler aux municipalités de votre département la nécessité de pourvoir les abattoirs communaux de l'outillage nécessaire et à porter à la connaissance des intéressés la mesure dont ils peuvent réclamer le bénéfice.

L'article 3 a pour but de répondre à maintes questions qui m'ont été posées concernant la saisie des viandes provenant d'animaux tuberculeux dans ses rapports avec les dispositions législatives qui, dans ce cas, accordent des indemnités.

Je vous serai obligé de porter cette circulaire, ainsi que l'arrêté qui l'accompagne, à la connaissance des vétérinaires-inspecteurs d'abattoirs et des agents du service des épizooties de votre département.

Joseph RUAU.

ARRÊTÉ DU 11 FÉVRIER 1909

Le ministre de l'Agriculture,

Vu le dernier paragraphe de l'article 43 de la loi du 21 juin 1898 sur le Code rural (livre III, titre Ier, chapitre II);

Vu l'article 47 du décret du 6 octobre 1904 rendu pour l'exécution de ladite loi;

Vu l'arrêté du 28 septembre 1896 qui détermine les cas dans lesquels les viandes provenant d'animaux tuberculeux doivent être exclues de la consommation ;

Vu l'avis du Comité consultatif des épizooties;

Sur le rapport du directeur de l'Agriculture,

Arrête :

ARTICLE PREMIER. — Les dispositions de l'arrêté ministériel du 28 septembre 1896 sont remplacées par les dispositions suivantes :

Les viandes provenant d'animaux atteints de tuberculose sont saisies et exclues en totalité ou en partie de la consommation suivant la nature et l'étendue des lésions constatées, ainsi qu'il est ci-dessous déterminé.

Elles sont saisies et exclues en totalité de la consommation quand elles présentent :

1° Des lésions musculaires ou des altérations des ganglions lymphatiques intermusculaires, non limitées à une seule région ;

2° Des lésions miliaires coexistant sur deux parenchymes au moins ;

3° Des lésions miliaires coexistant sur un parenchyme et sur l'une des séreuses splanchniques ;

4° Des lésions miliaires étendues à deux séreuses splanchniques ;

5° Des lésions caséeuses ou en voie de ramollissement portant à la fois sur des viscères des deux grandes cavités splanchniques avec altération de leurs séreuses ou d'un ganglion d'une autre région.

Elles ne sont saisies et exclues qu'en partie de la consommation, dans tous les autres cas, notamment quand il existe :

1° Des lésions caséeuses d'un viscère d'une seule des deux grandes cavités splanchniques avec altération de la séreuse pariétale correspondante ;

2° Des lésions calcifiées ou fibreuses des viscères d'une seule ou des deux grandes cavités splanchniques avec altérations des parois de celles-ci.

La saisie porte alors soit sur la totalité de la paroi costale lésée, soit sur la totalité de la paroi abdominale, soit sur l'ensemble des masses musculaires qui enveloppent la cavité pelvienne, soit enfin sur toute autre région présentant des lésions tuberculeuses.

Tout organe ou région siège d'une légion tuberculeuse quelconque, même nettement délimité, est saisi et détruit en totalité ; la tuberculose d'un ganglion entraîne la saisie et la destruction de l'organe ou de la région correspondante.

ART. 2. — Les viandes saisies qui seront reconnues suffisamment alibiles, après fragmentation des régions, élimination de toutes parties suspectes et des os, ganglions, séreuses et gros vaisseaux, pourront être remises au propriétaire, mais sous la réserve expresse qu'elles auront subi une stérilisation prolongée pendant une heure au moins, soit dans l'eau bouillante, soit dans la vapeur sous pression.

L'ensemble des opérations ci-dessus énoncées ne pourra s'effectuer qu'à l'abattoir, sous le contrôle du vétérinaire-inspecteur.

ART. 3. — En vue de l'application des dispositions législatives qui accordent des indemnités dans les cas de saisies de viande provenant d'animaux tuberculeux et en font varier la quotité suivant que la maladie est généralisée ou localisée, seront considérés comme atteints de tuberculose généralisée les animaux dont la viande sera saisie en totalité, et comme atteints de tuberculose localisée, ceux dont la viande ne fera l'objet que d'une saisie partielle.

ART. 4. — Les préfets des départements sont chargés, chacun en ce qui le concerne, de l'exécution du présent arrêté.

PRINCIPAUX MOTS TECHNIQUES EMPLOYÉS EN BOUCHERIE

Abats, dits 5° *quartier*. — Organes retirés des animaux. — *Abats rouges :* poumon, cœur, foie, rate. — *Abats blancs :* panse, feuillet, herbière, mufle, cervelle, ris, fraise.....

Abords. — Maniement situé de chaque côté de l'anus dans le repli cutané qui réunit la queue à la pointe de la fesse.

Aloyau. — Partie du rachis limitée en avant par une coupe transversale du demi-bœuf passant entre les 2° et 3° avant-dernières côtes, et en arrière par une coupe également perpendiculaire à la fente passant par le milieu de l'os de la hanche. — Maniement de la région des lombes.

Avant-lait. — Partie du maniement de la brague ou cordon qui s'étend en avant de la mamelle. Son existence traduit un engraissement très avancé.

Bavette d'aloyau. — Partie du flanc qu'on rattache à l'aloyau. Renferme un fragment des deux dernières ou de la dernière côte.

Blanc de cire. — Chez le veau gras, le muscle peut être très blanc — blanc de cire — par suite de véritable dégénérescence.

Boules d'eau. — Ce sont des parasites vésiculaires des séreuses (cysticerques).

Brague. — Maniement situé au niveau du périnée et s'étendant sur une grande longueur.

Brochage. — Opération de l'habillage qui consiste à faire une ouverture à la peau en vue du soufflage ; après insufflation d'air, on frappe fortement le cuir soulevé et on enlève la peau.

Carré de mouton complet. — Moitié de mouton allégé du gigot, de l'épaule, du collet et de la poitrine. Elle comprend d'avant en arrière : le carré de côtelettes, le filet et la selle.

Casi ou quasi. — Os du bassin (pubis) et région avoisinante.

Catégorie. — Sert à indiquer la région d'où proviennent les morceaux de viande (1re, 2e, 3° catégories).

Chair (en). — Animal arrivé à un degré d'engraissement moyen.

Chaud. — Perte de poids de la viande nette par évaporation pendant le refroidissement. L'octroi de Paris compte 2 0/0. — Odeur spéciale de la chair pantelante.

Charollaise. — Morceau d'épaule riche en os (articulation de l'os du bras avec ceux de l'avant-bras) ; utilisé surtout comme réjouissance.

Châtron. — Bœuf émasculé depuis peu, a encore les formes masculines du taureau (cou volumineux, épaules saillantes.....).

Chevillard. — Boucher en gros, vendant « à la cheville », c'est-à-dire des animaux entiers encore accrochés aux chevilles de l'abattoir.

Cimier. — Synonyme de abord.

Cœur (avant-). — Maniement situé en avant et en bas de l'épaule.

Collier. — Maniement qui se confond avec le précédent ; il occupe la partie antérieure de l'épaule, il remplit une fossette allongée. — Le collier sert aussi à désigner un morceau de 3° catégorie (muscles et os du cou).

Cordières. — Vaches qui autrefois étaient exploitées pendant longtemps par les nourrisseurs. La plupart devenaient très maigres et tuberculeuses.

Cordon. — Voir *Brague*.

Couverture. — Graisse de revêtement extérieur.

Creux. — Quartier de devant, sans l'épaule, ni le collier.

Creux de mouton. — Moitié de mouton sans le gigot.

Crosse. — Os du genou ou du jarret ; entre dans les pesées à titre de réjouissance.

Crépine ou **épiploon.** — Feuillet séreux qui flotte dans l'abdomen ; est riche en graisse ; sert à envelopper certaines pièces mises au four (crépine de veau), les chairs à saucisses (crépinettes, enveloppes de crépines de porc).

Culotte. — Morceau de 1re catégorie, faisant partie de la cuisse ; région de la fesse et de la croupe.

Dégraisse. — Opération qui consiste à élever la graisse de l'intestin grêle (menu), du rumen (panse) et à préparer le mésentère (ratis).

Dehors (mettre tout). — Animaux qui prennent beaucoup de graisse de couverture (animaux jeunes, animaux engraissés rapidement à l'étable avec une nourriture riche en liquides).

Droits (n'avoir pas ses). — Se dit des bovidés qui n'ont plus de graisse dans le bassin, ni autour des rognons, ni sur la pente dans les espaces interépineux.

Echaudoir. — Cellule d'abatage.

Ecoffrage ou **coffrage.** — Hémorragie intrathoracique due à une saignée mal faite.

Entre-deux. — Voir *Brague*.

Entre-fessous. — Voir *Brague*.

Enucage. — Ou abatage par énervation. L'opérateur sectionne la moelle épinière au niveau de l'espace interosseux comprise entre la nuque et l'atlas.

Fagoue. — Organe dit pancréas, adhère au foie et au feuillet séreux (mésentère) qui rattache l'intestin au plafond de l'abdomen. Cette glande est très altérable.

Faux-filet. — Partie de l'aloyau formée par les muscles qui comblent les gouttières vertébrales de chaque côté des apophyses épineuses.

Filet. — Dessous de l'aloyau correspondant aux muscles psoas.

Fin-gras. — Dernier degré de l'engraissement.

Flanchet. — Partie de viande située au niveau du flanc.

Foulage. — Manœuvre qui consiste à favoriser la saignée par un mouvement de va-et-vient imprimé au membre antérieur libre et par la compression plus ou moins rythmée exercée sur le thorax.

Fraise (de veau). — Abat formé par le mésentère (voir *Ratis*) chargé de graisse et l'intestin grêle ouvert suivant sa grande courbure.

Franche mule. — Caillette ou dernier estomac des bovidés.

Gites. — Morceaux de 3e catégorie correspondant aux régions voisines du genou et du jarret.

Gite à la noix ou **semelle.** — Partie du globe (cuisse raccourcie) répondant à la fesse. Elle renferme le ganglion poplité.

Grain de viande. — Qualité spéciale de la viande appréciable sur la coupe transversale des muscles (morceau de 1re catégorie). Lorsque le grain est fin, le toucher perçoit une sensation d'onctuosité spéciale due à la graisse infiltrée dans les espaces intermusculaires et intra-musculaires.

Grasset ou **œillet.** — Maniement du pli du flanc. Il traduit l'existence de graisse intérieure.

Gros bout. — Partie antérieure de la poitrine ou pis de bœuf.

Habillage. — Ensemble des manipulations qui suivent l'abatage en vue de la préparation de la viande.

Hampe. — Maniement (voir *Grasset*). — Diaphragme, c'est-à-dire muscle qui sépare le thorax de l'abdomen.

Hanche. — Région de la pointe de l'ilium. Maniement spécial.

Herbière. — Œsophage. Au moment de la saignée, on « lie l'herbière » en faisant un nœud avec l'œsophage.

Issues. — Parties d'animaux qui correspondent à la peau, à la tête ou « canard », aux cornes, au sang, aux pieds, à la dégraisse, au contenu des organes digestifs.

Jambe. — Région qui a pour base osseuse le tibia (quartier de derrière) ou le radius et le cubitus (quartier de devant).

Joue. — Morceau de 3ᵉ catégorie, qui comprend le maxillaire inférieur.

Jumeaux. — Morceau d'épaule. Pot-au-feu sec peu apprécié.

Jus de viande. — Suc musculaire.

Macreuse. — Morceau de 2ᵉ catégorie (partie de l'épaule).

Mal-à-pied. — Se dit d'un bœuf qui marche mal (fatigue.....).

Maniements. — Points où la graisse s'accumule de préférence. On trouve presque toujours un ou plusieurs ganglions ou vaisseaux lymphatiques importants formant comme le noyau des maniements.

Marbré. — Amas de graisse au sein des muscles dessinant les arborescences et veinures du marbre.

Marron. — Testicule atrophié ayant la teinte jaune noirâtre et la forme d'un marron.

Merlin. — Instrument anglais (bouterolle), sorte de marteau qui a remplacé la masse pour l'abatage par assommement.

Moelle. — « Ont la moelle », les bovidés dont la moelle des os longs se fige par le refroidissement. Chez les animaux cachectiques, il peut en être autrement.

Mûre. — Viande *mûre* par opposition à viande *verte*, c'est-à-dire insuffisamment faite (animaux jeunes).

Musique. — Le soufflage à la musique consiste à injecter à l'aide d'un trocart une certaine quantité d'air dans les muscles en vue de donner meilleur aspect aux viandes. C'est une fraude.

Nerf. — Verge ou pénis.

Net. — Poids net (viande nette), s'entend de la viande en quatre quartiers ; la langue, les joues et les abats divers n'entrent pas dans la composition de la viande nette.

Œillet. — Maniement (voir *Hampe*).

Onglets. — Piliers du diaphragme (voir *Hampe*).

Paillasse. — Partie de la paroi du ventre (3ᵉ catégorie).

Paleron. — Épaule.

Pan. — Demi-bœuf (sans l'épaule).

Pan de mouton. - Moitié de mouton sans poitrine, ni épaule, ni collet.

Panse. — Rumen (premier estomac des ruminants).

Parer (la viande). — Se dit de l'enlèvement des parties défectueuses.

Persillé. — Graisse qui infiltre à un haut degré les masses musculaires des animaux de 1ʳᵉ qualité.

Pigeonné. — Petites taches hémorragiques formant un pointillé spécial. Se rencontre dans les muscles. Peut être dû simplement à un assommement violent.

Pis de bœuf. — Partie antérieure du thorax (morceau de 3ᵉ catégorie, région sternale).

Pis. — Mamelle.

Plat de côtes. — Partie formée par le tiers moyen des parois du thorax (2ᵉ catégorie).

Poitrine (milieu de). — Partie moyenne de la région sternale (3ᵉ catégorie).

Pousser. — Pousser un mouton, c'est enlever la peau d'un mouton en poussant la peau déjà en partie détachée à l'aide du bras et du poing nus.

Râble. — Maniement dit aussi travers (chez le mouton).

Rassise (viande). — Viande abattue depuis plusieurs jours.

Ratis (de porc). — Correspond à la « fraise » chez le veau (voir *Fraise*).

Réjouissance. — Os que le boucher ajoute à la viande vendue de manière à compter aux clients 1 partie d'os pour 3 de chair.

Rendement. — Quantité de viande nette retirée d'un animal (proportion pour 100 de viande abattue par rapport au poids vif).

Ris ou thymus. — Forme deux lobes (ris de gorge, ris de cœur). Glande très estimée (ris de veau).

Rognons. — Reins (sécrétions de l'urine). — Ensemble du suif qui enveloppe les reins.

Rumsteack. — Morceau de 1ʳᵉ catégorie (région de la croupe).

Ruf. — Viande ferme, à gros grain. Se dit surtout de la viande de taureau mal engraissé.

Scrotum. — Maniement (voir *Brague*).

Soufflage. — Insufflation d'air sous la peau pour faciliter l'enlèvement du cuir. — Manœuvre faite parfois pour tromper l'acheteur. On introduit de l'air sous la graisse de certaines régions ou dans les masses musculaires (soufflage dit à la musique). — L'insufflation de l'air est parfois limitée à la région des lombes et du dos (brochage).

Suif. — Graisse intérieure chez le bœuf.

Surlonge. — Morceau de 2ᵉ catégorie, au niveau de la région du garrot. Viande agréable au goût.

Talon de collier. — Partie musclée très appréciée (2ᵉ catégorie), reste adhérente à la face interne du paleron.

Taurelière. — Vache nymphomane.

Tende de tranche. — Région interne de la cuisse (1ʳᵉ catégorie).

Tendrons. — Région des cartilages de prolongement des fausses côtes et partie du ventre (3ᵉ catégorie).

Tétine (mamelle). — Se vend cuite à l'eau. Aspect caractéristique.

Train de côtes. — Région dorsale, dans le prolongement de l'aloyau.

Tranche. — Partie du globe (1ʳᵉ catégorie), comprise entre la semelle ou gîte à la noix et le tende de tranche.

Travers. — Maniement (voir *Aloyau*).

Viande nette. — S'entend des quatre quartiers exclusivement (Cassation, 15 janvier 1889 ; rapports Noulens et Brunet, loi du 8 janvier 1905 sur les abattoirs et la taxe d'abatage et d'inspection).

TABLE DES MATIÈRES

CHAPITRE III

LE RENDEMENT DE VIANDE DÉSOSSÉE ET DE VIANDE CUITE

CHAPITRE IV

LES CARACTÈRES DE LA VIANDE ABATTUE

CHAPITRE V

LES CARACTÈRES DIFFÉRENTIELS DES VIANDES ABATTUES

CHAPITRE VI

LES FRAUDES ENVISAGÉES SPÉCIALEMENT AU POINT DE VUE DES FOURNITURES
DE L'ARMÉE

CHAPITRE VII

LES PRINCIPAUX TYPES DE VIANDES IMPROPRES A LA CONSOMMATION

APPENDICE